JN232152

小学生がスラスラ読める

すごいゲームプログラミング入門

日本語Unityで
3Dゲームを
作ってみよう!

PROJECT KySS・著

本書で紹介しているサンプルのUnityプロジェクトは、下記からダウンロードできます。
本書の解説動画も、下記からご覧いただけます。

https://www.shuwasystem.co.jp/support/7980html/5734.html

はじめに

この本は、小学生でも読めて理解ができることを目指した、Unityによるゲームプログラミング入門です。

まずは、Unityではどんなことができるかを、いろいろな例を使って紹介していき、最後にまとめとしてゲームを1個作ってみます。

Unityは理屈で理解しようとしても、なかなか難しい点があります。

Unityを理解するには、とにかく手順をおぼえることが先決です。

「なぜこうしなければならないのか？」ではなく、「こうしなくてはならないんだ！」と思うことが、Unityを理解する上で一番の近道です。

昔の武士の子供は、意味もわからないのに論語(ろんご)を毎日読んでいたそうです。

「論語」と言っても知らない人もいますよね。

論語とは、中国の昔の偉い人が書いた、漢字だらけの書物です。

この論語を毎日読んでいると、いつの間にか、誰からも教わることなく論語の内容が理解できていったそうです。

Unityも同じだと思います。

最初は意味がわからなくても、何度も同じ手順を繰り返していくと、自然と理解できてくるものです。

何も心配はいりません。

最初は誰でも何もわかってはいなかったのですから。

好きであれば自然とわかってくるもんなんだと思います。

また、この本では少しではありますが、プログラムコードもでてきます。

そのときに解説しますが、使用する言語はC#(シーシャープ)です。

プログラムを書いた経験のない人が、急にC#のプログラムを理解しようとしても、正直難しいと思います。

ですから、最初はプログラムコードを理解しようとは思わないことです。

見よう見まねでいいので、自分でコードを打ち込んで、どんな結果が生じるかを知ることが重要だと思います。

プログラムは、何度も書いているうちに自然とわかってくるようになっているものです。

理解できるようになれば、このコードが何を意味していたのかを、自分なりに納得できればそれでいいと思います。

最初からすべてを理解しようとは思わないこと！これが重要です。

超初心者のためのUnity心得

①「なぜ？」、「どうして？」ではなく、
「こうしなければならない！」と納得する。

②手順としてのUnityの操作をおぼえる。

③プログラムの内容を深く追求しない。

④プログラムは一連の流れとして、理解できなくてもおぼえてしまう。

⑤Unityの理解は後からついてくる。

2019年2月吉日
PROJECT KySS
薬師寺国安

目次

第4章 図形の使いかた 43

第5章 人型のキャラの使いかた 77

第6章 動物キャラの使いかた 117

第7章 キャラを光らせる 147

第14章 自然を作る 295

第15章 逃走ゲームを作る 315

UnityをPCに入れる

この章では、Unityとは何か？ Unityはどこから入手するのか？そして、どのような手順でPCに入れていくのか？ Unityの起動方法等について説明していきましょう。

1 Unityとは何だろう

Unityとは、ゲーム等を作成できるゲームエンジンだと思っておいてください。

「ゲームエンジン」とは、平たく言うと、ゲーム等を簡単に作るための支援をしてくれる道具のような物です。

Unityと比較されるゲームエンジンには、EPIC Games社のUnreal Engine 4（アンリアルエンジンフォー）が有名です。

ハイクオリティな作品を求めるならUnreal Engine 4の方に軍配が上がります。

昔、TV番組の「デスノート」の死神が「Unreal Engine 4」で作成されたと話題になったことがありました。

しかし、残念なことにUnreal Engine 4はUnityに比べて非常に操作が複雑で敷居が高いです。

その点、現在のUnityは、ハイクオリティな作品の作成も可能ですし、Unityも敷居が高いとなんだかんだ言われていますが、筆者はどのゲームエンジンよりも敷居が低く、操作方法もわかりやすいと思っています。

この本を読んでいただければ、Unityがいかに使いやすいかを実感していただけると思います。

また、最近ではUnityで作られた短編映画「ADAM」が話題です。

下記のURLより紹介動画を閲覧することが可能です。

https://www.gamespark.jp/article/2017/12/02/77137.html

このように、Unityは敷居の低さも相まって、全世界にユーザーが数多く存在します。

2020年からの、プログラミング教育にもUnityが取り入れられそう？な勢いです。

この本を足掛かりとして、小学生の皆さんも、短編映画を作成できるよう頑張ってみませんか。

「URL」とは？

「URL(ユーアールエル)」とはインターネット上のホームページの場所を知らせる住所のようなものです。

2 Unityを入手しよう

まずはUnityを入手してみましょう。Unityは、下記のURL(ユーアールエル)から入手が可能です。

https://unity3d.com/jp

上記URL(ユーアールエル)にはいるとUnityのページが表示されます(**画面1**)。

画面1　Unityのページが表示された

画面1の赤い枠(わく)で囲った**[Unityを入手]**をクリックします。

表示されたページを下の方にスクロールしていくと**画面2**のように**[リソース]**と書かれた項目があります。

その中に**[最新版(さいしんばん)]**という文字がありますので、これをクリックしてください。

画面2　リソースと書かれた中の[最新版]をクリックする

[最新版]をクリックすると、**画面3**のような「Unityをダウンロード」のページが表示されます。

ここには、2つのダウンロードが表示されています。

[インストーラーをダウンロード]と**[Unity Hubをダウンロード]**の2つです。

ここでは、**[Unity Hubをダウンロード]**をクリックしてください。

なぜ、**[Unity Hubをダウンロード]**を選んだのかはあとで説明します。

画面3　[Unity Hubをダウンロード]を選ぶ

すると、**画面4**のように、下の方に「UnityHubSetup.exe(43.5MB)について行う操作を選んで下さい。」と表示されますので、**[保存]**の横の**[^]**アイコンをクリックして、**[名前を付けて保存]**を選び、好きなフォルダに保存してください。

画面4　UnityHubSetup.exeを保存する

3 Unity Hubをセットアップしよう 

保存しておいた、UnityHubSetup.exeをダブルクリックします。

するとUnity Hubのセットアップが起動して、「ライセンス契約書」が表示されます。

[同意する]をクリックしてください(**画面5**)。

画面5　「ライセンス契約書」に同意する

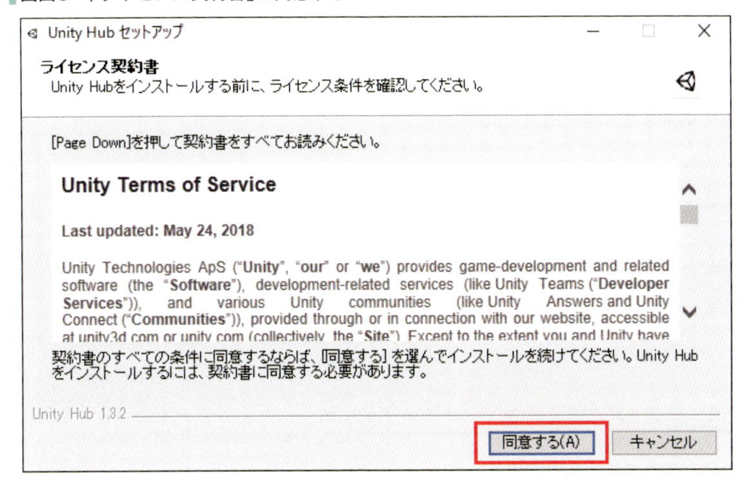

次にインストール先を選ぶ画面が表示されます。

[インストール先フォルダ]はデフォルト(標準値)では「C:¥Program Files¥Unity Hub」になっていますが、筆者は**[参照]**ボタンから「d:¥Program Files¥Unity Hub」を指定しました(**画面6**)。

そして**[インストール]**をクリックします。

画面6　インストール先のフォルダを選ぶ

Unity Hub セットアップ

インストール先を選んでください。

Unity Hubをインストールするフォルダを選んでください。

Unity Hubを以下のフォルダにインストールします。異なったフォルダにインストールするには、[参照] を押して、別のフォルダを選択してください。インストールを始めるには [インストール] をクリックして下さい。

インストール先 フォルダ

d:¥Program Files¥Unity Hub　参照(R)...

Unity Hub 1.3.2

< 戻る(B)　インストール　キャンセル

すると、Unity Hubのインストールがはじまります(**画面7**)。

画面7　Unity Hubのインストールがはじまった

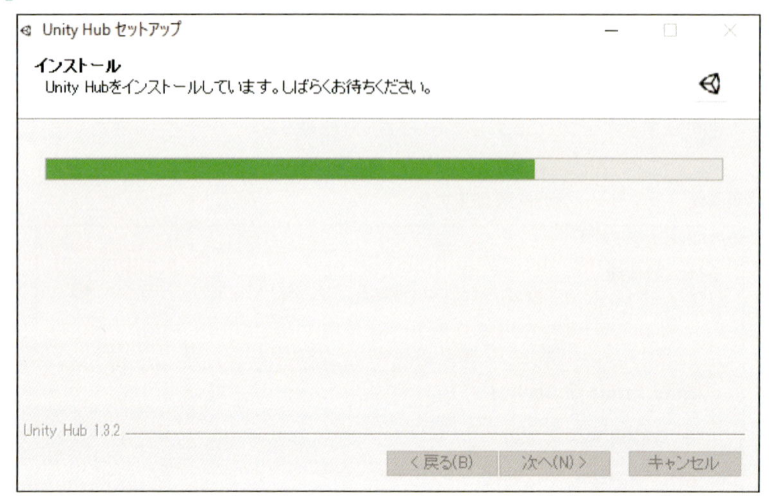

Unity Hubのインストールが完了すると、**画面8**の画面が表示されます。

画面8　Unity Hubのインストールが完了した

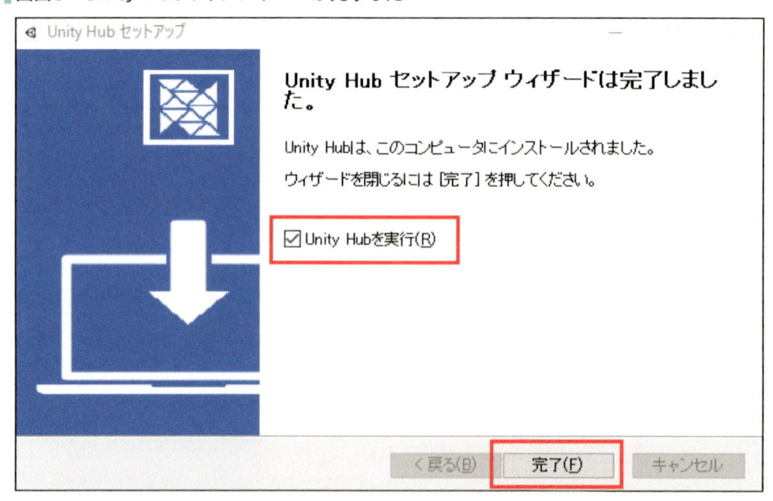

[Unity Hubを実行]にチェックマークがついていますので、**[完了]**をクリックするとUnity Hubが起動します(**画面9**)。

「Unity Hub」とは、すべての Unityのプロジェクトとインストールを管理する管理ツール(道具)です。

「プロジェクト」とは、Unityで作成する「作品」だと思っておいてください。

画面9　Unity Hubが起動した

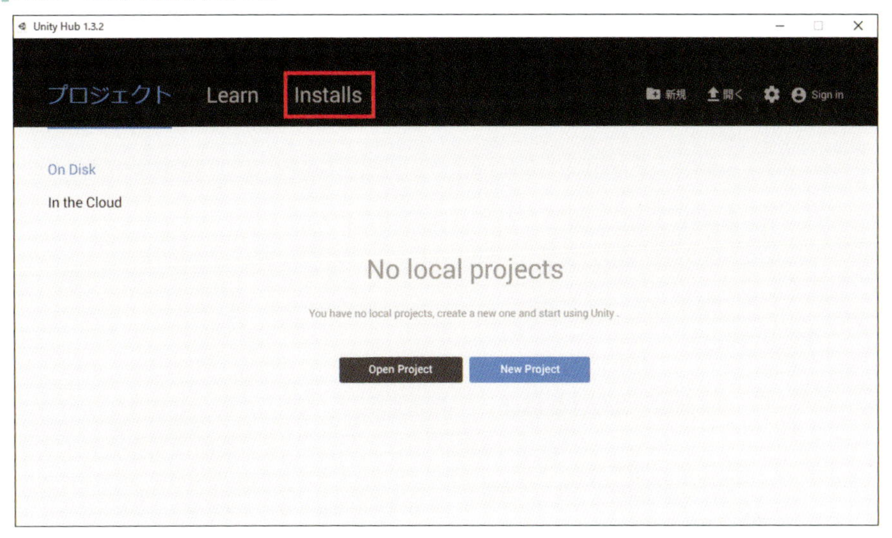

画面9で[Installs]をクリックします。

すると、画面10のような「Sign into your Unity ID」の画面が表示されます。

おそらく皆さんは、まだUnityのアカウントを作成していないと思いますので、Unityのアカウントとパスワードを作成してください。

画面10の赤い枠で囲った[create one]をクリックして作成したら、再度画面10に戻って、[Email]と[Password]を入力して[Sign in]してください(GoogleやFacebookのIDでも[Sign in]ができるようになっています)。

画面10　「Sign into your Unity ID」の画面が表示された

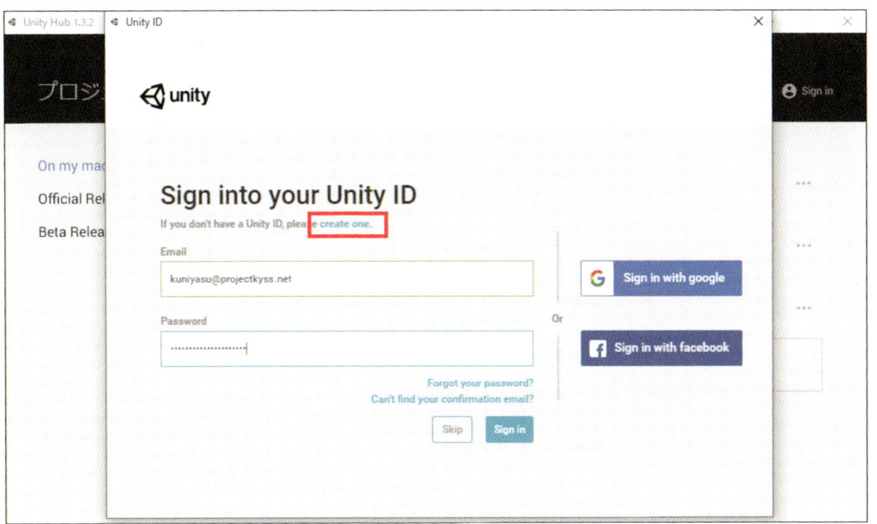

Sign inをしたら、[Official Release]をクリックします。

すると、現在公開されていてダウンロード可能なUnityの一覧が表示されます。

ここでは一番上の、Unity 2018.3.0f2の[Download]をクリックします(画面11)。

ここには最新バージョンのUnityが表示されますので、必ずしもUnity 2018.3.0f2が表示されるとは限りません。

この本が出版されるころにはバージョンがアップしているかもしれません。

その場合は最新版をダウンロードしてください。

「バージョン」とは？

「バージョン」とは、製品(ここではUnity)が最初に開発されてから何回更新されたかを表すための表記です。

画面11　Unity 2018.3.0f2の[Download]をクリックする

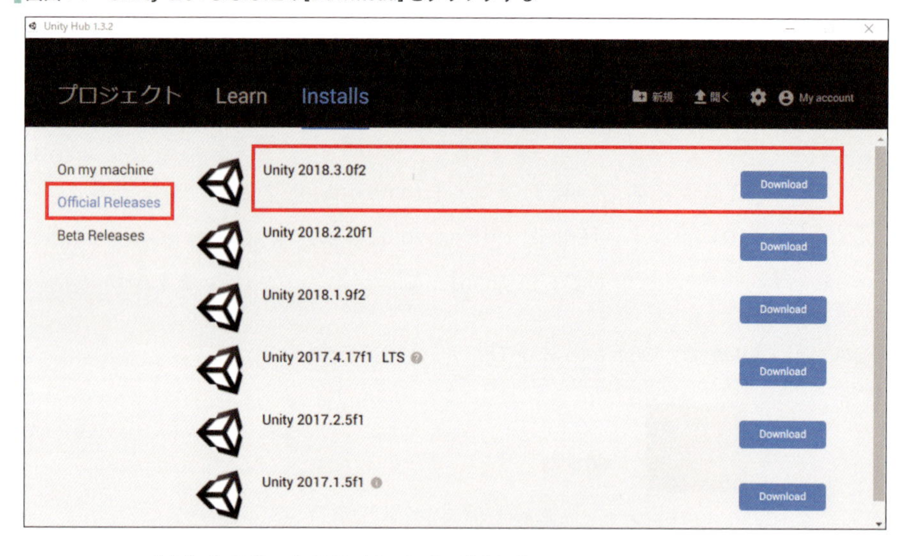

すると、「Add Components to your install」の画面が表示され、インストールしたいコンポーネントを選ぶ画面が表示されます(画面12)。

ここでは必要最低限のコンポーネットしか選んでいません。

Unityの「Editor」には当然のことながらチェックがついています。

これはUnityの本体ですので、外すことはできなくなっています。

次に「Microsoft Visual Studio Community 2017」にチェックを入れます。

Unityでプログラムコードを記述するために必要ですので、チェックを入れてください(ただし、すでに「Microsoft Visual Studio Community 2017」をインストール済みの人には、この項目は表示されません)。

画面12 「Add Components to your install」の画面が表示された

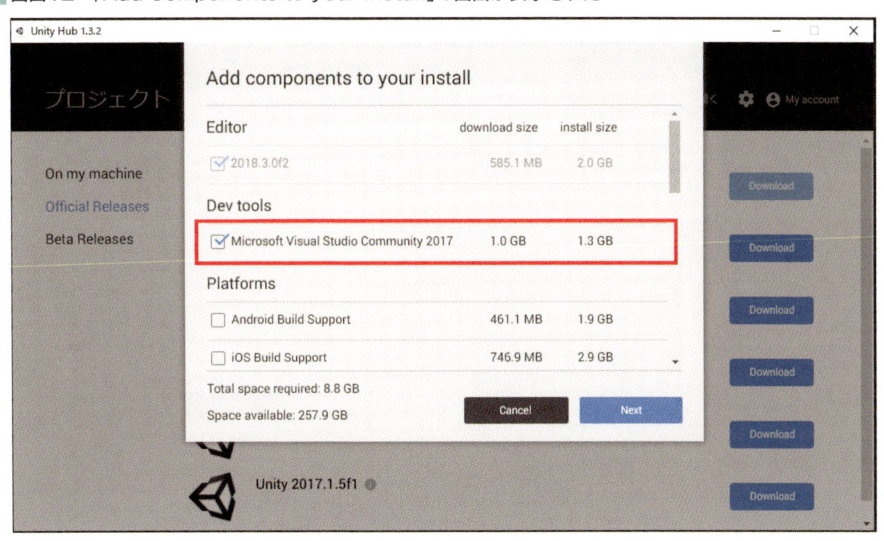

この画面を下の方にスクロールしていきましょう。

Documentationのコンポーネントが表示されますので、これにはチェックを付けておきましょう。

次に「Language packs(Preview)」の中に「日本語」がありますので、これにもチェックを付けてください(**画面13**)。

こうすることで、Unityのメニューが日本語になります。

このUnityのメニューを日本語化する設定は、「Unity Hub」からのインストールでないと設定ができません。

それで、**画面3**で**[Unity Hubをダウンロード]**を選んだわけです。

[インストーラーをダウンロード]でインストールした場合は、日本語を選ぶメニューは出てきませんので注意してください。

[Next]をクリックします。

画面13　Unityのメニューを日本語にするために[日本語]にチェックをいれておく

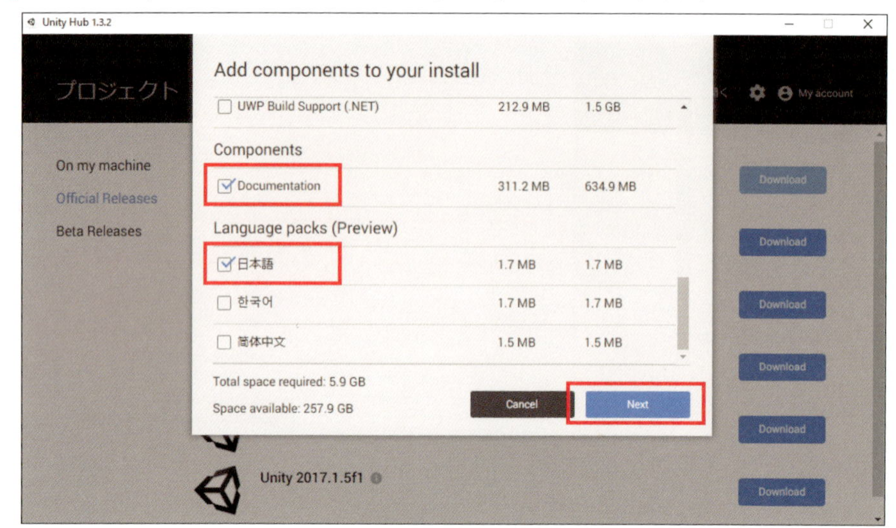

[Next（ネクスト）]をクリックすると、「Visual Studio 2017 Community License Terms（ビジュアル スタジオ コミュニティ ライセンス タームス）」の画面が表示されますので、赤い枠（わく）で囲ったところにチェックを入れてください（画面14）。

最後に[Done（ダン）]をクリックします。

画面14　「Visual Studio 2017 Community License Terms（ビジュアル スタジオ コミュニティ ライセンス タームス）」の画面が表示された

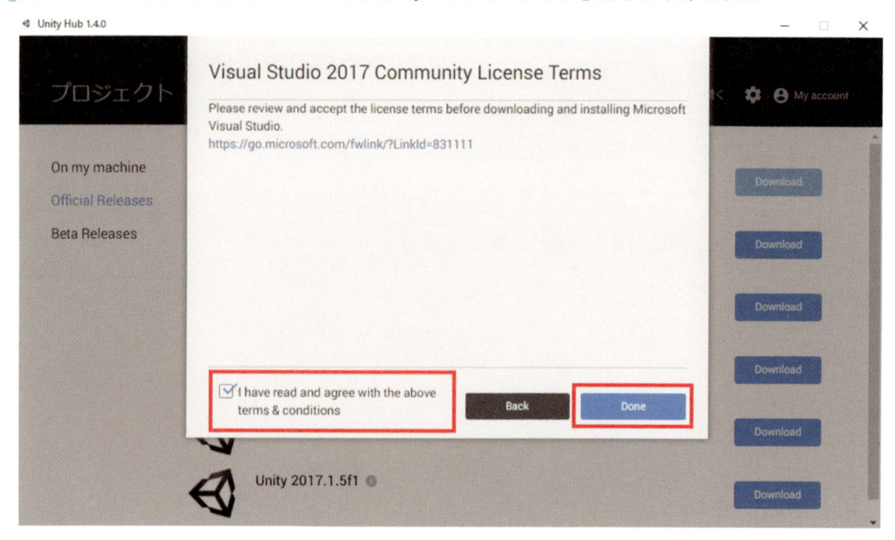

[Done(ダン)]をクリックすると、Unityのダウンロードがはじまります(画面15)。

画面15　ダウンロードがはじまった

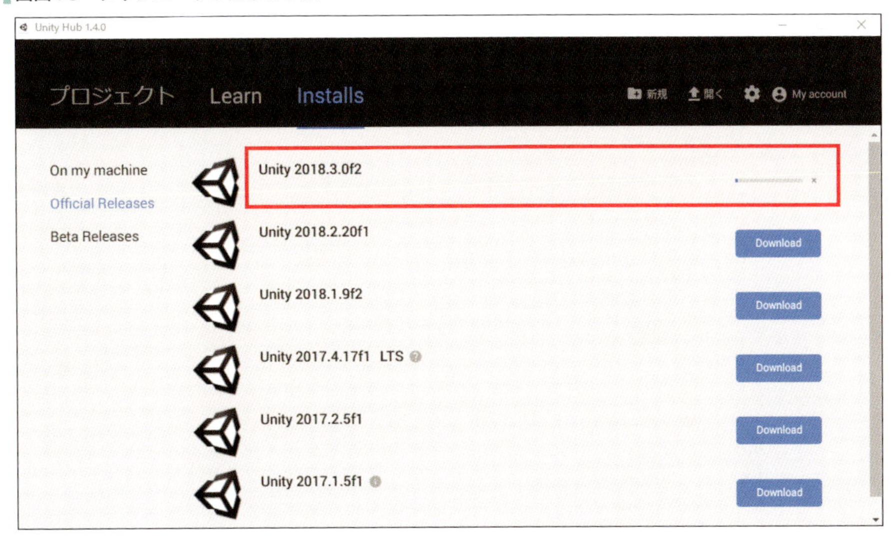

ダウンロードが終了するとインストールがはじまります(画面16)。

画面16　インストールがはじまった

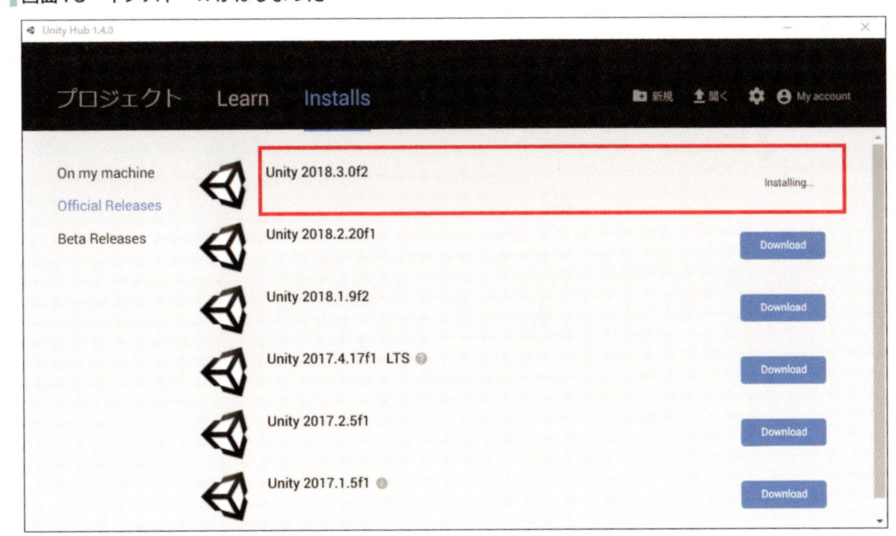

インストールの途中で、Visual Studio Installerが起動して、Visual Studio Community 2017のインストールもはじまります(**画面17**)。

画面17　Visual Studio Community 2017のインストールもはじまった

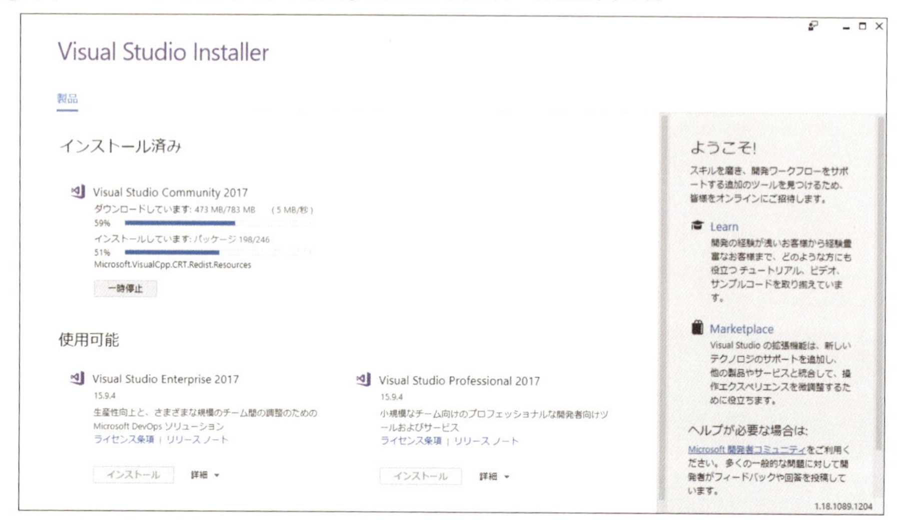

すべてのインストールが完了すると、**画面18**のような画面になります。

画面18　Unityのインストールが完了した

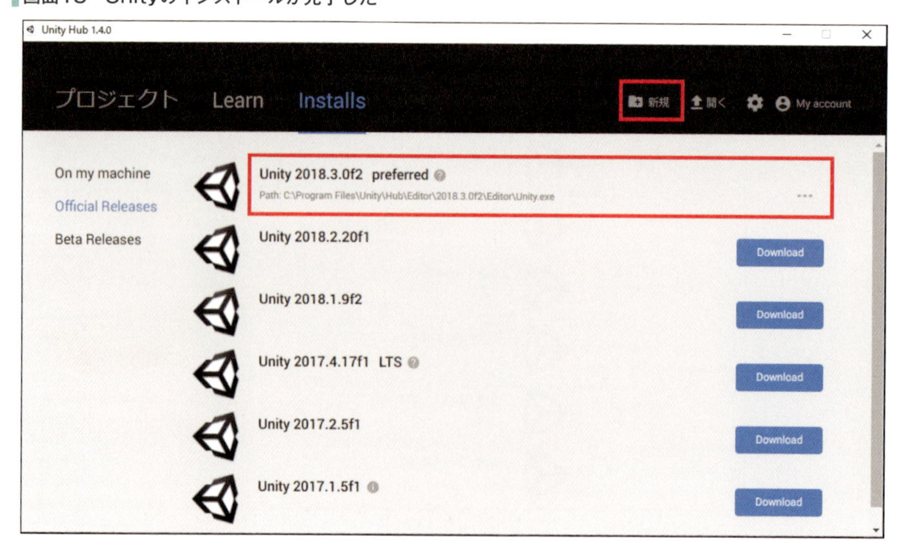

以上がUnityをPCの中に入れる作業です。

もし難しいようでしたら、近くの大人の人にでも手伝ってもらうといいかもしれませんね。

4 ▶▶ Unityを起動しよう 

インストールが終わったら、Unityを起動してみましょう。

画面18の画面から上の方にある**[新規]**をクリックします。

すると、Unityで作成する**[Project name]**や**[Location]** **[Unity Version]** **[Template]** **[Organization]**を指定する画面が表示されます(**画面19**)。

画面19　Unityの[Project name]を設定する画面が表示される

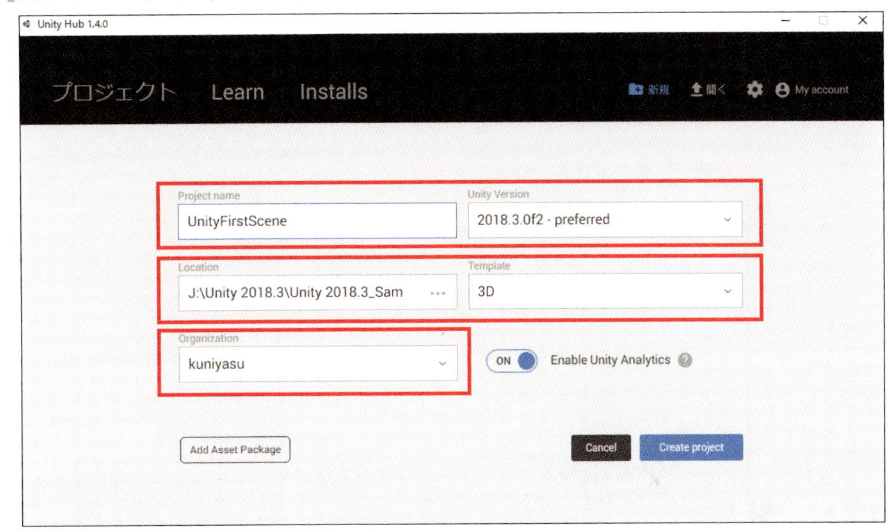

[Project name]は「UnityFirstScene」という名前にしました。

[Project name]はどんな名前でも構いませんが、日本語名は避けましょう(うまく動かないことがあります)。

[Location]は、Projectを作成するフォルダを指定します。

横の**[・・・]**をクリックするとフォルダ一覧が表示されますので、適当なフォルダを指定してください。

[Organization]は横にある**[v]**をクリックして表示されるものを選んでおくといいでしょう。

「Organization」とは「組織または主催」という意味ですが、皆さんが使うには気にする必要はありません。

[Unity Version]は「Unity 2018.3.0f2」のみしかインストールしていない場合は表示されません。

筆者の場合はUnity 2019の別バージョンもインストールしていますので、どちらを選ぶかの意味で、**[Unity Version]**が表示されています。

もちろん「2018.3.0f2-preferred」を指定します。

[Template]は「3D」のままにしておきましょう。

これで**[Create Project]**をクリックします。

「Windowsセキュリティの重要な警告」が表示されますので、**[アクセスを許可する]**を選んでください(**画面20**)。

画面20 「Windowsセキュリティの重要な警告」が表示された

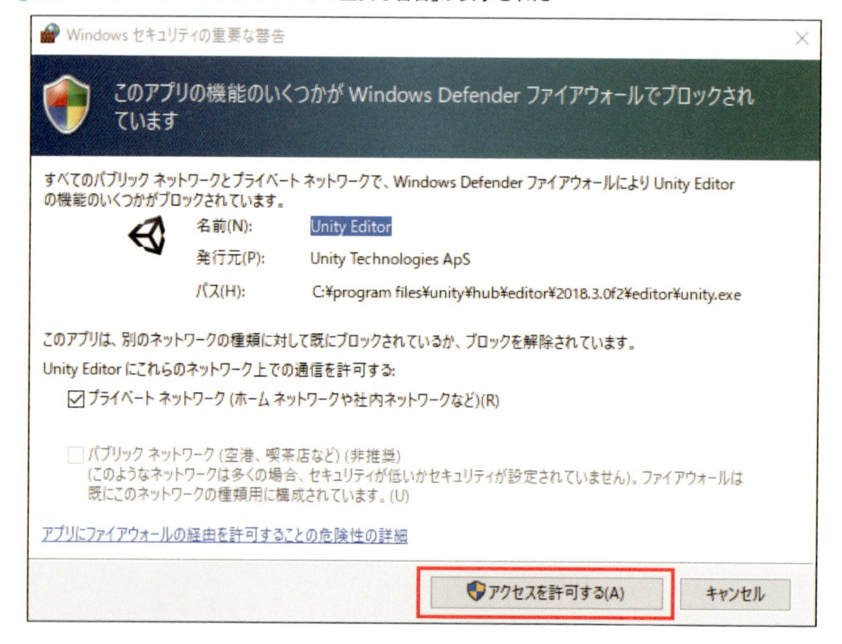

すると**画面21**のようなUnityの画面が表示されます。

メニューも日本語化されています。

画面21　Unityの画面が表示された

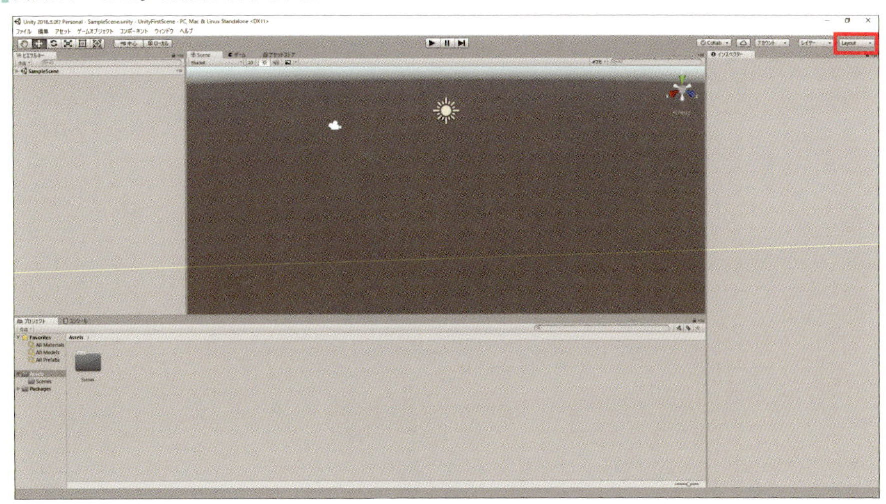

ここで、画面レイアウトを変えておきます。

画面21の右隅上にある、赤い枠で囲った**[Layout]**の**[▼]**をクリックして「2 by 3」を選んでください。

Unityの画面が**画面22**のように変化します。

このあとは、この画面レイアウトで説明していきます。

「レイアウト」「画面構成」とは？

「レイアウト」とは「画面構成」のことです。

「画面構成」ってわかりますか？

画面の中をどのように配置するかという意味です。

画面22　Unityの画面レイアウトが「2 by 3」に変わった

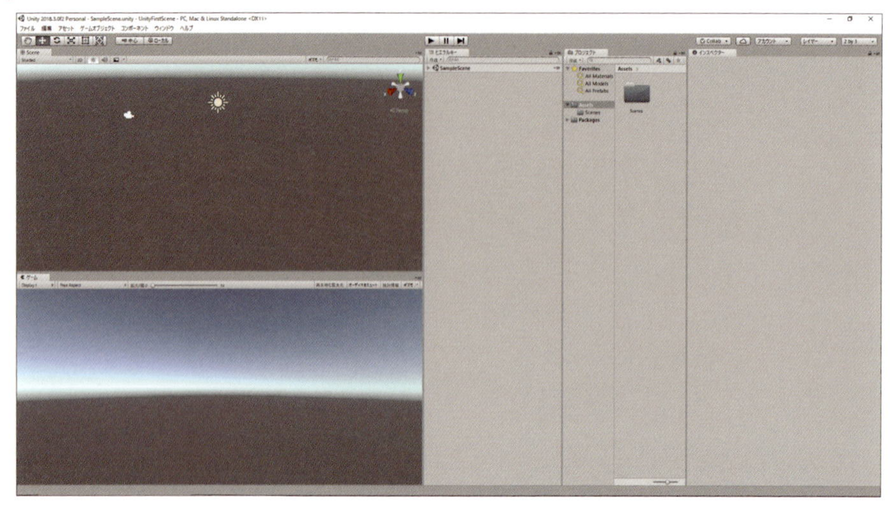

画面19なんかは、メニューが英語だらけでなかなか意味がわかりませんよね。

一番大事なのは「Project name」で、これから作るUnityの作品名を指定するものと思っておいてください。

その他の設定は、近くの大人の人にでも頼んでみてもいいかもしれません。

[Project name]以外は、一度設定すると、ずっとその設定のままになりますので、最初だけ近くの大人の人に頼んでもいいかもです。

次の第2章では、**画面22**のレイアウトを使って、Unityの画面構成について説明をしていきます。

Unityの画面の見かた

この章では、Unityの画面構成について説明していきましょう。

1 ▶▶ Unityの画面構成

レイアウトが「2 by（バイ） 3」のUnityの画面構成について説明していきましょう（画面1）。「2 by（バイ） 3」というのは、「縦2、横3」という意味です。

とりあえずは、このレイアウトがもっとも使いやすいと思います。

画面1　Unityの画面構成

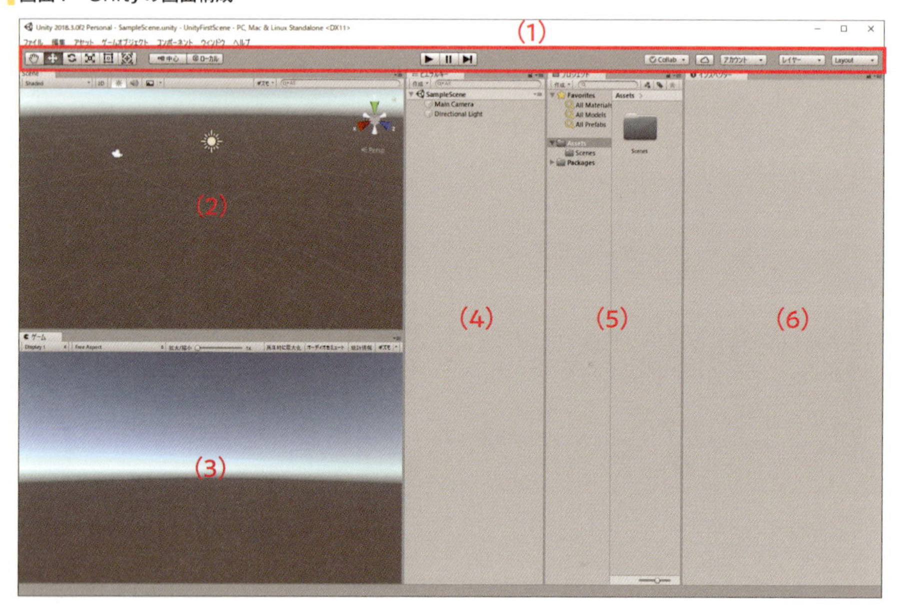

(1) **ツールバー**

(2) **シーン画面**

(3) **ゲーム画面**

(4) **ヒエラルキー**

(5) **プロジェクト／コンソール**

(6) **インスペクター**

この中で理解しておく必要があるのは、ツールバーのトランスフォームツール、シーン画面、ゲーム画面、ヒエラルキー、プロジェクト／コンソール、インスペクターです。

ほかは、この本では使いませんので、とりあえずおぼえなくてよいです。

2 ツールバーを見てみよう

(1)の番号がついているところは**ツールバー**といいます。

ツールバーは、**画面2**のようになっています。

「ツール」とは、日本語で「道具」のことです。

そう、Unityで何かするためのいろんな道具がツールバーなわけですね。

画面2　ツールバーの構成

中心　ローカル　Collab　アカウント　レイヤー　Layout

(A)　(B)　(C)　(D)　(E)　(F)　(G)　(H)

(A) トランスフォームツール

(A)がついているところは**トランスフォームツール**といいます。

トランスフォームツールは、**画面3**のようになっています。

アセット(部品)を移動させたり、回転させたりする場合に使います。

「トランスフォーム」とは、「トランスフォーマー」というおもちゃがあるように「変形」とかを意味します。

移動とか、回転をそう言うわけです。

画面3　トランスフォームツール

左から、「ハンドツール」「移動ツール」「回転ツール」「スケールツール」「矩形)ツール」「選択したオブジェクトを回転する」となっています。

赤い枠で囲った「矩形ツール」は主に2Dのオブジェクトに対して使われるツールで、3Dの場合には使いません。

最後のアイコン(選択したオブジェクトを回転する)は、トランスフォームツールの機能を1つにまとめたアイコンで、すごく便利です。

皆さんでいろいろ触ってみて、どんな変化が起きるかを実際に試してみてください。

実際に手を動かして試すことが、ツールに慣れる一番の近道です。

使いかたについては第3章で説明します。

(B) トランスフォームギズモトグルボタン

(B)がついているところは**トランスフォームギズモトグルボタン**といいます。

「中心」表示は、クリックすると「ピボット」表示に切り替わります。

親子関係にあるモデルを移動させたり、回転させたりする場合、基準点をどこに置くかを決めます。

「中心」の場合は、親子関係のあるモデルの真ん中に基準点が置かれ、「ピボット」の場合は、親モデルに基準点が置かれます。

「ローカル」ボタンはクリックすると「グローバル」に切り替わります。

「ローカル」の場合は、モデル自身の座標軸が表示されます。

「グローバル」の場合は、シーン全体から見た座標軸が表示されます。

この説明では、おそらく意味不明に感じるでしょう。

それでかまいません。

この機能は、この本の中ではまったく使っていませんのでおぼえる必要はありません。

(C) プレー、ポーズ、ステップボタン

(C)が付いているところは、ゲームを動作させたり停止したりする場合に使います。

(D) コラボレイトボタン

(D)が付いているところは、Unity上でDropboxみたいにクラウドにアップできるサービスです。

これもこの本では使いませんのでおぼえる必要はありません。

(E) クラウドボタン

(E)が付いているところは、Unity Serviceウィンドウを開くときに使います。

これもこの本では使いませんのでおぼえる必要はありません。

(F) アカウントドロップダウンボタン

(F)が付いているところは、Unityアカウントにアクセスする場合に使います。

これもこの本では使いませんのでおぼえる必要はありません。

(G) レイヤードロップダウンボタン

(G)が付いているところは、シーンビューの中でどのオブジェクトを表示するかを管理します。

これもこの本では使いませんのでおぼえる必要はありません。

(H) Layout(レイアウト)ドロップボタン

(H)が付いているところは、Unityの画面レイアウトを変更するときに使います。

1章の**画面21**がデフォルト(標準)のレイアウトですが、この本では「2 by(バイ) 3」のレイアウトを使っています。

3 そのほかの部分を見てみよう

シーン画面

(2)の番号がついた部分は**シーン画面**といいます。

アセット(各種部品)を配置するところです。

Unityでは「Scene(シーン)画面」と出てくることもありますが、この本では下の「ゲーム画面」にあわせて「シーン画面」としています。

ゲーム画面

(3)の番号がついた部分は**ゲーム画面**です。

シーン画面で配置した部品(アセット)が、どのように見えているかを確認できるところです。

シーン画面で配置した部品を、ツールバーのトランスフォームツールを使って、移動や回転、拡大・縮小したものが、リアルタイム(すぐに!)に反映されます。

ヒエラルキー

(4)の番号がついた部分は**ヒエラルキー**といます。ヒエラルキーの理解は大事です。

ヒエラルキーには、いま選ばれているシーン画面に配置された、すべてのゲームオブジェクト(GameObject(ゲームオブジェクト))が格納されています。

それらの階層構造を確認したり、編集したりすることができます。

キャラクタやモデルを「ヒエラルキー」に配置することで、シーン画面にキャラクタやモデルを配置できます。

「ゲームオブジェクト」とは、キャラクタ、小道具、背景などを表すUnityの基礎となるオブジェクトです。

「オブジェクト」とは「物である」と理解しておいてください。

Unityではオブジェクトもアセットも同じような扱いになります。

プロジェクト／コンソール

(5)の番号がついた部分は**プロジェクト／コンソール**といいます。

「プロジェクト」内には、Unity内で使用する、モデル（アセットと同じと思って構いません）やテクスチャ、グラフィックスやサウンドデータ、スクリプトなど、ゲームを形成する要素が格納されています。

また、のちほど説明しますが、「アセットストア」からダウンロードしたアセットも、このプロジェクト内に表示されます。

取り込んだアセットのフォルダ構造を階層的なリストで表示します。

「テクスチャ」とは、オブジェクトの質感や見た目を変えることのできる装飾品のような物、だと思っておいてください。

また、テクスチャが登場した場面で説明します。

インスペクター

最後の(6)の番号がついた部分は**インスペクター**といいます。インスペクターの理解も大事です。

インスペクターでは、選ばれているゲームオブジェクト（GameObject）の属性を表示・編集できます。

GameObjectに対してコンポーネントを追加すると、「インスペクター」にその情報が表示され、コンポーネントの追加、削除が可能になります。

「コンポーネント」とは、ゲームオブジェクトに追加する「部品」のことだと思っておいてください。

「アセット」はシーン画面に追加する「部品」ですが、「コンポーネント」はゲームオブジェクトに追加する「部品」のことです。

「部品」という呼び名は同じですが、役割が異なります。

「属性」とは、アセットが持っている性質・特徴を意味します。

4 試しにオブジェクトを配置してみよう 

手順は別な章で説明しますが、ためしにシーン画面内に「スフィア」(球体)を配置したようすを見てみましょう(**画面4**)。

画面4　シーン画面にスフィアを配置した

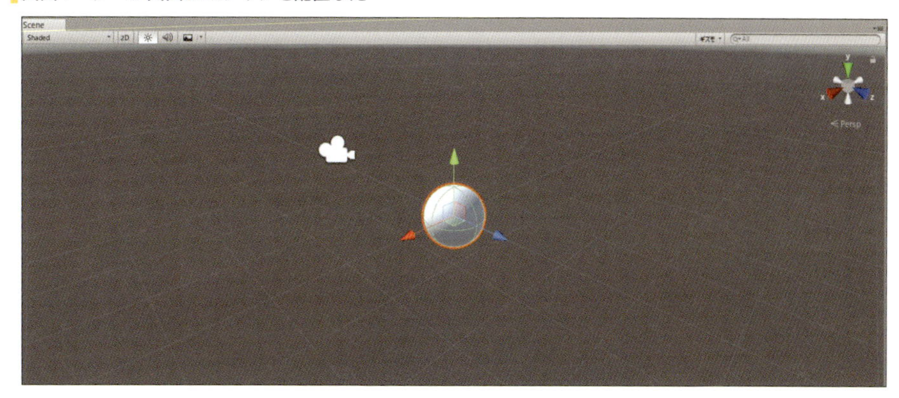

ゲーム画面では**画面5**のように表示されます。

画面5　ゲーム内に表示されたスフィア

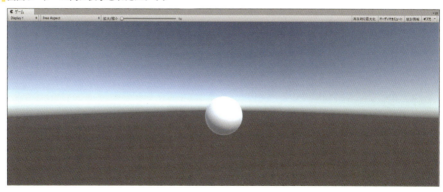

スフィアをシーン画面に追加すると、ヒエラルキー内にもスフィア(Sphere)が追加されます。

また、インスペクター内にはスフィア(Sphere)の属性が表示され、編集が可能になります(**画面6**)。

すでに説明しましたが、「属性」とは、アセット(この場合はスフィア)が持っている性質・特徴を意味します。

日本語の「スフィア」を配置しても、ヒエラルキーやインスペクター内には英語の

「Sphere」と表示されます。

この本で使っているのは日本語のUnityですが、すべてが日本語で表示されるわけではありませんので、気を付けてください。

画面6 「Sphere」が追加されたヒエラルキーとその属性が表示されたインスペクター

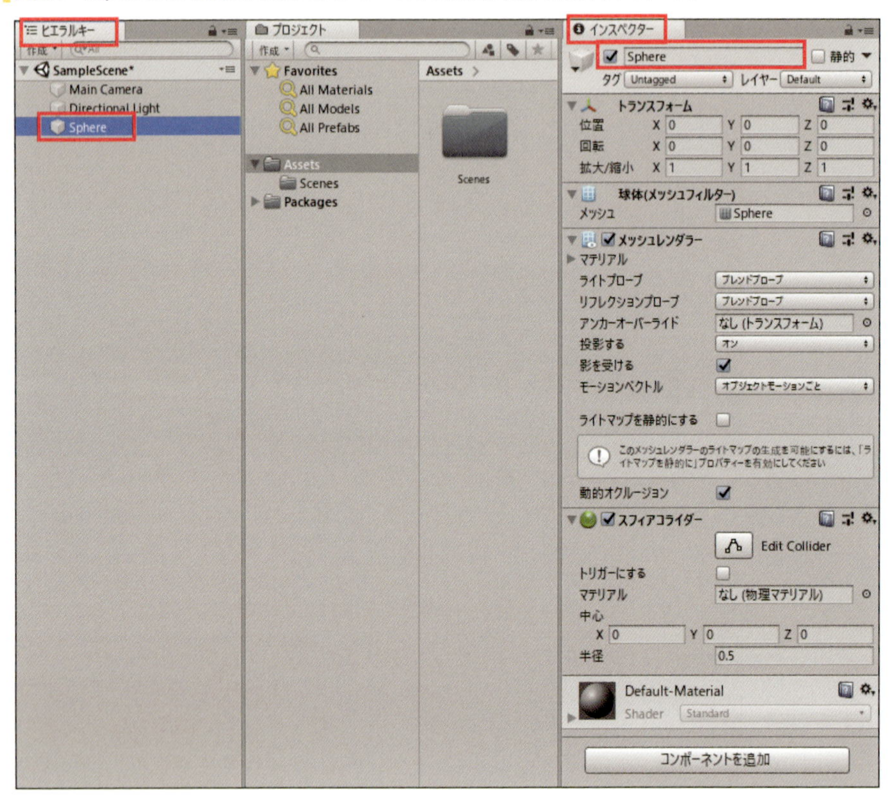

次の第3章では、画面3のトランスフォームツール内の各ツールの使いかたを説明していきましょう。

Unityの道具の役割

この章では、第2章で簡単に説明した、トランスフォームツールの使いかたを詳しく説明していきましょう。

1 ▶▶ トランスフォームツールの種類を見てみよう

画面1が、トランスフォームツールのそれぞれのツールです。

画面1　トランスフォームツール

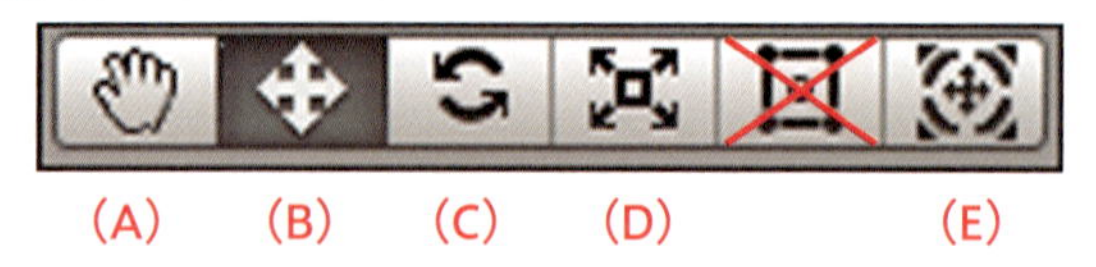

2 ▶▶ ハンドツールの使いかたを見てみよう

まずは(A)の**ハンドツール**の使いかたを見ていきましょう。

シーン画面に「キューブ」を配置しましょう。

キューブを配置するには、Unityメニューの**[ゲームオブジェクト]→[3Dオブジェクト]→[キューブ]**と選びます(画面2)。

キューブ(Cube)とは、「立方体」(サイコロの形)を意味します。

画面2　Unityメニューの[ゲームオブジェクト]→[3Dオブジェクト]→[キューブ]と選ぶ

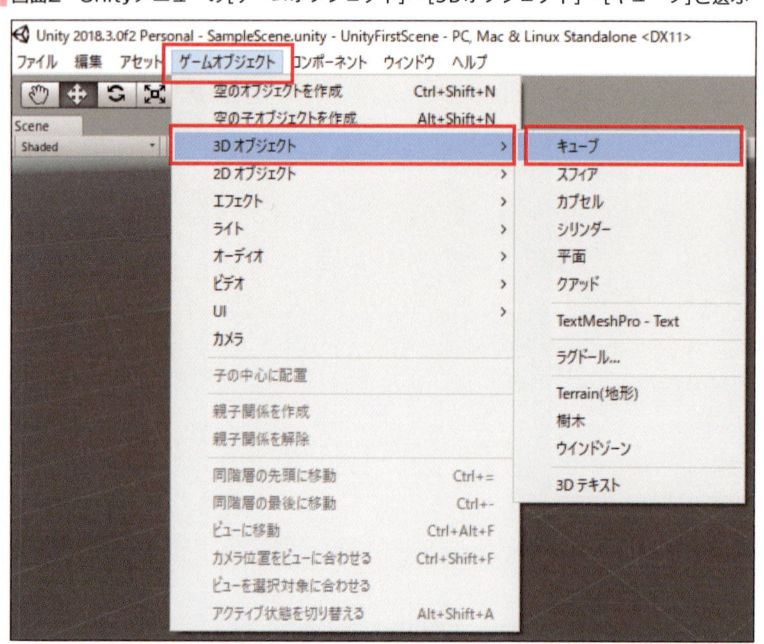

シーン画面内に「キューブ」が表示されます(**画面3**)。

画面3　シーン画面内にキューブが表示された

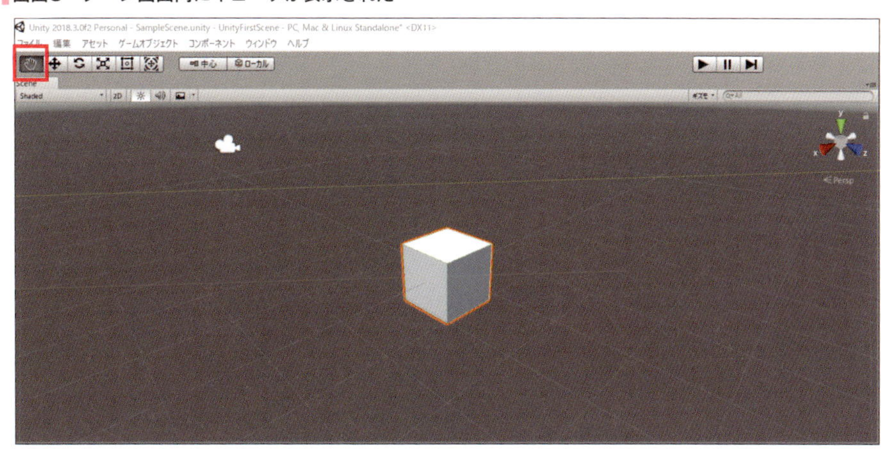

画面3の赤い枠(わく)で囲ったトランスフォームツールの「ハンドツール(A)」をクリックします。

するとカーソルが手の形に変化します(**画面4**)。

画面4　カーソルが手の形に変化した

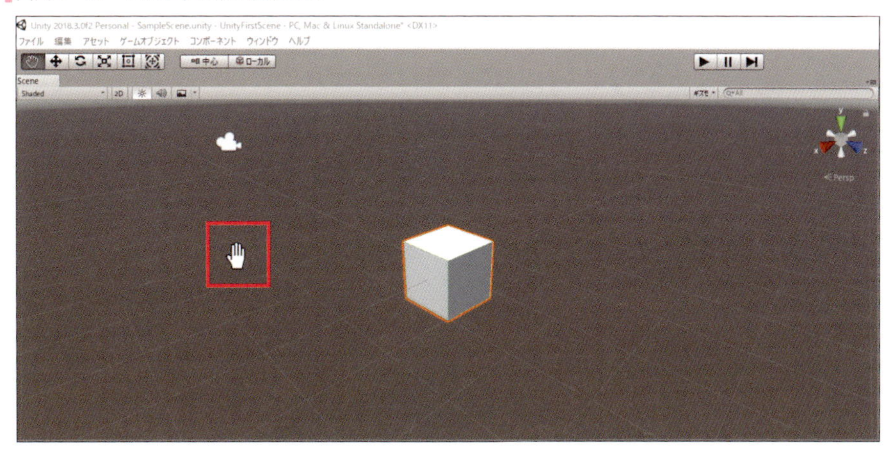

この状態で、シーン画面内をドラッグするとシーン画面の視点を変えることができます。

シーン画面ではキューブが移動したように見えますが、これは視点が変わっただけでゲーム画面のキューブの位置は元のままになっています(**画面5**)。

画面5　シーン画面の視点が変わる。ゲーム画面に変化はない

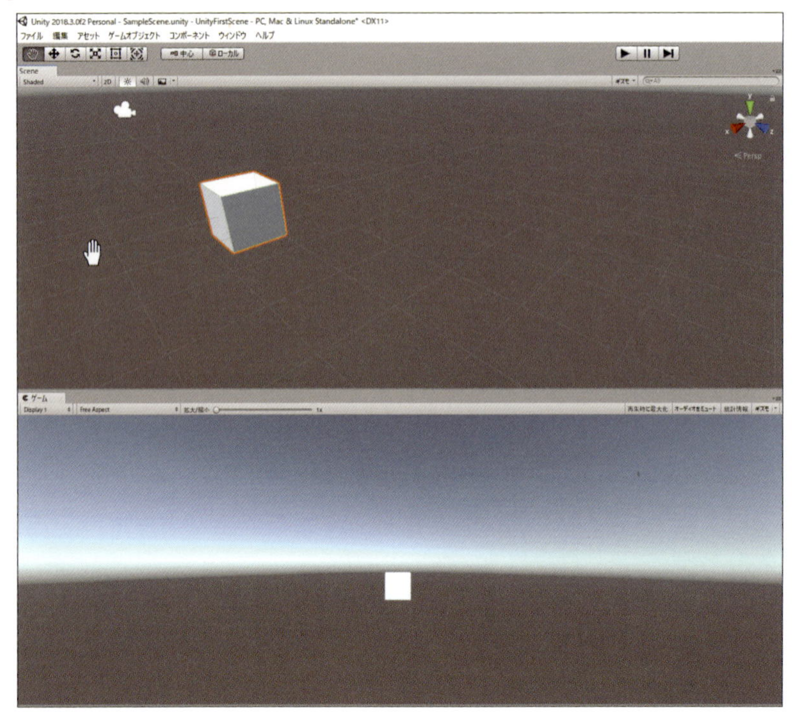

3 ▶▶ 移動ツールの使いかたを見てみよう

次は(B)の**移動ツール**の使いかたを見ていきましょう。

トランスフォームツールの(B)をクリックしてください。

次にシーン画面内でキューブを選ぶか、ヒエラルキー内で「Cube(キューブ)」を選ぶと、**画面6**のように3つの矢印が表示されます。

ここでは、「赤い矢印」はX軸を表し、左右に移動できます。

「黄緑の矢印」はY軸を表し、上下に移動ができます。

「青い矢印」はZ軸を表し奥行きを表します。

この3方向の矢印の向きは、アセットを回転させたりしていた場合には、矢印の向きが違って表示されます。

必ずしも上向き矢印がY軸、左向き矢印がX軸、右向き矢印がZ軸とはなりえません。

回転の仕方によって、軸の向きが変わりますので、赤がX軸、黄緑がY軸、青がZ軸、と色でおぼえておく方がいいでしょう。

3方向の矢印をマウスでドラッグする場合、選ばれた矢印は色が黄色に変化します。

赤の矢印をドラッグしてもドラッグしているときは、色が黄色になっています。

ドラッグをやめるともとの赤に戻ります。

ほかのツールについても、すべて同じようになることをおぼえておきましょう。

画面6　選ばれたキューブに3方向の矢印が表示された

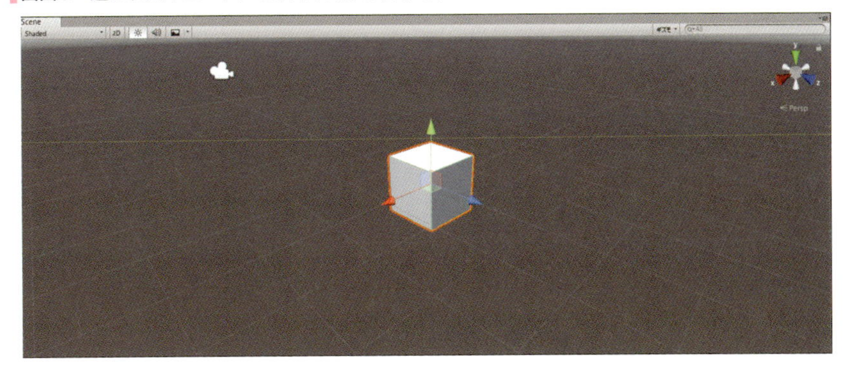

横方向に移動させる

X座標の「赤い矢印」をマウスでドラッグして左右に移動させてみましょう。**画面7**のようにゲーム画面内のキューブも移動して表示されます。

画面7　キューブが左右に移動した

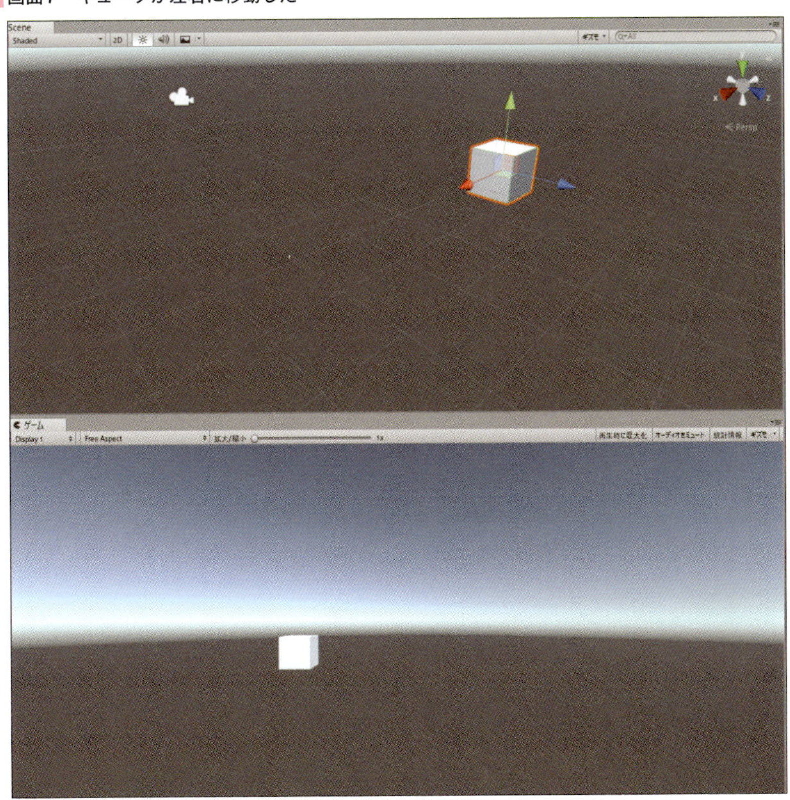

◉ 縦方向に移動させる

次にY軸を表す「黄緑の矢印」をマウスでドラッグして上下に移動させてみましょう（画面8）。

シーン画面内にアセット（この場合はキューブ）が入りきらない場合は、シーン画面上でマウスホイールを前後に回すことで、シーン画面内を拡大・縮小することができます。

アセットが画面内に収まらない場合は、シーン画面を少し縮小するといいでしょう。

すでに説明しましたが、アセットとはシーン画面に配置する「部品」のことを指します。

またオブジェクト（Object）とも言います。

オブジェクトとは「物」のことを指します。

Unityではアセットもオブジェクトも同じものと思ってもらって大丈夫です。

画面8　Y軸でキューブを上下に移動した

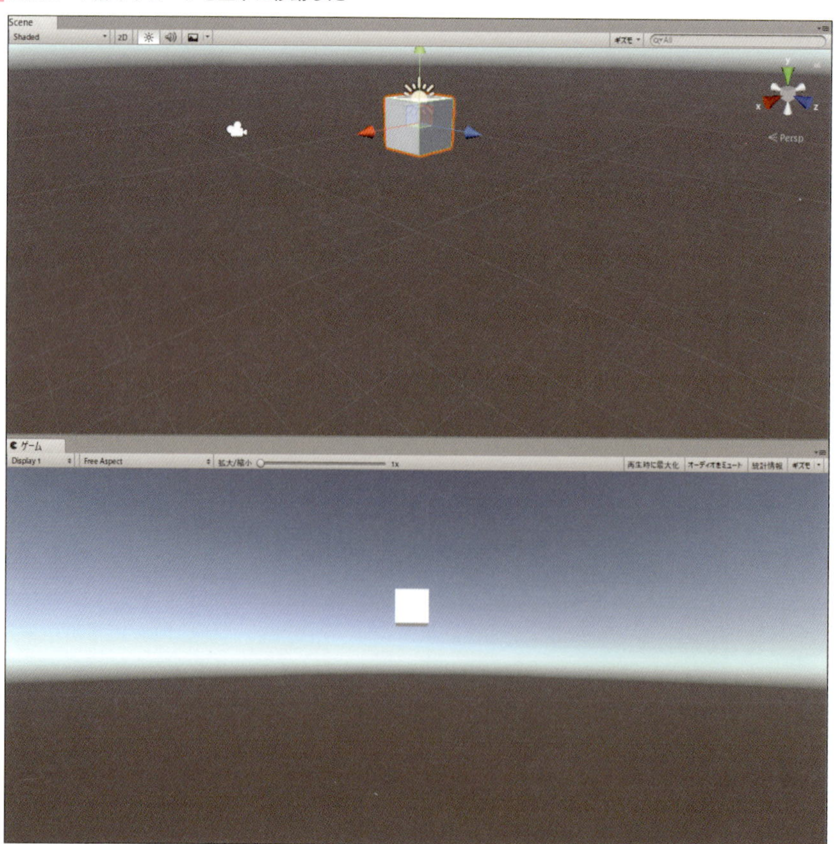

◉ 奥行きを移動させる

最後に、Z軸を表す「青色の矢印」をマウスでドラッグして奥行きの移動をさせてみましょう（**画面9**）。

画面9　Z軸でキューブの奥行きを変化させた

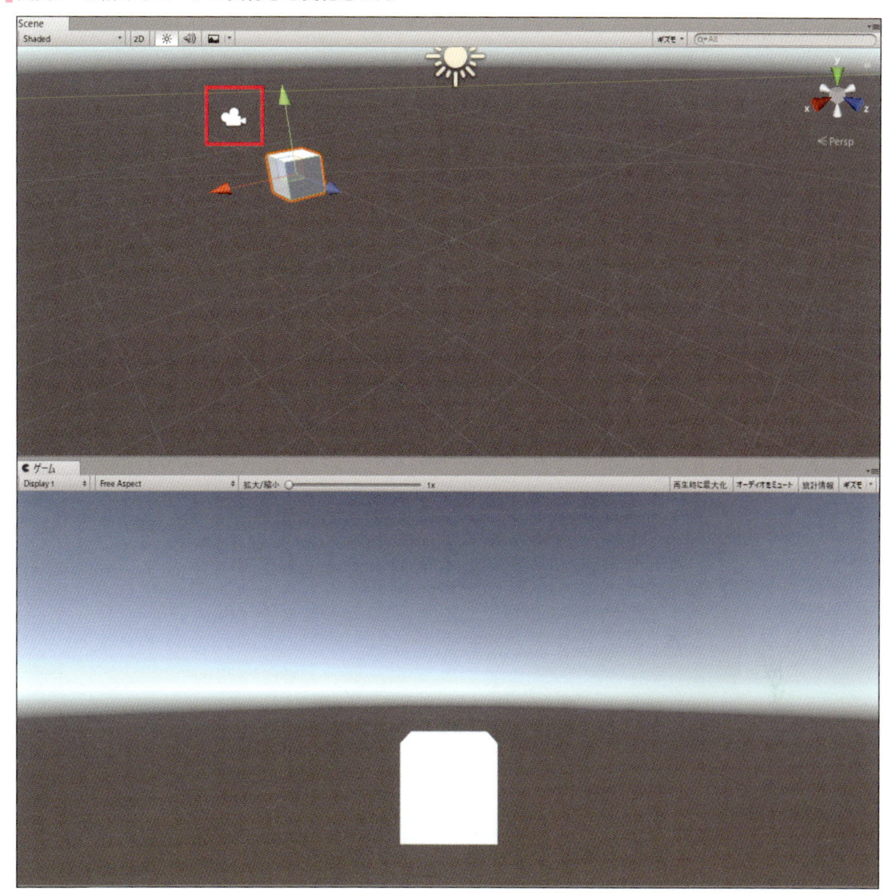

Z軸で奥行きを移動させるとは、**画面9**の赤い枠(わく)で囲った「カメラ（ここではMain Camera(メイン カメラ)）」に近づけたり、遠ざけたりすることになります。

画面9ではキューブをカメラに近づけていますので、ゲーム画面では、キューブが大きく表示されています。

4 回転ツールの使いかたを見てみよう

(C)の**回転ツール**の使いかたを見ていきましょう。

トランスフォームツールの(C)をクリックしてください。

次にシーン画面内でキューブを選ぶか、ヒエラルキー内でCube(キューブ)を選ぶと、**画面10**のような表示になります。

赤、青、黄緑、黄の球形の線が表示されます。

これらの線をマウスでドラッグすることで、キューブはいろいろな方向に回転することができます。

画面10　シーン画面上のキューブがいろいろな方向に回転できる状態になった

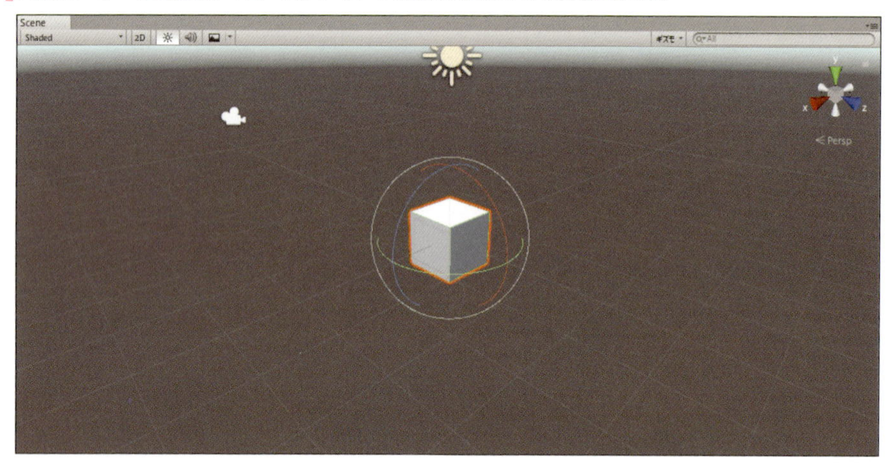

黄緑の線をドラッグすると**画面11**のように回転します。

画面11　黄緑の線で回転させた

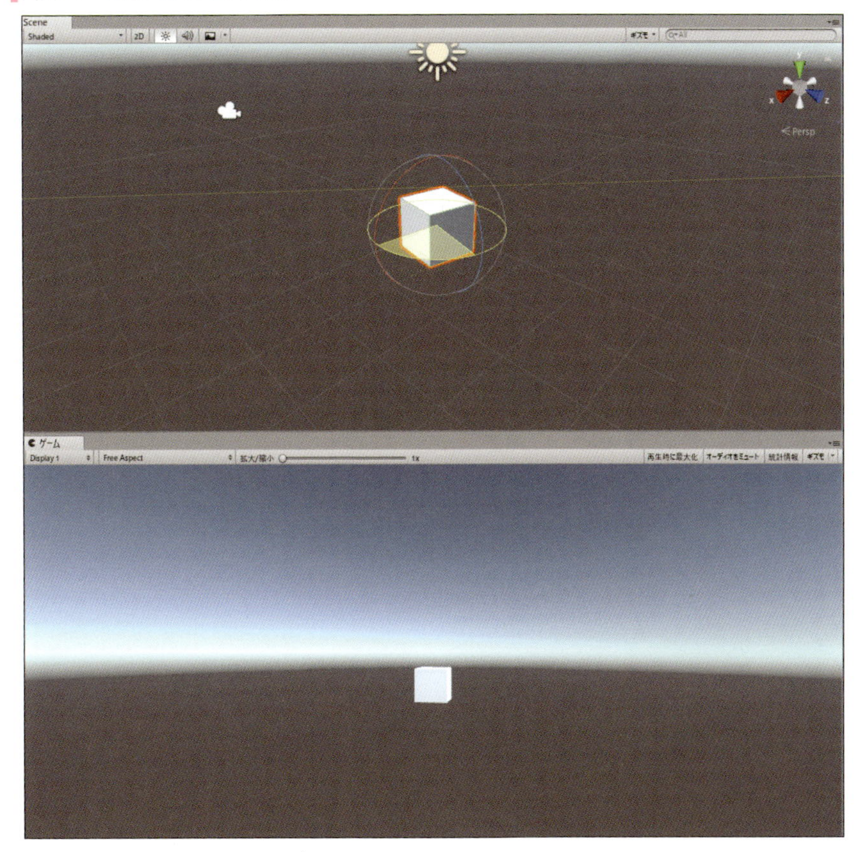

「ヒエラルキー」って？

ヒエラルキー(hierarchy)とは、「階層」という意味です。

では、「階層」って何でしょう？

皆さんの学校を想像して下さい。

一番えらい人は誰でしょうか？　校長先生ですね。

では次は？　教頭先生です。

そしてたくさんの先生がいて、生徒である皆さんがいますね。

このような上と下の関係を表す考え方を「ヒエラルキー」といいます。

ヒエラルキーは、皆さんの周りにもたくさんあります。

国→都道府県→市町村とか。

探してみるとおもしろいと思いますよ。

Unityでは、ゲーム中に出てくるいろんな「物」に上下関係を付けているのです。

赤色の線をドラッグすると**画面12**のように回転します。

画面12　赤色の線で回転させた

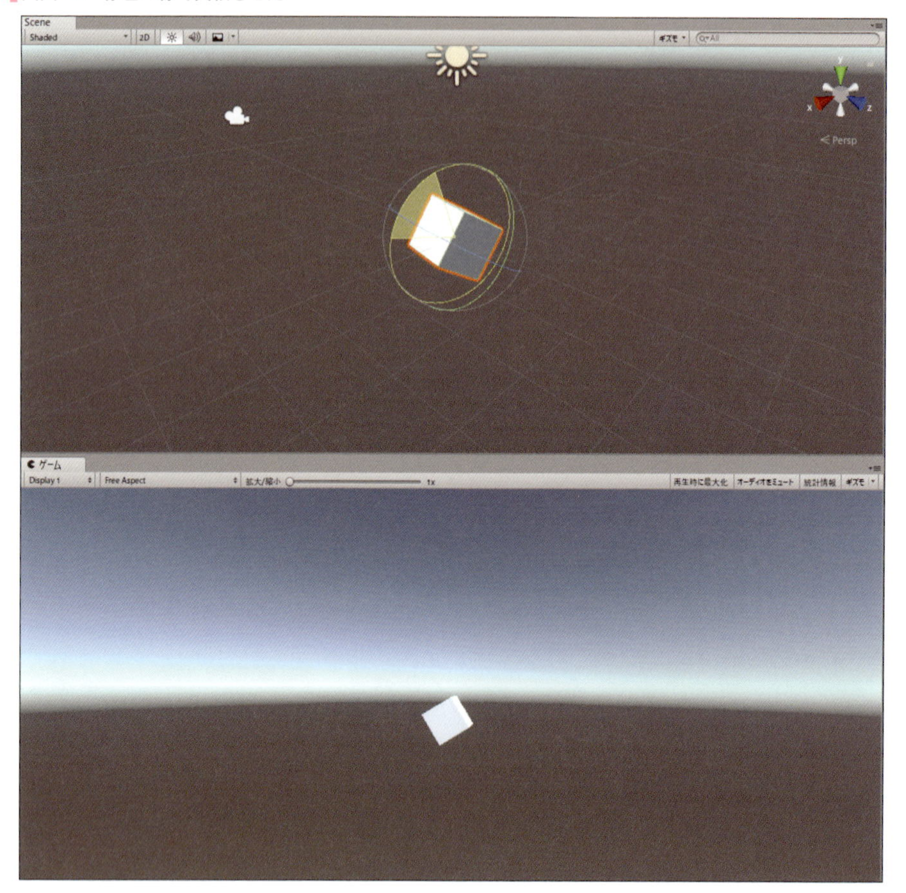

他の線も皆さんでドラッグしてみて、どのような回転になるか試してください。

5 スケールツールの使いかたを見てみよう

(D)の**スケールツール**の使いかたを見ていきましょう。

トランスフォームツールの(D)をクリックしてください。

次にシーン画面内でキューブを選ぶか、ヒエラルキー内で「Cube（キューブ）」を選ぶと、**画面13**のような表示に変わります。

画面13　スケールツールの■が表示された

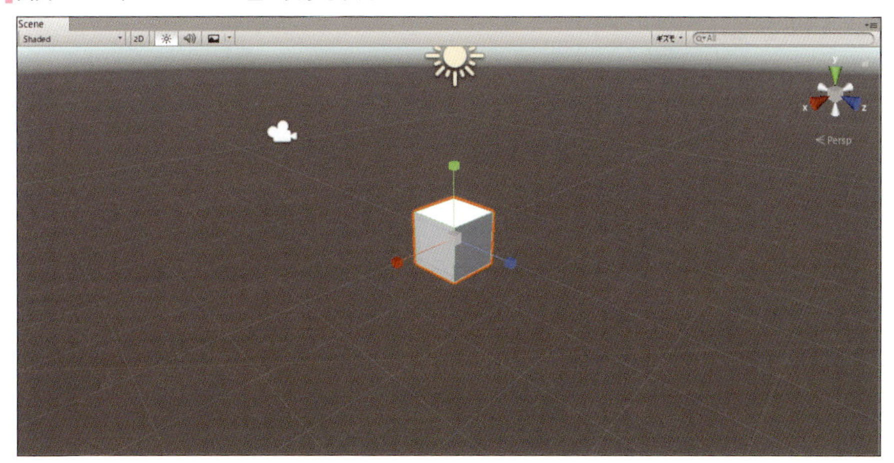

赤い■をマウスでドラッグすると、X軸方向の左右にサイズが変更します。

黄緑の■をドラッグするとY軸方向の上下にサイズが変更します。

青の■をドラッグするとZ軸の奥行きのサイズが変更されます。

中心にあるグレーの■をドラッグするとキューブ全体が拡大・縮小されます。

「インスペクター」って？

インスペクター(inspector)とは、たとえば「調査員」という意味です。

では、「調査員」って何でしょう？

調査員とは、何かを調べるのが役割の人です。

と言ってもわかりにくいでしょうから、探偵(たんてい)を想像して下さい。「あの人のことを調べて！」と探偵に依頼すると、名前や住んでいる場所、年などを調べてきてくれます。

このようにインスペクターは、探偵のように、Unityのゲーム中に出てくるいろんな「物」のことを調べてくれる道具なのです。

実際に見ていきましょう。

まず、赤い■をドラッグすると**画面14**のようにキューブがX軸方向にサイズが変化します。

画面14　キューブがX軸方向にサイズが変化した

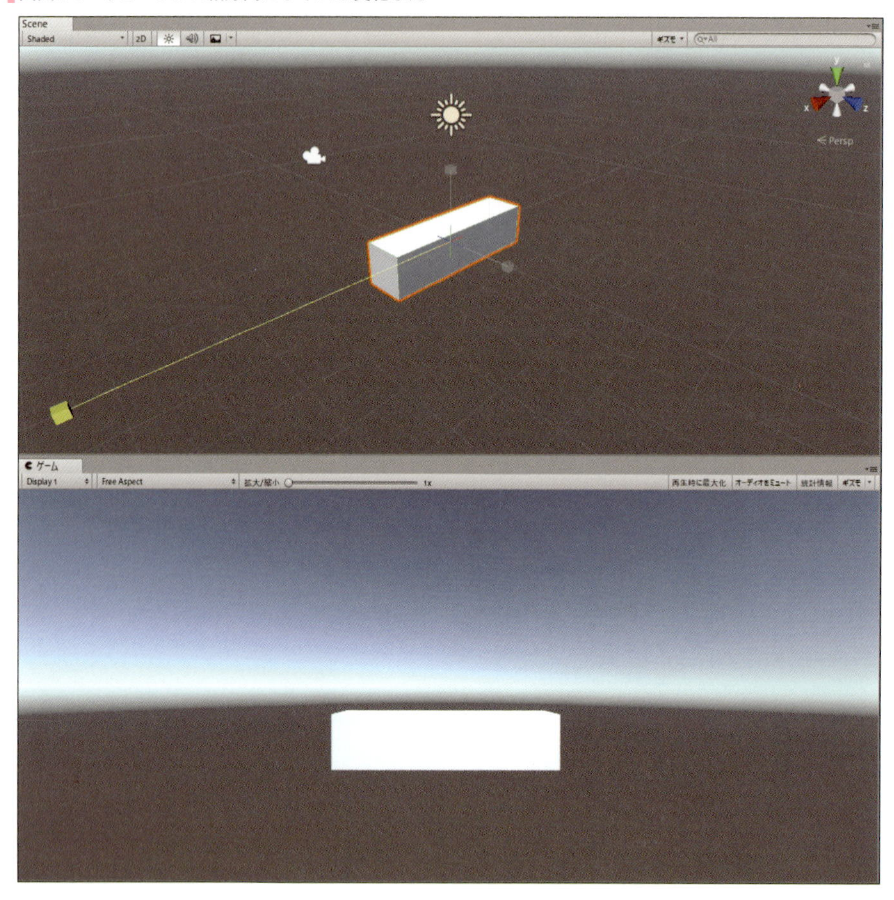

選ばれた赤い■は黄色に変わっています。

この状態から、次に黄緑の■をドラッグしてY軸方向にサイズを変えてみましょう（画面15）。

画面15　Y軸方向にサイズを変化させた

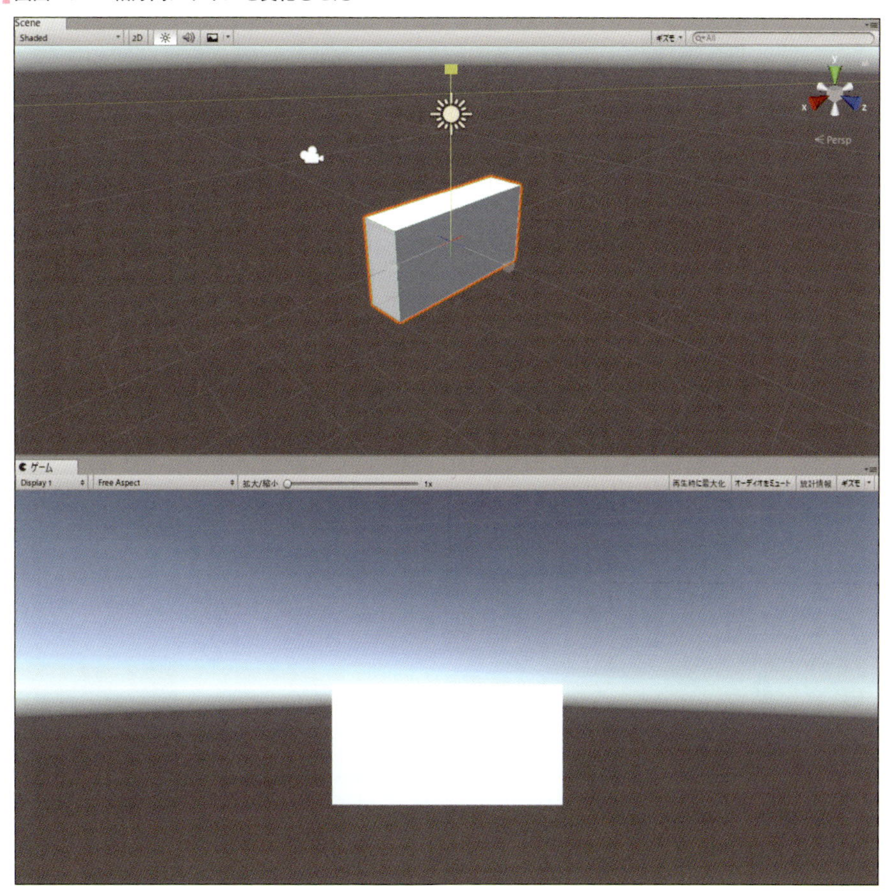

「属性」って？

属性（attribute）とは、物が持っているさまざまな性質をいいます。

例えば、皆さんの身長、体重、年齢なども属性です。

キューブでは、大きさや向き、色などが属性になります。

同じキューブでも、属性が違えば違う物となります。

このように属性は、いろんな種類の物を作ったり、区別するために必要なものなのです。

この状態から、次に青の■をドラッグしてZ軸方向にサイズを変えてみましょう（画面16）。

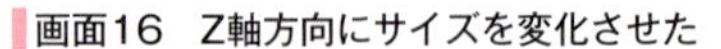
画面16　Z軸方向にサイズを変化させた

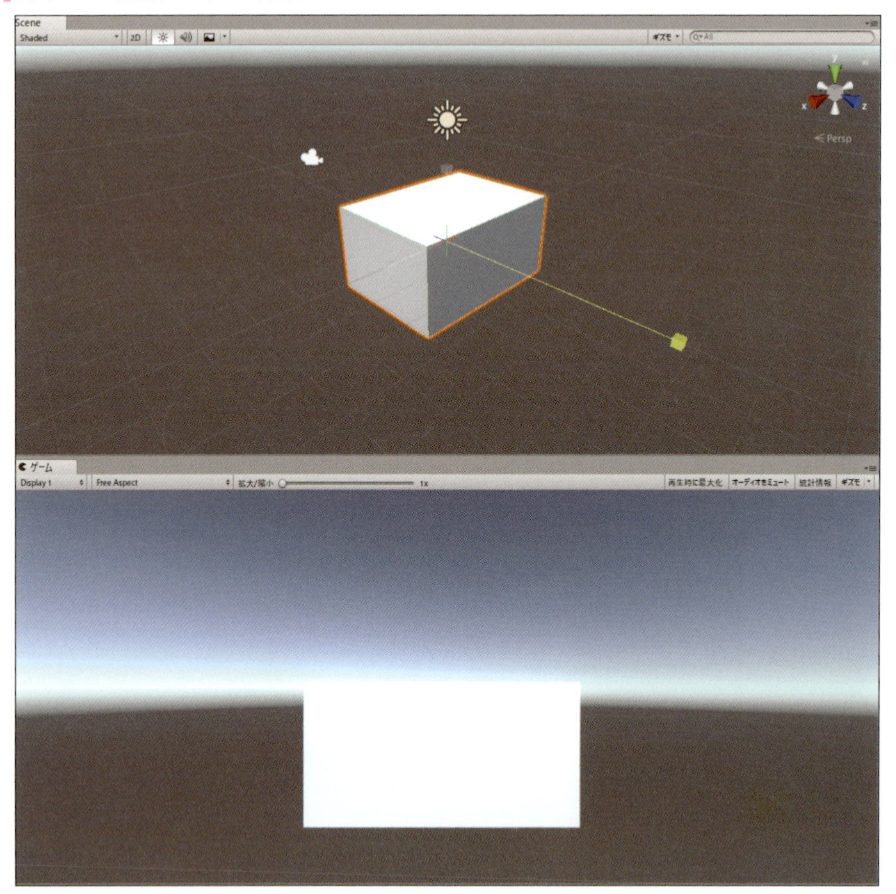

シーン画面とゲーム画面とでは、見え方が大幅に違っていますよね。

シーン画面では直方体に表示されていますが、ゲーム画面では長方形で表示されていますね。

これは、シーン画面は私たちの視点で見ている図形で、ゲーム画面はカメラ（Main Camera）から見ている図形だから、見かけが異なるのです。

この状態では、ゲーム画面でキューブの奥行きが変化していることがわかりませんので、(C)の「回転ツール」を使ってキューブを少し回転させて表示してみましょう。

すると、**画面17**のようにキューブのZ軸のサイズも変化しているのがわかると思います。

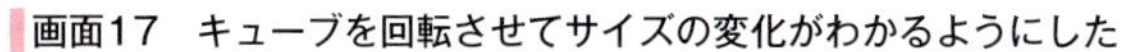

画面17 キューブを回転させてサイズの変化がわかるようにした

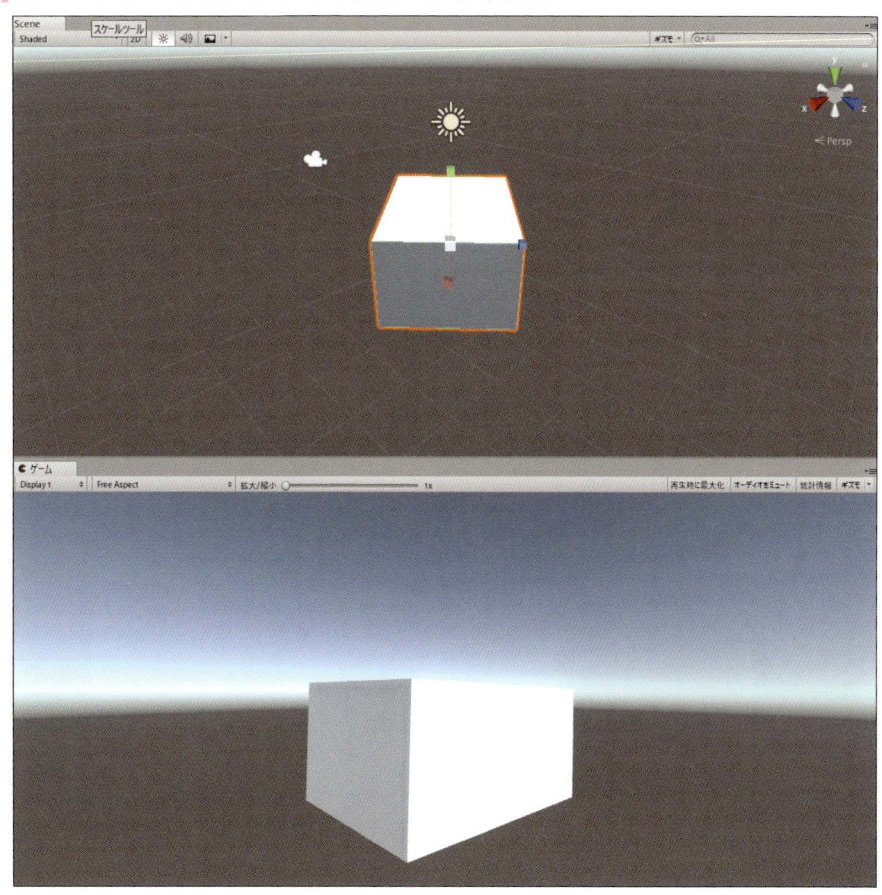

この状態から、中心にあるグレーの■をドラッグしてみましょう。

画面18のように、キューブ全体が拡大・縮小されてサイズが変更されていきます。

画面18　キューブ全体のサイズが変更される

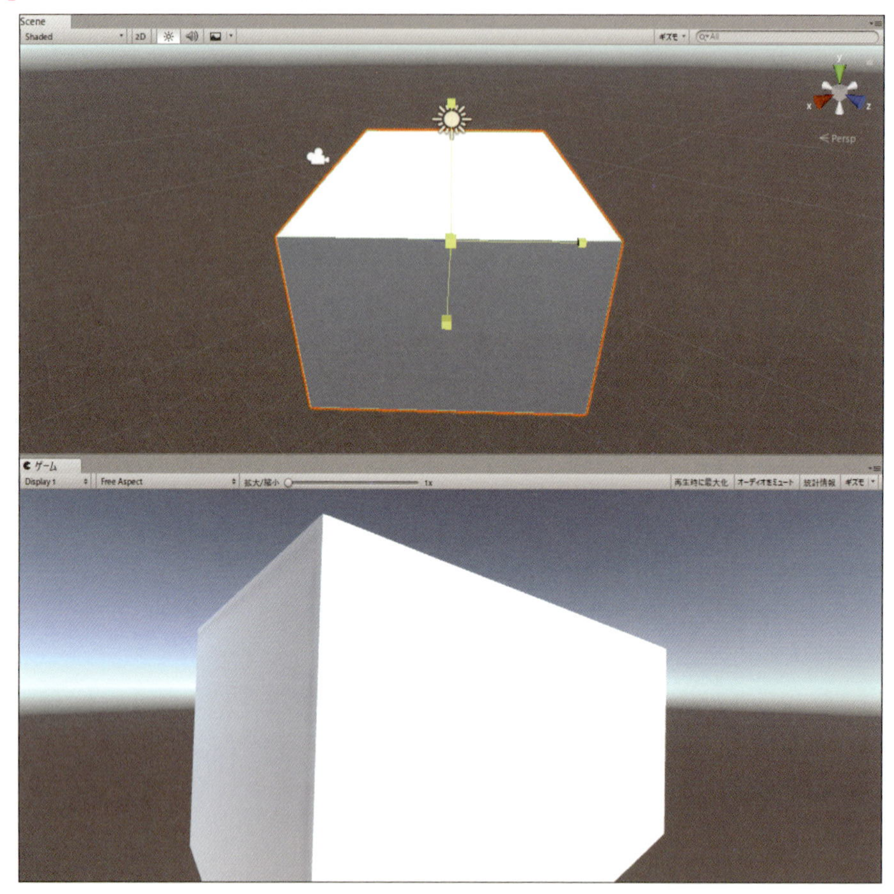

6 「選択したオブジェクトを回転します」の使いかたを見てみよう

最後に(E)の**選択したオブジェクトを回転します**の使いかたを見ていきましょう。

トランスフォームツールの(E)をクリックしてください。

次にシーン画面内でキューブを選ぶか、ヒエラルキー内で「Cube」を選ぶと、**画面19**のような表示に変わります。

サイズは少し小さくしてゲーム画面に収まるよう調整しました。

画面19　「選択したオブジェクトを回転します」のツールを選んで表示されたキューブ

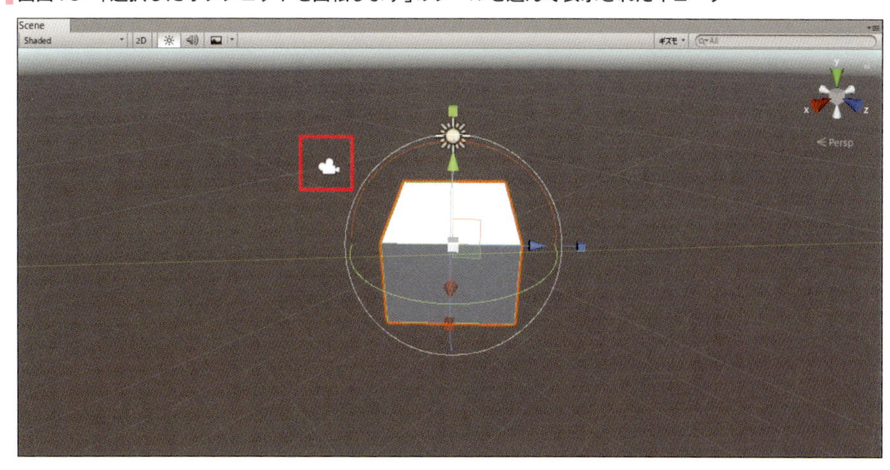

見てわかるように、今まで説明してきた「移動ツール」、「回転ツール」、「スケールツール」が一度に表示されているのがわかると思います。

操作方法は今まで説明してきた方法と同じです。

皆さんでいろいろ触ってどんな変化が現れるか確認してください。

インスペクターを見てみる

いままで説明してきた、「移動ツール」「回転ツール」「スケールツール」は、「インスペクター」の「トランスフォーム」内の**[位置]** **[回転]** **[拡大/縮小]**のX、Y、Z軸にそのまま対応しています。

それぞれのツールで操作を行うと、この中の数値が変化します(画面20)。

画面20　「移動ツール」、「回転ツール」、「スケールツール」は、「インスペクター」の「トランスフォーム」内の[位置]、[回転]、[拡大/縮小]のX、Y、Z軸に対応している

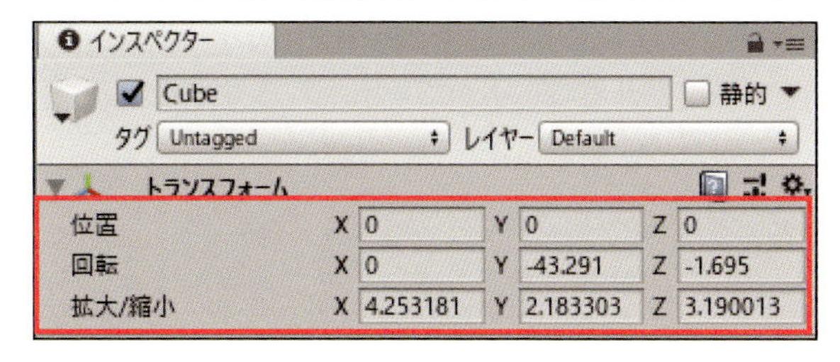

7 ▶ プロジェクトを保存しよう

最後に、このプロジェクトを保存しておきましょう。Unityメニューの**[ファイル]→[別名で保存]**を選んで、「FirstSample」という名前で保存しておきましょう。

するとプロジェクトのAssetフォルダ内に「FirstSample」が保存されます。アイコンはUnityのアイコンになっています(**画面21**)。

次の第4章からは、**[保存！]**が出ている場所でプロジェクトを保存してください。

画面21　FirstSampleという名前でプロジェクトが保存された

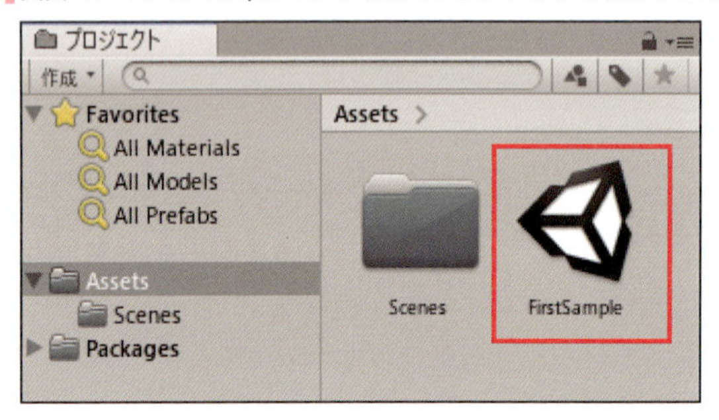

いままでの操作で、シーン画面とゲーム画面では表示が違っているので、「あれ？」って思われたのではないでしょうか。

前でも説明していますが、シーン画面に表示されているのは、私たちの目からみたアセットの姿で、ゲーム画面から見えているのは、シーン画面に配置されている「カメラ(Main Camera)」から見たアセットの姿だからです。

「Main Camera」は**画面19**の赤い枠で囲ったものです。

ヒエラルキーを見ると「Main Camera」が配置されているのがわかると思います。

この「Main Camera」にアセットを近づけたり、遠ざけたりすることで、ゲーム画面でアセットが大きく表示されたり、小さく表示されたりします。

もちろん「Main Camera」自体を選んで(B)「移動ツール」で「Main Camera」をアセットに近づけたり、遠ざけたりしても同じ結果になります。

「トランスフォームツール」の使いかたについては、動画解説がわかりやすいので、ぜひごらんください。

次の第4章では、球体や立方体や円筒など、図形の使いかたについて説明します。

図形の使いかた

この章では、いろいろな図形(「球体」や「立方体」や「カプセル」など)の表示のさせかたを説明していきます。さらに、これらに色を付ける方法、画像を貼り付ける方法、重力を持たせる方法、バウンドさせる方法、図形どうしをぶつけると何が起きるか、などについて説明していきます。

1 ▶ プロジェクトを作ろう

まずは、プロジェクトを作りましょう。

デスクトップ上に表示されている**画面1**のUnity Hubのアイコンをダブルクリックしてください。

画面1　デスクトップ上に作られたUnity Hubのアイコン

画面1をダブルクリックしてUnity Hubを起動し、**[新規]**から「UnitySample_4」というプロジェクトを作成してください。

[Create project]ボタンをクリックするとUnityが起動します。

Unityが起動すると、ヒエラルキー内には、最初から「Main Camera」と「Directional Light」が追加されています。

「Directional Light」は、光または太陽を表します。

この章よりあとで、同じく「プロジェクトを作る」という場合には、同じようにUnity Hubのアイコンをダブルクリックしてください。

2 ▶ 図形（アセット）を登場させよう

Unityが起動したところで、はじめに「図形（アセット）を登場させる」方法について説明します。

ここでは、シーン画面に配置する図形を「アセット」（Asset）と表現しています。

第3章でも説明していますが、「アセット」とは「部品」という意味になります。

ですから、「部品を登場させよう」と言ってもいいと思います。

第3章でキューブは表示させたことがありますので、ここでは「スフィア」（球体）を表示してみましょう。

Unityメニューの**[ゲームオブジェクト]→[3Dオブジェクト]→[スフィア]**と選んでください(**画面2**)。

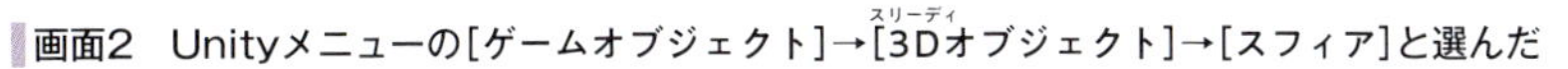

画面2 Unityメニューの[ゲームオブジェクト]→[3Dオブジェクト]→[スフィア]と選んだ

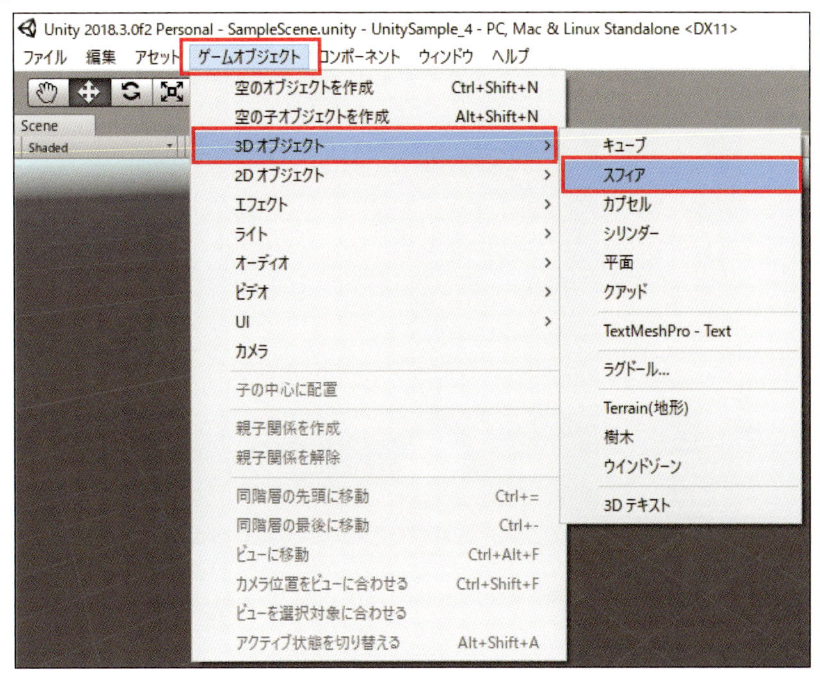

するとシーン画面内に「スフィア」が表示され、ヒエラルキー内には「Sphere」と追加されています。

「スフィア」の表示が少し小さいので、トランスフォームツール内の「移動ツール」を使って、青い矢印のZ軸をドラッグしてスフィアを「カメラ(Main Camera)」の方に近づけておきました。

画面3のように表示されます。

画面3　スフィア(球体)が表示された

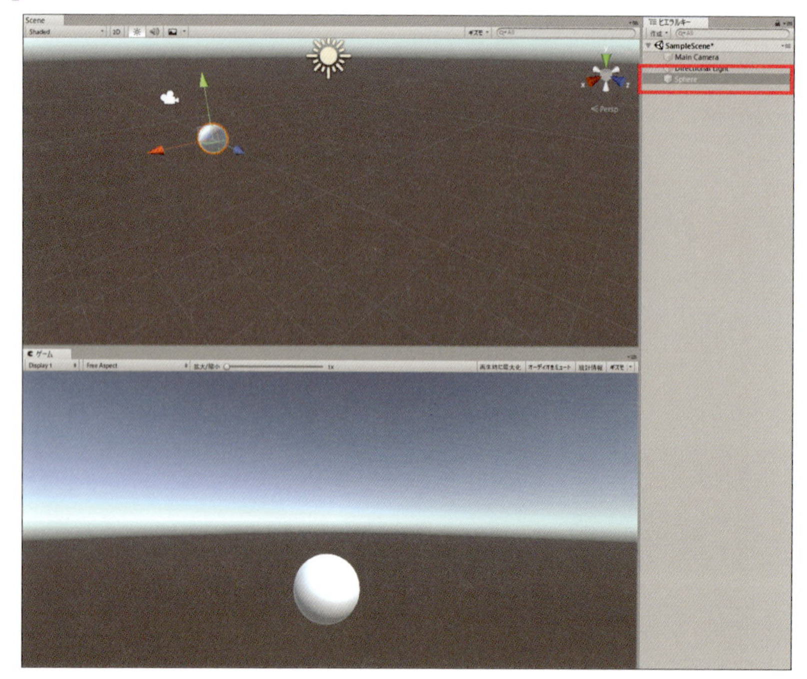

画面2と同じ手順で「カプセル」(Capsule)も追加してみましょう(**画面4**)。

追加したカプセルも、トランスフォームツールの「移動ツール」を使って、ゲーム画面を見ながら、先に配置しておいたスフィアと並べるように配置してください。

画面4　カプセル(Capsule)を追加した

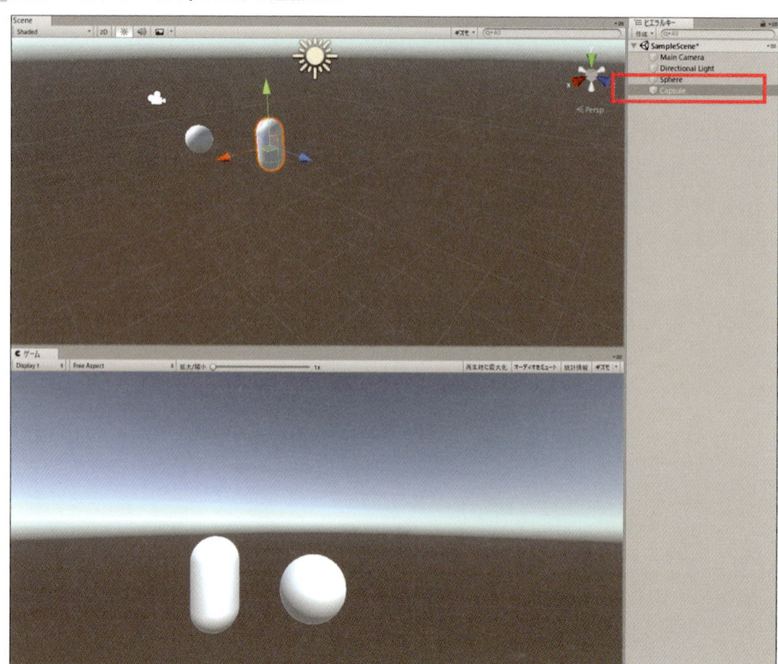

画面4を見ると、シーン画面のアセットの配置と、ゲーム画面における配置が逆になっていると思います。

これは3章の最後でも書いているように、シーン画面は、私たちの目から見たアセットの配置であり、ゲーム画面は「カメラ(Main Camera)」から見た配置になりますので、反対に表示されているわけです。

これをシーン画面もゲーム画面も見た目を同じにすることはできますが、カメラを移動して回転させるなど、まだ慣れないうちは操作が難しいので、この本では何も手を加えずにこのままの表示で説明していきます。

このままでも、特に問題はありませんので、安心してください。

シーン画面にアセットを配置したところで、次の処理を行ってみましょう。

3 図形に色を付けよう

配置したアセットに色を付けていきましょう。

色をつけるためには**マテリアル(Material)**というものを作成する必要があります。

マテリアルとは日本語にすると「素材」「原料」などの意味になります。

それで、「マテリアルで色の原料を作る」と理解しておきましょう。

そのマテリアルの作成方法を説明しましょう。

プロジェクトのAssetフォルダを選んだ状態で、**[作成]→[マテリアル]**と選びます(**画面5**)。

画面5　[作成]→[マテリアル]と選ぶ

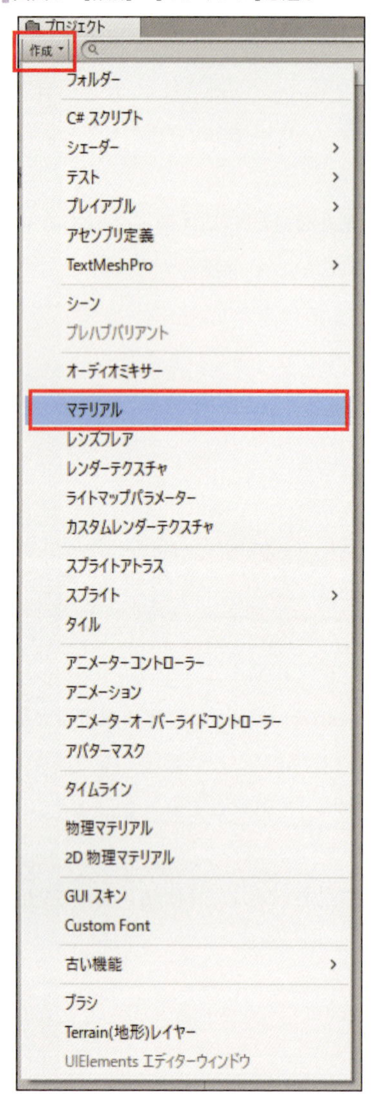

するとAsset(アセット)フォルダ内に「New Material(ニューマテリアル)」が作成され、編集状態になっていますので、「Red(レッド)」という名前にしておきます(**画面6**)。

画面6　Red(レッド)のマテリアルのもとを作成した

この「Red（レッド）」のマテリアルを選ぶとインスペクターが表示されていますので、その中の「Main Maps（メイン マップス）」の**[アルベド]**の横にある白い長方形をクリックします。

すると「色」が起動しますので、赤色を選んでください(**画面7**)。

「アルベド」って何？と思われるかもしれませんが、特に意味を知る必要はありません。

簡単に説明しますと、**アルベド(Albedo)**とはオブジェクト(アセット)自体に色を指定するもの、という意味です。

マテリアルに色を指定するにはアルベドから、とだけおぼえておくといいでしょう。

画面7　Red（レッド）のマテリアルのインスペクターからアルベドに赤色を指定した

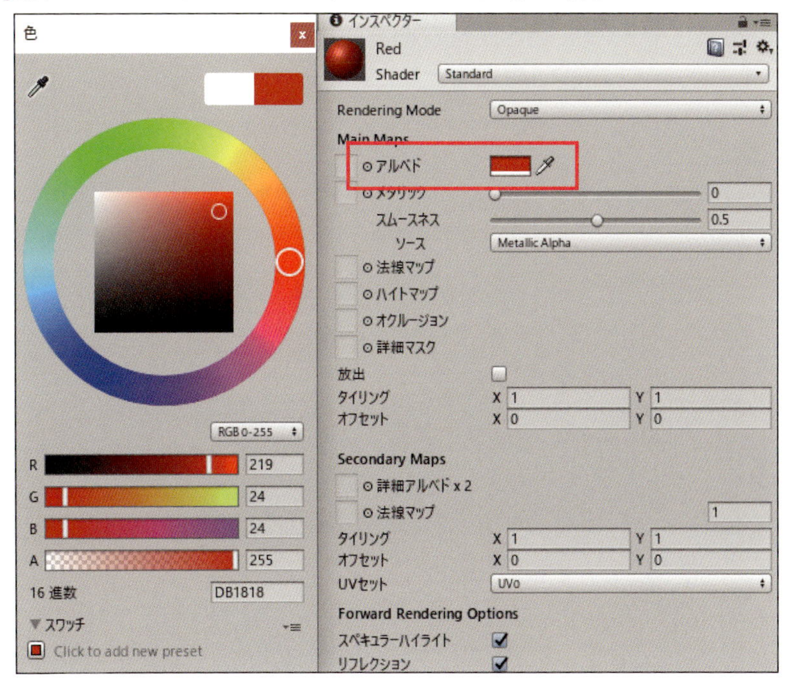

すると、**画面6**の「Red（レッド）」のマテリアルが**画面8**のように変化します。

画面8　赤色のマテリアルが作成された

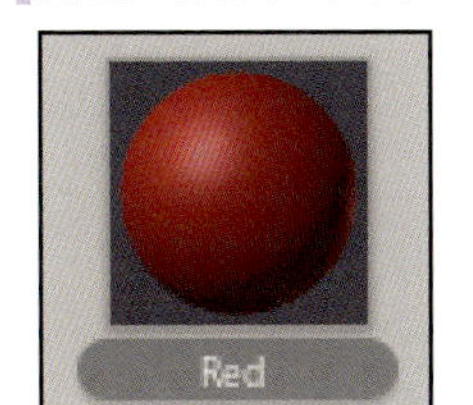

同じ手順で「Blue」というマテリアルを作成し、インスペクターの**[アルベド]**から「青色」を指定してください。

「Red」(赤)と「Blue」(青)の2つのマテリアルが作成されていると思います(**画面9**)。

画面9　Red(赤)とBlue(青)のマテリアルが作成された

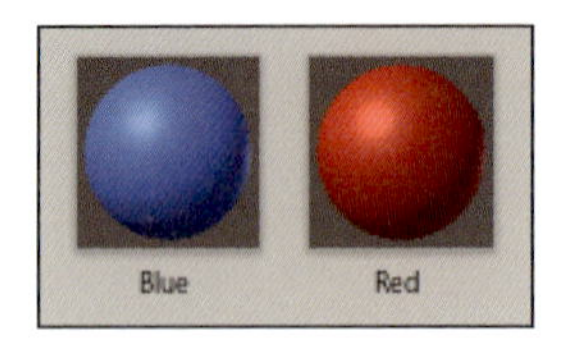

これらのマテリアルをシーン画面のAssetの上にドラッグ＆ドロップするか、またはヒエラルキー内の「Sphere」や「Capsule」の上にドラッグ＆ドロップすると、シーン画面のアセットに色が反映されます(**画面10**)。

どのアセットにどの色を適用するかは皆さんの自由です。

画面10　アセットに色が適用された

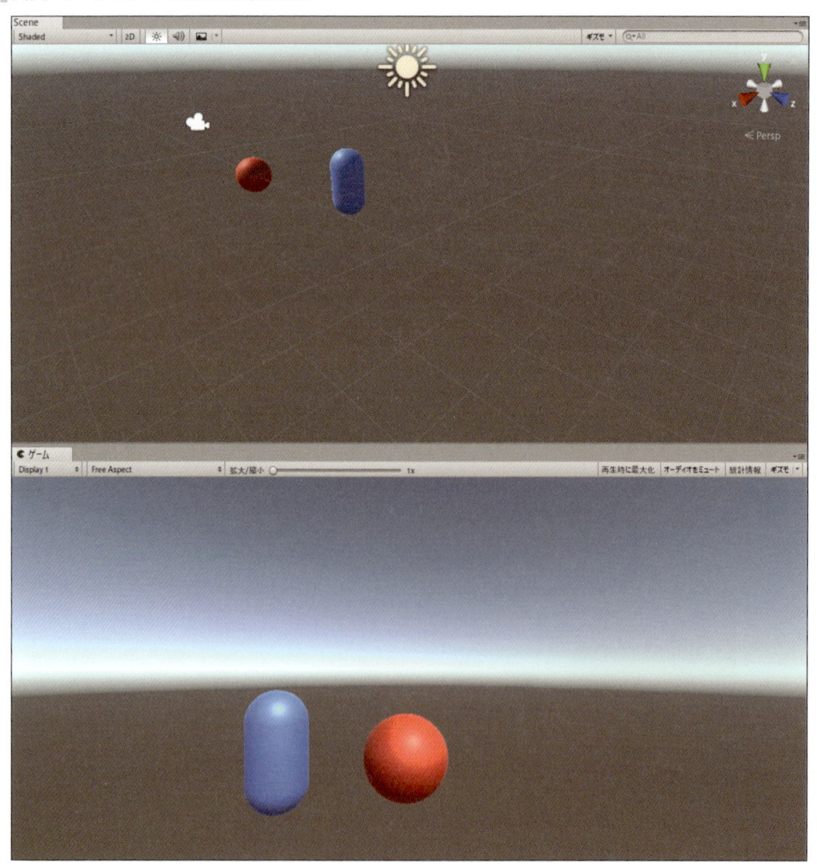

マテリアルとテクスチャの違いとは

ここで、マテリアルと「テクスチャ」(このあと「読み込んだ画像をインスペクター内でテクスチャタイプを指定する」(53ページ)で出てきます)の違いを簡単に説明しておきましょう。

マテリアルとはアセットの表面の反射率や粗さなどの、描画設定の集まりを指します。

「テクスチャ」とは、色や模様などを表現するビットマップ画像のことで、マテリアルの役割を肩代わりすることもあります。

「ビットマップ画像」とは、ドット(点)の集まりで表現される形式の画像のことです(テレビの画面のようなものです)。

4 図形に画像を貼(は)り付けよう

色を付けたので、今度は図形に画像を貼(は)り付けてみましょう。

保存! その前に今作ったサンプルを保存しておきましょう。Unityメニューの[ファイル]→[別名で保存]で「UnitySample_4-1」として保存しておきましょう。

Unityメニューの**[ファイル]→[新しいシーン]**と選んで、新しいシーンを作成します。

今まで作っていたものが消えて何もない新しいシーンが作成されます。

先に作っておいたサンプルは保存していますので大丈夫です。

サンプルを見たい場合はUnityアイコンのサンプルファイルをダブルクリックすると、先に作っておいたサンプルが表示されます。

新しいシーンで、図形に画像を貼(は)り付けていきましょう。

図形を配置する

まず図形を配置しましょう。

Unityメニューの**[ゲームオブジェクト]→[3D(スリーディ)オブジェクト]**と選んで、「平面」「キューブ」、「スフィア」、「シリンダー」(円筒)をシーン画面上に配置します。

ヒエラルキーから「Main Camera(メインカメラ)」を選んで、赤い枠(わく)で囲ったカメラを、配置した図形に近づけておきます(**画面11**)。

画面11　平面上に各種図形を配置した

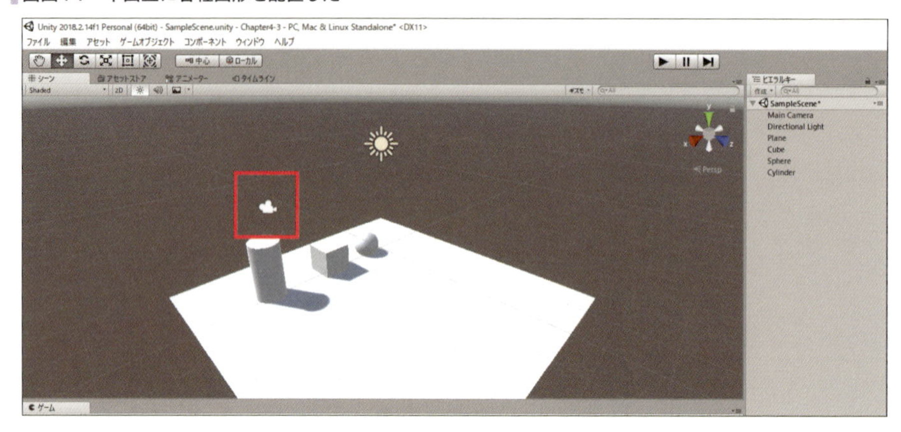

自分のPCにある画像を読み込む

筆者は**画面12**のような画像を読み込みます。

読み込む画像は、皆さんで用意しておいてください。

形式はPNG(ピング)でもJPG(ジェーペグ)でも構いません。

画面12　筆者がローカルフォルダに持っている画像(PNG(ピング)画像)

この画像をUnityメニューの**[アセット]→[新しいアセットをインポート]**から読み込みます。

画像を保存しているフォルダを指定して読み込むことになります。

読み込むと、プロジェクトのAsset(アセット)フォルダに**画面13**のように読み込まれます。

画面13　読み込まれたPNG画像

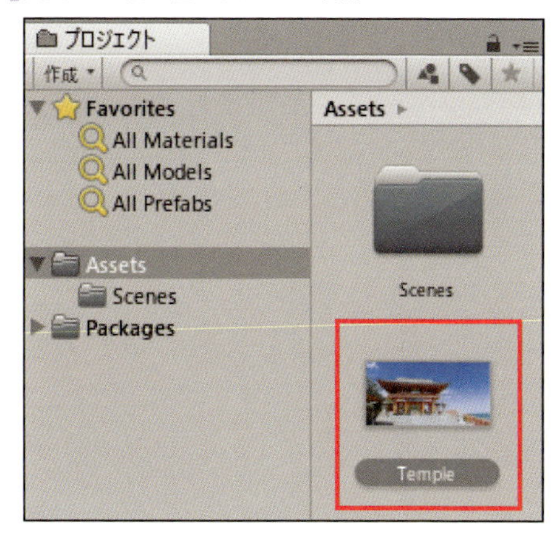

読み込んだ画像をインスペクター内でテクスチャタイプを指定する

読み込んだ画像を選んで、インスペクターを表示し、**[テクスチャタイプ]**に「スプライト(2DとUI)」を選び、**[適用する]**ボタンをクリックしてください(**画面14**)。

すると**画面13**の画像が**画面15**の画像のように変化します。

画面14　[テクスチャタイプ]に「スプライト(2DとUI)」を選んだ

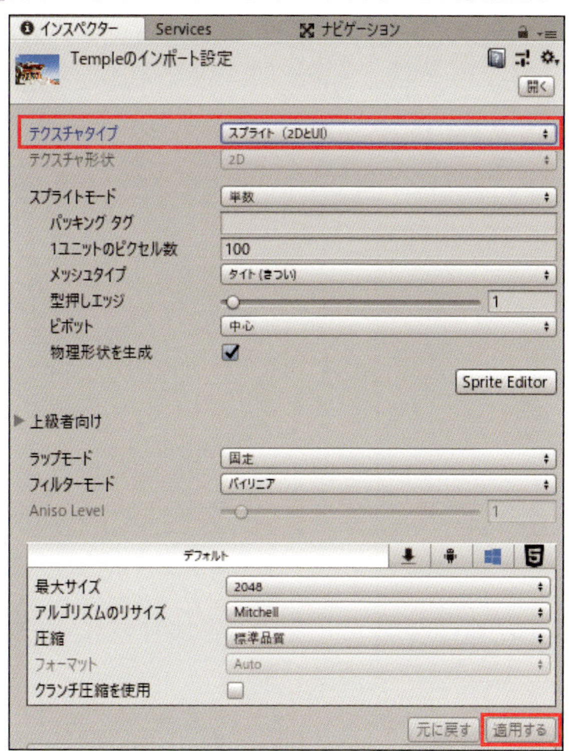

画面15　[テクスチャタイプ]に「スプライト(2DとUI)」を選んで適用すると画像が変化する

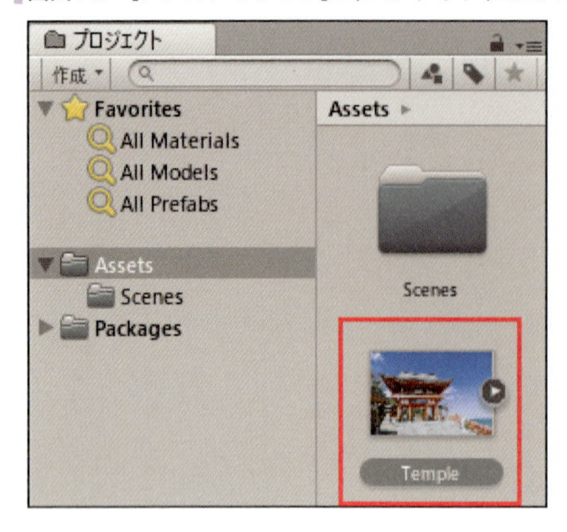

ここで、疑問が湧くかもしれませんね。

なぜ読み込んだ画像を「スプライト(2DとUI)」に指定しなければならないのか？と。

Unityの操作をマスターするうえで一番重要なことは、こういった「なぜ？」、「どうして？」といった疑問を持たないことです。

これらは、こういった「決めごと」であり「約束ごと」なんだと理解して、まずはその手順をおぼえていくのがベストです。

図形に適用するマテリアルを作成する

もう説明していますが、マテリアルを作成するには、**[プロジェクト]**→**[作成]**→**[マテリアル]**と選びます(画面6)。

画面16　マテリアルを作成する手順

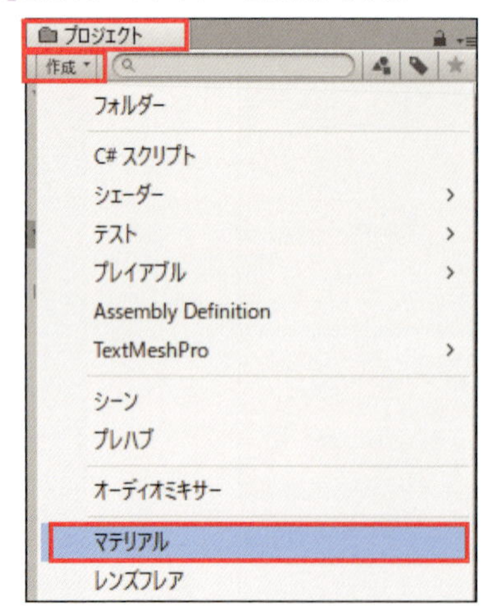

するとマテリアルの「空の器(球体)」が作成されますので、名前を「ImageMaterial」としておきましょう(**画面17**)。

画面17　ImageMaterialの器が作成された

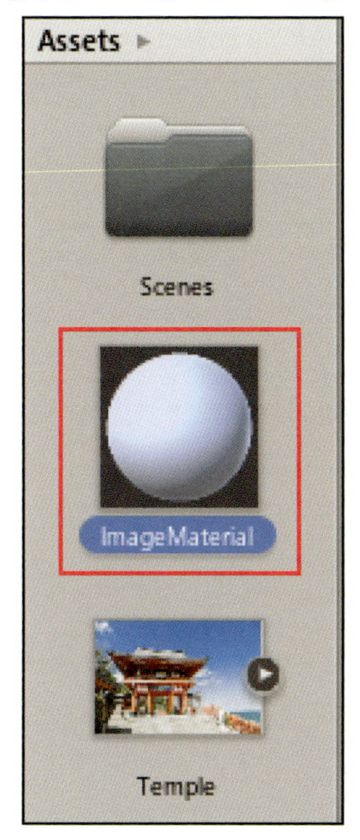

ImageMaterialの器に画像を入れる

ImageMaterialを選んでインスペクターを表示させると、**画面18**のような画面が表示されます。

画面18　ImageMaterialのインスペクター

インスペクター　Services　ナビゲーション
ImageMaterial
Shader　Standard
Rendering Mode　Opaque
Main Maps
アルベド
メタリック　0
スムースネス　0.5
ソース　Metallic Alpha
法線マップ
ハイトマップ
オクルージョン
詳細マスク

画面18を見ると、画像を指定する項目がありません。

ImageMaterialに画像を指定する方法は2通りほどありますが、ここでは一番簡単な方法を説明します。

画面19　Templeの画像を「□アルベド」の□の位置にドラッグ＆ドロップした

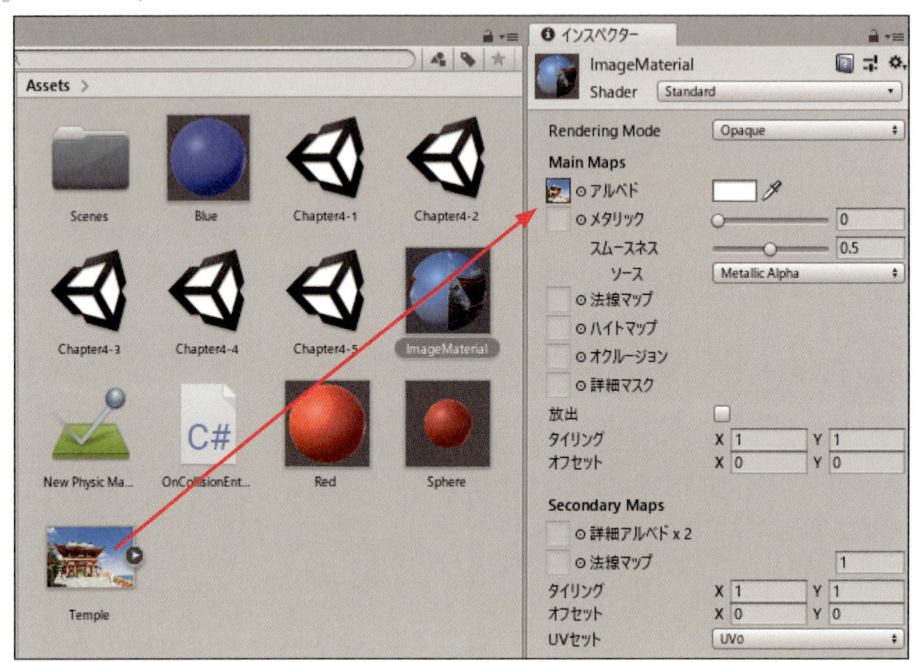

Templeの画像を、ImageMaterialのインスペクター内の、「□アルベド」の□の位置にドラッグ＆ドロップしてください。

すると、ImageMaterialが**画面20**のように変化します。

画面20　ImageMaterialに画像が取り込まれた

ここまでくると、あとは簡単です。

◉ 図形にImageMaterialを叩きつける

ImageMaterialを、シーン画面に配置してある図形の上にドラッグ＆ドロップすると、図形に画像が適用されます（**画面21**）。

ゲーム画面の中央にあるキューブに適用した画像が逆さになっていますね。

これを正常に表示するには、トランスフォームツールから「回転ツール」を選んでキューブを回転させて、違う面を表示させると、まともな画像が表示されるようになります。

こういった場合にも、トランスフォームツールを使うと便利ですよ。

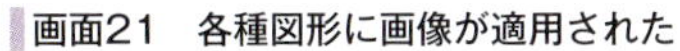

画面21　各種図形に画像が適用された

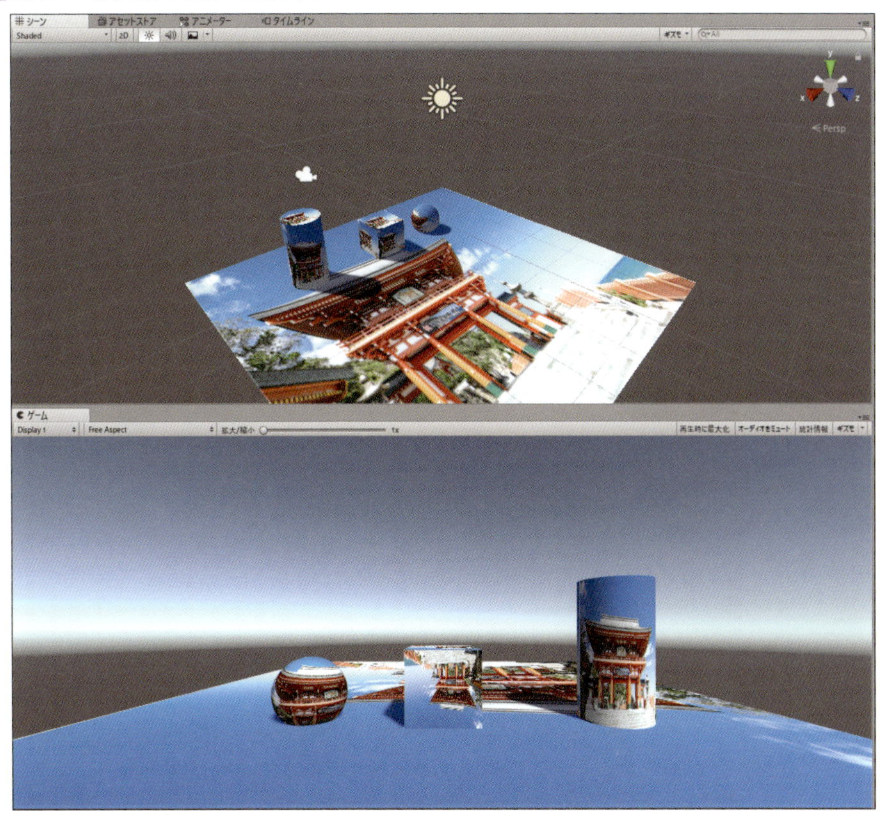

保存! このサンプルを「UnitySample_4-2と」して保存しておきましょう。次にUnityメニューから「新しいシーン」を作成してください。

5 ▶▶ 図形に重力を持たせよう 

「図形に重力を持たせる」について説明します。

シーン画面上に**[ゲームオブジェクト]→[3Dオブジェクト]**と選んで、「平面」と「スフィア」を配置してください。

スフィアには先に作成した「Red」のマテリアルを適用させておきましょう。

平面とは「床」になるものという認識で構いません。

そして、トランスフォームツールの「移動ツール」で「平面」を、ゲーム画面を見ながら下の方に移動して、スフィアを上空に配置しておきましょう(**画面22**)。

画面22　スフィアを「平面」の上空に配置した

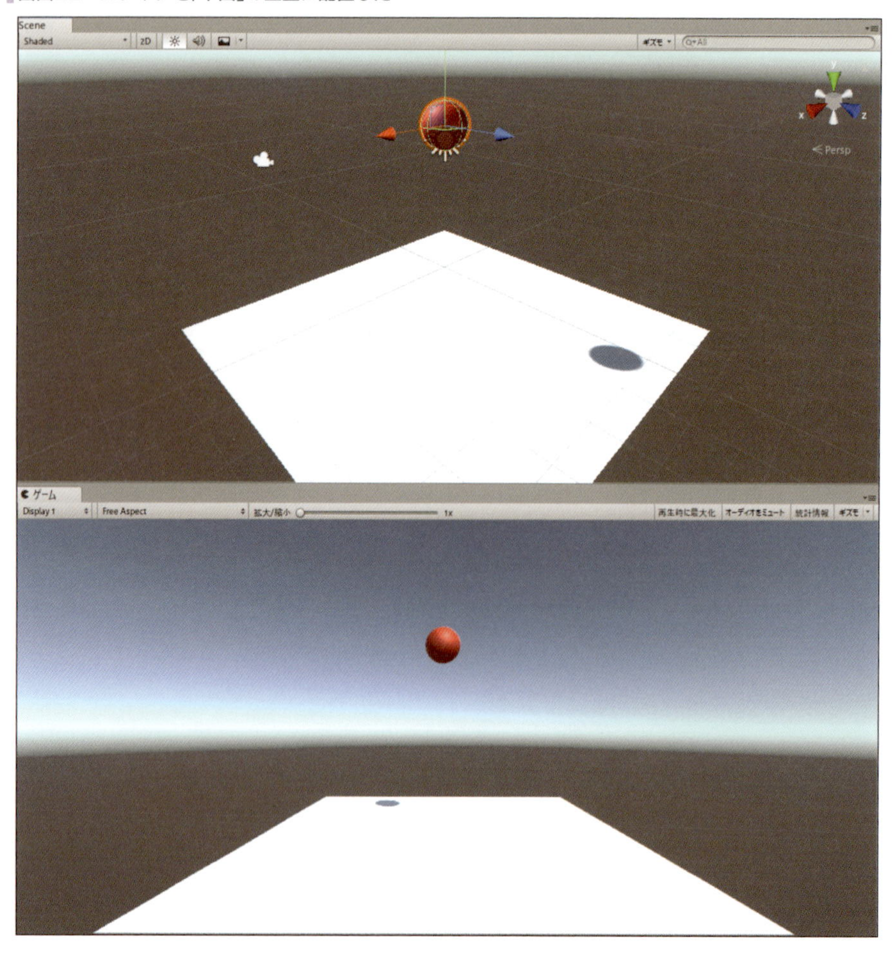

この状態で、**画面23**の「再生」アイコンをクリックしてみてください。

何も変化は起こらないと思います。

画面23　再生アイコン

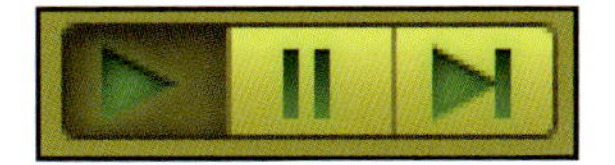

ふつうなら、宙に浮いているスフィアが平面上に落ちるはずですね。

しかしUnityでは、このままの状態ではスフィアに「重力」を持たせていないので、宙に浮いたままになるのです。

スフィアに重力を持たせてみましょう。

シーン画面内のスフィアを選ぶか、またはヒエラルキー内の「Sphere」を選びます。

するとインスペクターが表示されますので、「コンポーネントを追加」から**[物理]**→**[リジッドボディ]**と選びます（**画面24**）。

画面24　「コンポーネントを追加」から[物理]→[リジッドボディ]と選ぶ

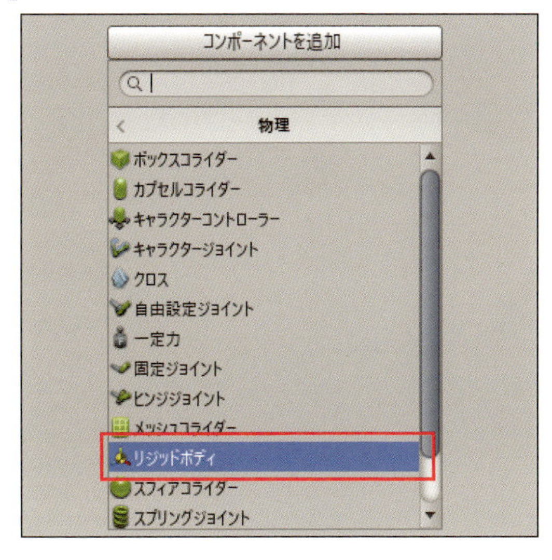

するとインスペクター内に「リジッドボディ」が追加されます（**画面25**）。

リジッドボディは英語では「Rigidbody」になり、「重力」を表します。

画面25　スフィアのインスペクターに「リッジドボディ」が追加された

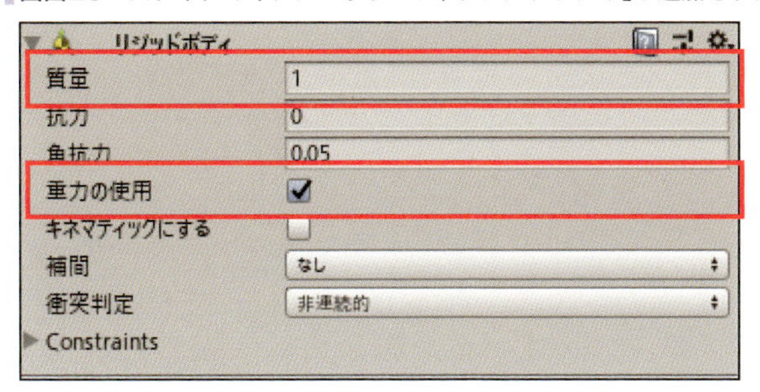

画面25の赤い枠で囲った**[質量]**は重力の大きさを表します。

単位はKg(キログラム)です。

[重力の使用]にはチェックが入っていないと重力が有効になりませんので、注意してください。

重力の設定をしたところで、**画面23**の「再生」アイコンをクリックしてください。

今度はスフィアに重力が与えられましたので、空中から平面に向かって落ちていきます(**画面26**)。

画面26　スフィアが重力を与えられ平面上に落ちていった

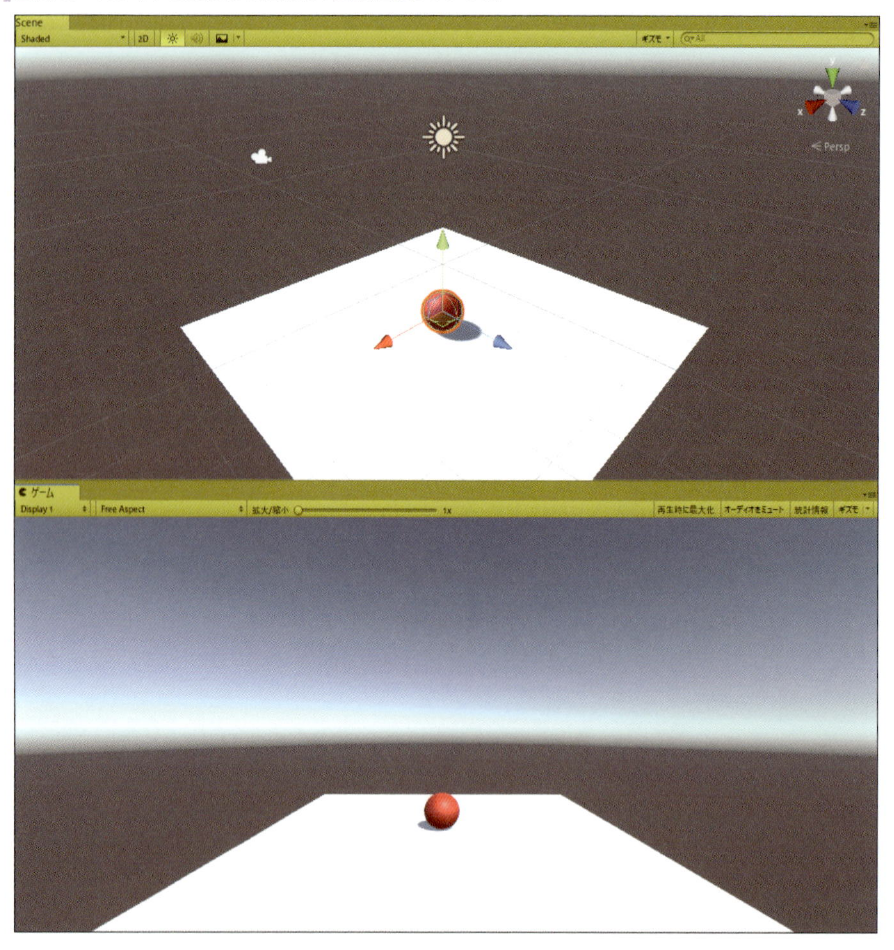

次に、スフィアが平面に衝突したときにバウンドするようにしてみましょう。

6 ▶ 図形をバウンドさせよう

スフィアが平面に落下したときにバウンドする方法を説明します。

スフィアをバウンドさせるには、**物理マテリアル（Physic Material）**を作成する必要があります。

手順は**[プロジェクト]→[作成]→[物理マテリアル]**と選んで（**画面27**）、「New Physic Material」を作成します（**画面28**）。

画面27 [プロジェクト]→[作成]→[物理マテリアル]と選ぶ

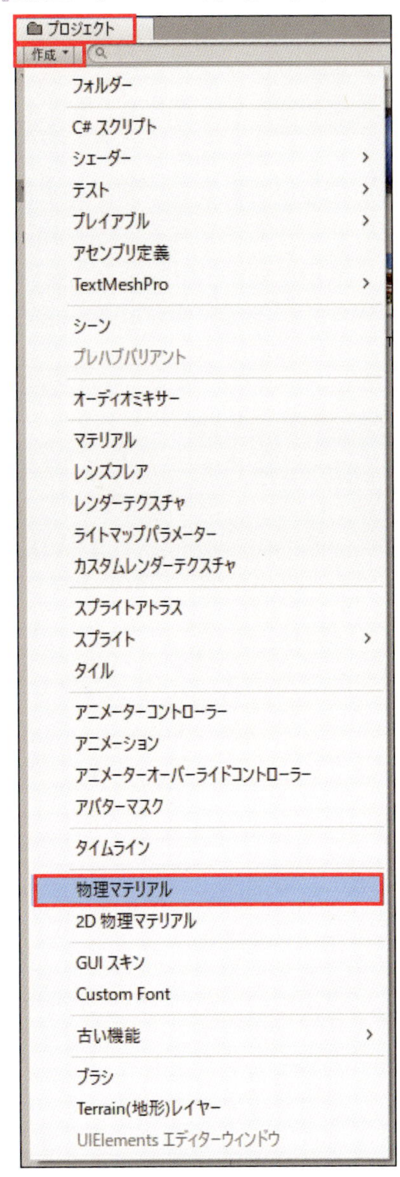

画面28　「New Physic Material」が作成された

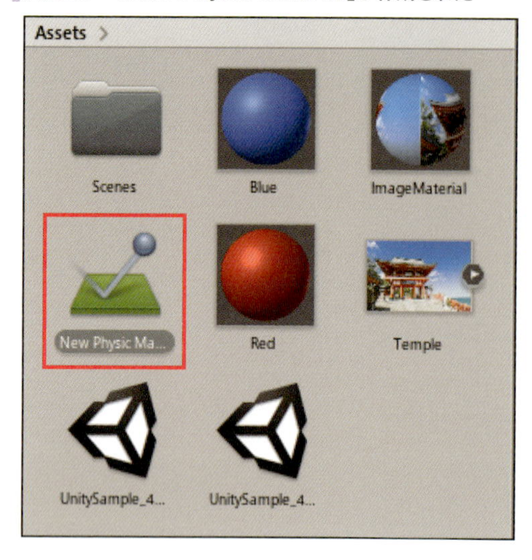

「New Physic Material」を選ぶと、インスペクターが表示されます。

その中の**[弾性力]**に「1」を指定してください。

最初に表示されている「0」のままでは、バウンドしませんので注意してください(**画面29**)。

画面29　[弾性力]に1を指定する

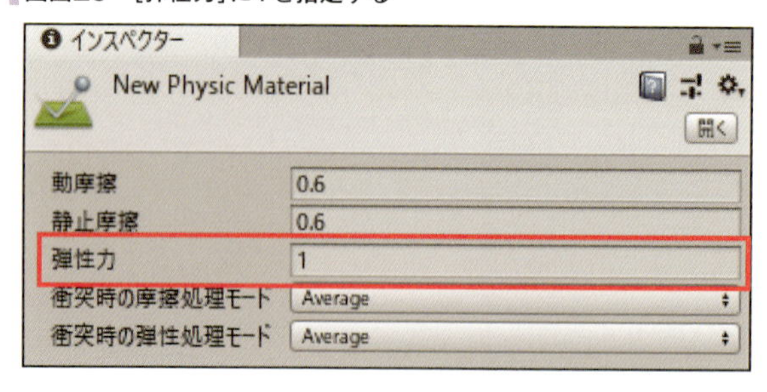

次にスフィアを選んでインスペクターを表示させます。

その中に「スフィアコライダー」の項目があり、中に「マテリアル　「なし(物理マテリアル)」と表示されています(**画面30**)。

画面30　スフィアのインスペクターのスフィアコライダー内の[マテリアル]

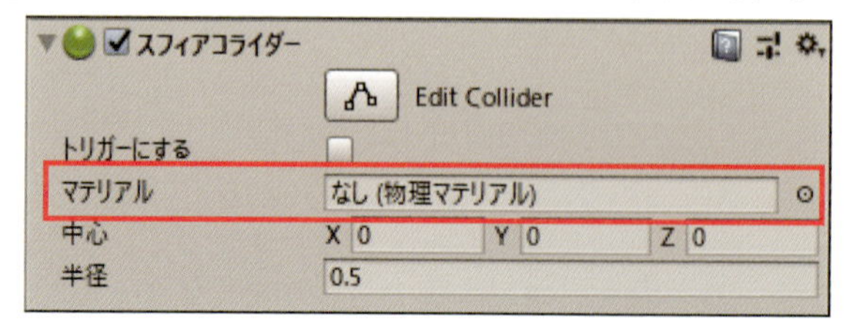

右端の⊙アイコンをクリックして表示される「Select PhysicMaterial」から先に作成しておいた「New Physic Material」を選びます（**画面31**）。

画面31　マテリアルに「New Physic Material」を選ぶ

これで再生してみましょう。

動画ではないのでわかりませんが、スフィアが平面に衝突すると何回かバウンドをしています（**画面32**）。

画面32　スフィアが平面に衝突すると何回かバウンドしている

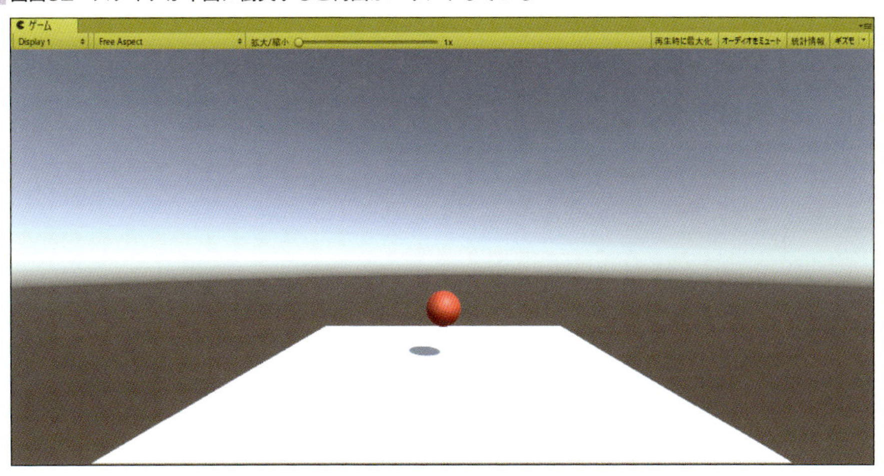

ここで、「物理マテリアル」（Physic Material）という言葉が出てきました。

「Physic Material」とは、衝突するオブジェクトの摩擦や跳ね返り効果を調整するのに使われるものです。

保存!　このサンプルを「UnitySample4-3」として保存しておきましょう。

4

7 図形どうしをぶつけて色を変えよう

次は、図形どうしを衝突(しょうとつ)させる処理について説明しましょう。

ここからは**プログラムコード**が出てきます。

プログラミング言語は**C#**(シーシャープ)を使います。

最初に、プログラムに関する最低限必要なことがらについて説明しておきます。

ここで行うことは、宙に浮いている赤いスフィアが落下して平面に衝突(しょうとつ)したときに、スフィアの色を赤色から青色に変化させる処理です。

発生するイベント

物と物とがぶつかったときには**イベント(event)**と言うものが発生します。

イベントとは、プログラムの実行中に何らかのアクションが発生したときに、プログラムに発信される信号のことを指します。

ここでは物と物とがぶつかるので、

```
OnCollisionEnter
```

(オンコリジョンエンター)

というイベントが発生します。

ほかにも、スフィアが平面から離れたときに発生する

```
OnCollisionExit
```

(オンコリジョンイグジット)

というイベントもあります。

ここでは、「OnCollisionEnter(オンコリジョンエンター)」のイベント処理を使ったプログラムだけを説明します。

一度に何もかも説明しても最初はわからないと思いますからね。

変数とは

それにプログラムを書く上で必要なものに、**変数**という言葉の意味を理解しておく必要があります。

変数とは、よく言われているように「値を格納する器」のようなものです。

例えば下記のようなコードがあったとしましょう。

```
int a=100;
```

「int」とは正確に言うと「範囲は-2147483648~2147483647で、符号付き32ビット整数」と言うのですが、最初は「整数」を表す型とおぼえておくだけでいいと思います。

次の「a」は変数名になります。

変数名は「aa」でも「b」でも、「bb」でもなんでもいいのですが、何を表しているのかわかる名前にしておいた方がいいと思います。

「100」は値になります。

これを説明すると「整数型の変数aは100という値に等しい」と思うかもしれませんが、これは大間違いです。

プログラムの世界では「=」(イコール)は「等しい」という意味ではなくて、「代入する」という意味になります。

これは重要だからおぼえておきましょう。

ですから、このコードの意味は「整数型の変数aに100という値を代入する」または、「整数型の変数aを100で初期化する」という意味になります。

そして、コードの最後には必ず「セミコロン」(;)を付ける必要があります。

これは決まりごとですから理屈ぬきでおぼえておきましょう。

次に下記のようなコードがあったとしましょう。

```
string moji="薬師寺国安";
```

stringは「文字列」を表す型で、「moji」は変数名です。

筆者の名前である「"薬師寺国安"」は値になります。

文字列型の変数「moji」に代入する値は、必ず「ダブルコーテーション("")」で囲む必要があります。

これもおぼえておきましょう。

「文字列型の変数mojiに薬師寺国安という値を代入する」という意味になります。

ちなみに、C#で「等しい」を表す場合は「==」(ダブルイコール)を使います。

メンバ変数とローカル変数

変数は宣言する場所で「メンバ変数」と「ローカル変数」に分かれます。

「メンバ変数」とは、クラス内全体で使う変数のことで、メソッドの外で宣言します。

「ローカル変数」というのは、メソッド内のみで使える変数のことを指します。

ここで「クラス」とか「メソッド」とかいう、なじみのない言葉が出てきましたね。

次の例で説明しましょう。

Unityでプログラムを作成すると、**リスト1**のようなコードが作成されます。

リスト1

```
～コード略～
public class ColorChangeScript : MonoBehaviour
{
     int a;
      void Start()
      {
           int b;
      }
      void Update()
      {

      }
}
```

(A)

(A)がクラスという部分です。

「public class」と記述されていますね。

そして、「void Start()」とか「void Update()」と言うブロックが「メソッド」と呼ばれ、「処理の流れ」を記述するブロックで、「プロシージャ」、「関数」などと呼ばれることもあります。

void Start()とかvoid Update()とかいう、メソッドの外で宣言されている「int a;」が「メンバ変数」と呼ばれます。

前にも書いていましたが、クラス内全体で使うことができる変数になります。

void Start()の中で宣言している「int b;」が「ローカル変数」と呼ばれるものです。

これはvoid Start()というメソッド内だけでしか使えません。

void Update()メソッドの中で宣言した変数も同じです。

だいたい以上のことを頭に入れておくと、いいと思います。

まだまだ説明不足なんですが、一度に何もかもおぼえるのは大変ですから、また何か新しいものが出てきたときに説明していきます。

舞台を作る

衝突させる舞台を作っていきましょう。

舞台は、**画面23**とまったく同じで構いません。

平面の上に赤いスフィアが浮いていて、重力を持っている舞台を作成してください。

新しいスクリプトを作成する

スクリプトとは何か？について説明しておきましょう。

スクリプトとはプログラムコードと思っておいてください。

そして、そのプログラムコードを書く言語がC#（シーシャープ）と言う言語になります。

このC#（シーシャープ）はVisual Studio（ビジュアル スタジオ）というプログラムを開発する、開発環境の中で使えます。

Unityをインストールしたときに、Visual Studio（ビジュアル スタジオ）が一緒にPCに入ったことをおぼえていますよね。

これが、スクリプトを記述する開発環境になります。

現時点ではスクリプトとは「Visual Studio（ビジュアル スタジオ）の中で、C#（シーシャープ）を使って記述するプログラムコード」という認識で構いません。

ここで、「コード」とか「スクリプト」とかいう言葉が出てきました。

どう違うのか疑問に思う人もいるかと思いますので、ちょっとだけ説明しておきましょう。

「コード」とは1行、1行のプログラムを指します。

「スクリプト」とは、そのコードが集まってできているもの、という考えでいいと思います。

まずスフィアを選んでください。

シーン画面のスフィアでも、ヒエラルキー内の「Sphere（スフィア）」でも構いません。

インスペクターが表示されるので、**[コンポーネントを追加]**ボタンをクリックして、一番下にある「新しいスクリプト」を選びます。

表示される画面の**[名前]**に「OnCollisonEnterScript」と入力して、**[作成して追加]**ボタンをクリックしてください（**画面33**）。

画面33　[名前]に「OnCollisonEnterScript」と入力する

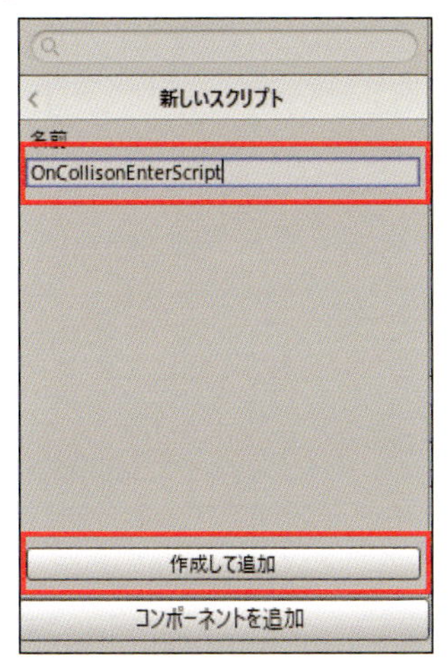

するとスフィアのインスペクターに「On Collision Enter Script (Script)」が追加されます(**画面34**)。

画面34　「On Collision Enter Script(Script)」が追加された

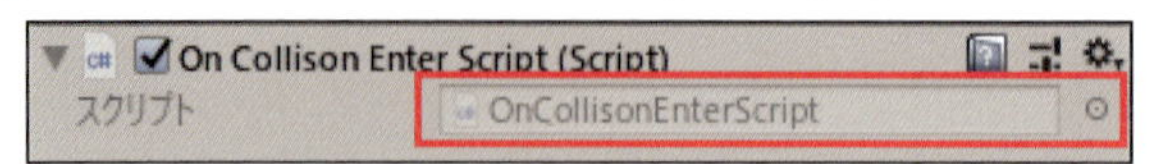

画面34の赤い枠で囲ったところをダブルクリックするとVisual Studioが起動して**画面35**の画面が表示されます。

画面35　Visual Studioが起動した

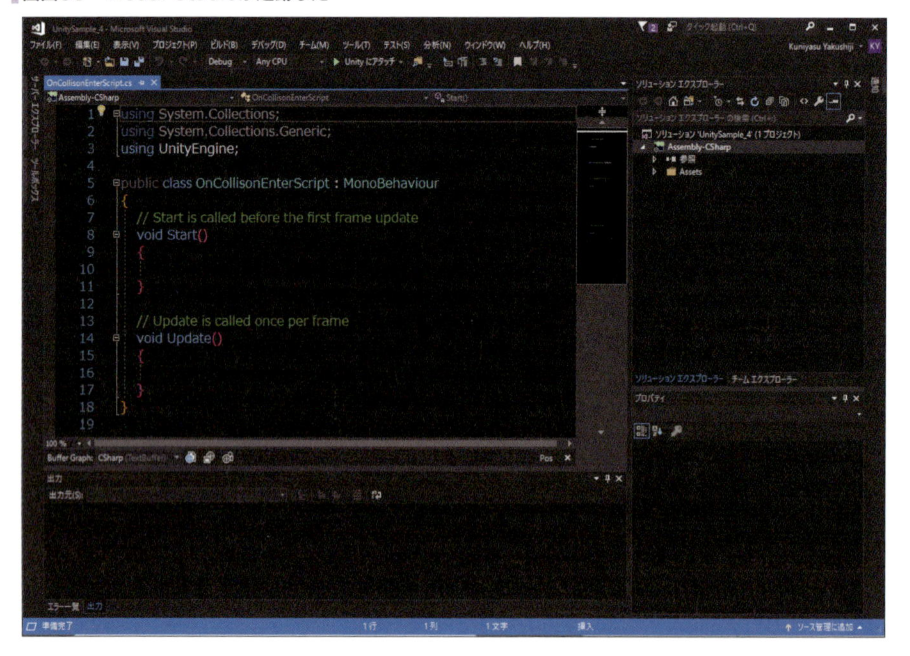

先頭が「//」(ダブルスラッシュ、スラッシュ×2個という意味)で始まっているところは**コメント**が書いてある部分で、プログラムには影響しない部分です。

ここでは、OnCollisionEnterのイベントを記述するので、void Start()やvoid Update()のブロックは不要なので、選んで、キーボードの Delete キーで削除しておきましょう。

「void OnC」まで入力すると、「インテリセンス機能」が働いて、コードの候補が**画面36**のように表示されるので、この中からOnCollisionEnterを選ぶといいでしょう。

画面36　Visual Studioのインテリセンス機能が働いた

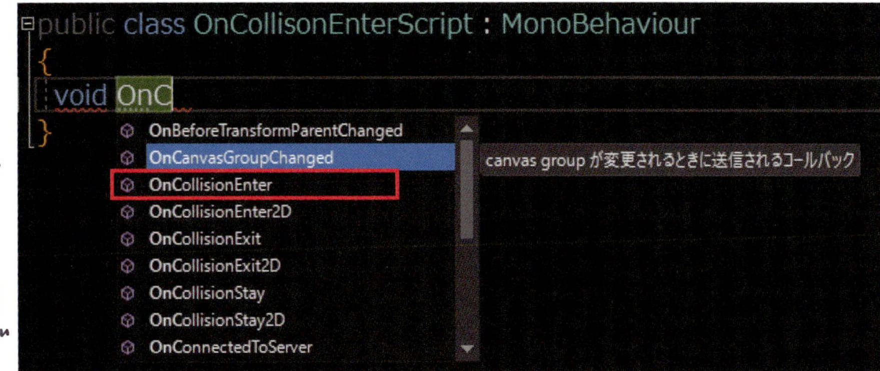

インテリセンス機能とは

ここで「インテリセンス機能」(IntelliSense)という言葉について少し説明しておきましょう。

インテリセンス機能とは、キー入力を監視し、何を入力しようとしているのか推測して、自動的に補完したり、後続要素の候補を表示して選ぶだけで入力できるようにしてくれる、大変に便利な機能です。

この機能で、コード入力の手間が大幅に省けます。

画面36から「OnCollisionEnter」を選ぶと、自動的に**画面37**のようなOnCollisionEnterのブロックが作成されます。

画面37　自動的に作成されたOnCollisionEnterのブロック

```
public class OnCollisonEnterScript : MonoBehaviour
{
    private void OnCollisionEnter(Collision collision)
    {

    }
}
```

画面37を見ると、先頭にprivateが追加されています。

これは自動的に追加されたもので、Visual Studioが勝手に追加したものという認識でかまいません。

ひとつひとつの意味を理解していたら先に進まないですからね。

勝手に追加されるものは、無視しておけばいいと思います。

引数(ひきすう)とは

もうひとつ

```
Collison collison
```

というのが追加されていますね。

これは無視できません。これは引数(ひきすう)といって、「メソッド(関数)」に何か処理を依頼するとき、「このデータを使って処理をしてほしい」ということがあるのです。

このとき「メソッド(関数)」へ受け渡す値を「引数」と呼びます。

ここの「Collision collision」はCollison型のcollisionという変数を引数にしているのです。

collisionの変数には、衝突(しょうとつ)したときの情報が入っています。

このような引数はよく使うので、「引数」というものがあるということも頭に入れておきましょう。

ではこの

```
private void OnCollisionEnter(Collision collision)
 {

 }
```

のブロック({}で囲まれた部分)の中に**リスト2**のようなコードを書いていきます。

リスト2

```
private void OnCollisionEnter(Collision collision)
{
    GetComponent<Renderer>().material.color = Color.blue; (A)
}
```

(A)のコードが赤いスフィアが平面に衝突(しょうとつ)したときに(OnCollisionEnter(オンコリジョンエンター)のイベントが発生したとき)スフィアの色を青色に変えるコードです。

```
GetComponent<Renderer>().material.color = Color.blue;
```

赤い部分のコードは、色を変化させるときの「約束ごと」としておぼえておいていいです。

青い部分のコードはスフィアの色を対象にしています。

黄緑のコードは、スフィアの色を青色(blue)に変えます。

このコードは、ひとつひとつの意味より、「アセットの色を変えるには、このように書くんだ」と一連の決まりごとの書きかたとしておぼえておく方がいいと思います。

これでVisual Studioのメニューで**[ビルド]→[ソリューションのビルド]**を実行しておきましょう。

これでエラーが出なければ成功です。

エラーが出た場合はスペルミスがないか気を付けて見てみましょう。

スペルミスなどがある場合は、コードの下に「赤い波線」が引かれますのですぐにわかると思います。

Visual Studioの右隅上の × でVisual Studioを閉じましょう。

再生させてみる

ではUnityの画面に戻って再生してみましょう。

宙に浮いていた赤いスフィアが落下して、平面にぶつかると青い色に変わります(画面38)。

これで成功です。

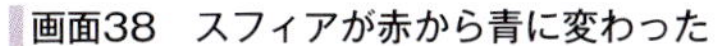

画面38　スフィアが赤から青に変わった

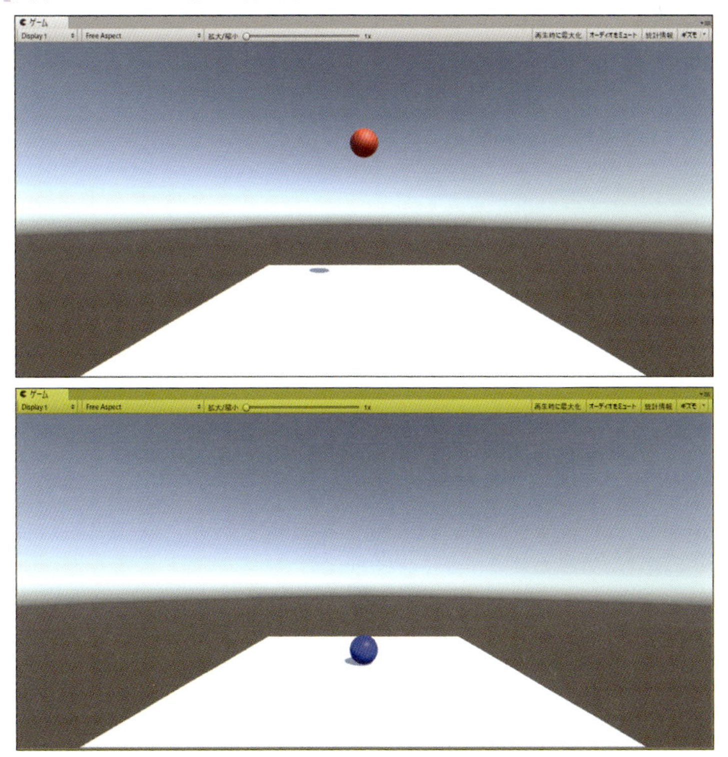

保存！ これを、名前を付けて「UnitySample_4-4」として保存しておきましょう。

8 ▶▶ 図形を再利用しよう 

「図形どうしをぶつけて色を変えよう」の舞台(ぶたい)をそのまま使います。先に名前を付けて保存しておきましょう。「UnitySample_4-5」として保存しておきました。

ここからは**プレファブ(Prefab)**の作りかたの説明になります。

通常シーン画面にスフィアを配置しただけでは、色もついていないし、重力も持っていません。

重力がないから落下して床にぶつかることもないです。

床にぶつかることができないから、ぶつかったときに色を変更することもできません。

こういったスフィアを1個だけシーン画面上に配置するなら、1個のスフィアのインスペクターの設定や、プログラムコードを書くだけでいいのですが、何個もスフィアを配置した場合はどうすればいいでしょう？

それぞれのスフィアの設定をし、スクリプトを書くのは手間な作業になります。

そこで、いろんな設定を済ませた「スフィア」(Sphere(スフィア))をヒエラルキーで選んで、マウスの右クリックで表示される**［複製］**を作っていくと何個でも、これらの機能を持ったスフィアが作成できます。

でもこの場合は、同じ位置にスフィアが重なって表示されますので、最後にトランスフォームツールの「移動ツール」でスフィアを配置しなおさねばならないので面倒なんですよね。

それで、いろんな設定を済ませたヒエラルキー内のSphere(スフィア)を、プロジェクトのAssets(アセッツ)フォルダにドラッグ&ドロップすると、Sphere(スフィア)がプレファブ化されます。

プレファブとは、オブジェクトとそのコンポーネントやプロパティ(属性)をひとつに格納したものを指します。

同じ機能を持ったオブジェクトを何個もシーン画面に配置したい場合に役に立ちます。

「プレファブ住宅」という言葉を聞いたことがあるかも知れませんね。

「属性」とは、2章でも説明していますが、アセット(この場合はスフィア)が持っている性質・特徴を意味します。

スフィアのプレファブ化

ヒエラルキー内の「Sphere」をプロジェクトのAssetsフォルダにドラッグ&ドロップしてください(**画面39**)。

このスフィアには、先のサンプルで作ったときの「重力」が追加されており、また色を変化させるスクリプトも追加されています。

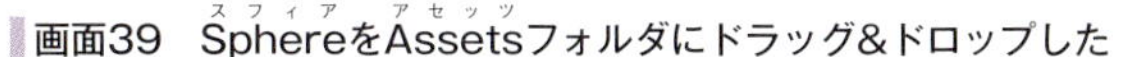
画面39　SphereをAssetsフォルダにドラッグ&ドロップした

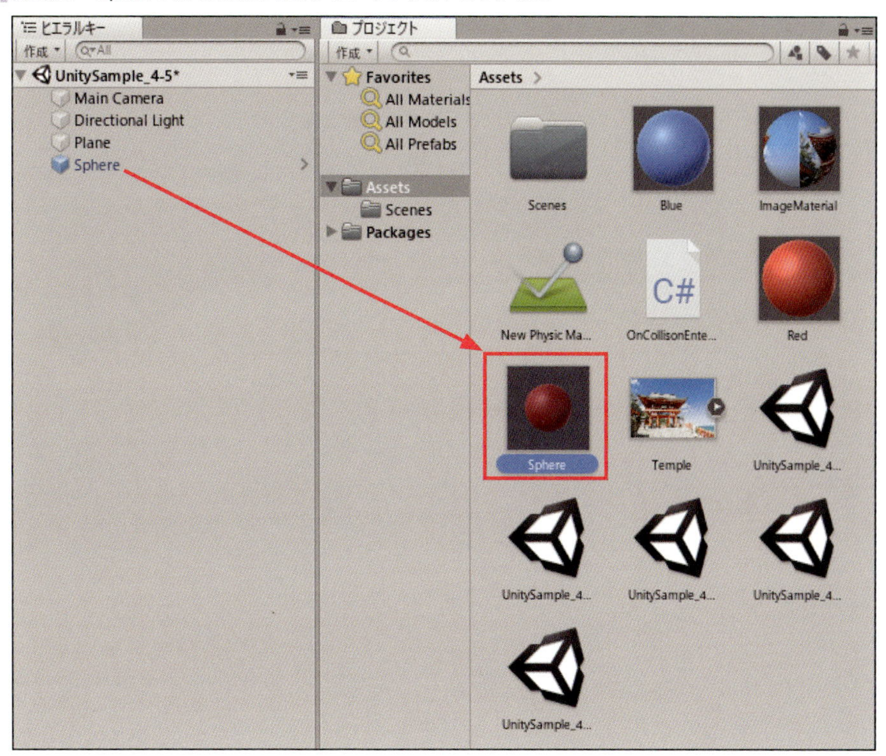

Assetsフォルダ内に「Sphere.prefab」という名前でスフィアのプレファブが作成されます。

プレファブが作成されたら、インスペクター内のSphereは削除しましょう。Sphereを選んでマウスの右クリックで表示される**[削除]**で削除ができます。

画面39のAssetsフォルダ内の、Sphereのプレファブを何個でも好きなだけ、シーン画面の好きな位置にドラッグ&ドロップして配置するといいです。

上から下に落とすから空中に配置するといいですね(**画面40**)。

画面40　Sphereのプレファブを複数配置した

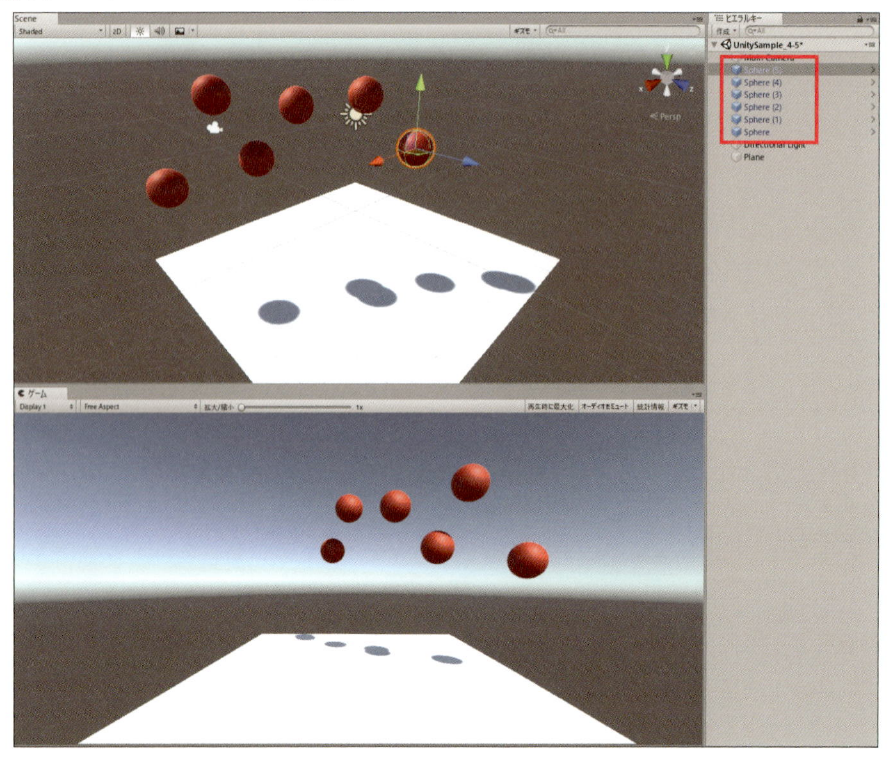

ヒエラルキー内にも複数のSphereのプレファブが追加されているのがわかります。

この状態で再生してみましょう。

すると、Sphereが一気に落下して平面に衝突して、赤から青に色が変わるのがわかると思います(**画面41**)。

このように、プレファブ化しておくと、どの場面でも、何個でも機能を追加したアセットを使うことができるのです。

大変に便利だと思いませんか？

画面41　複数のスフィア(Sphere)が落下して、平面に衝突するとすべての赤いスフィアが青に変化した

このサンプルをUnityメニューの[ファイル]→[保存]で上書き保存しておきましょう。

次の第5章では、人型のキャラの使いかたについて説明します。今までは物だったのですが、第5章ではキャラクタが登場するから面白くなりますよ。

コラム 子どものプログラミング環境にはUnityを与えよう！

子どものプログラミング環境は、最近では大変に充実しています。

2020年から採用されるプログラミング教育の影響からでしょうか？

主なプログラミング環境には、Windows版のマインクラフトやスクラッチ3.0などが有名です。

これらは、ブロックと言われるプログラムのピースをパズルを組み立てるように作っていくものです。

これによって、子どもの論理的思考の発達が促され、脳に良い影響を与えると言われています。

子どものころは、このようなプログラミング環境でプログラミングの感覚をつかみ、もうすこし大きくなって本格的なプログラミングに興味が出てきたら、Visual StudioやUnityやUnreal Engine 4等で本格的なプログラミングを学べばいいという風潮なのでしょう。

しかし、筆者は別な考えです。

小学の3, 4年生であれば、マインクラフトやスクラッチ3.0から入るのではなく、すぐにUnityからプログラミングに入っていけばいいのでは、と思っています。

わざわざ、遠回りをする必要はないと考えます。

子どもの成長は速いです。

すぐに中学、高校、大学と進み、社会人になっていきます。

社会人になったとき、子どものころにマインクラフトやスクラッチからプログラミングを学んだ人と、Unityを学んだ人とでは、その論理的思考能力に格段の差がつくのではないでしょうか？

筆者はマインクラフトに関しては門外漢です。

スクラッチはわかります。

誤解を恐れずに言わせていただくと、これらは、どうしてもプログラムへの入口的な要素しか持っていなのではないかと思います。

子どものときだけプログラミングをしてみたい、と考える子どもにはこれらの環境で十分だと思います。

しかし、将来大人になってIT業界に入り、プログラミングを仕事にしたい、とい目標を持っている子どもであれば、遠回りは時間の無駄以外のなにものでもありません。

まずはUnityから入り、C#を触り、本格的なプログラムに触れてみることが一番だと思います。

子供は順応性が高く、大人が思っている以上に理解力があります。

筆者は、子どものプログラミング環境にはマインクラフトやスクラッチ3.0よりもUnityをお勧めします。

はじめてUnityを触る子どもたちは、きっと、未知の世界に触れたように目を輝かせると思います。

この、感動が子どもの将来を決めるのです。

人型のキャラの使いかた

この章では、人型のキャラクタの使いかたを説明します。人型のキャラクタはどこから入手するのか？人型のキャラクタを表示させるにはどうすればいいのか？人型のキャラクタのサイズを変えるにはどうすればいいのか？人型のキャラクタの向きを変えるにはどうするのか？人型のキャラクタを自由自在に動かすにはどうするのか？人型のキャラクタが物にぶつかるとどんなイベントが発生するのか？といったことなどについて説明していきます。

1 ▶▶ プロジェクトを作ろう

最初にプロジェクトを作ります。

デスクトップ上に表示されているUnity Hubのアイコンをダブルクリックしましょう。

Unity Hubが起動するので、**[新規]**から「UnitySample_5」というプロジェクトを作成してください。

[Create project]ボタンをクリックするとUnityが起動します。

2 ▶▶ 人型のキャラクタを入手しよう

Unityにはいろいろなアセットを有償・無償で販売している**アセットストア**というお店があります。

人型のキャラクタも、このアセットストアで入手ができます。

アセットストアに入るには、Unityメニューの**[ウインドウ]→[アセットストア]**と選びます(**画面1**)。

画面1　[ウインドウ]→[アセットストア]と選ぶ

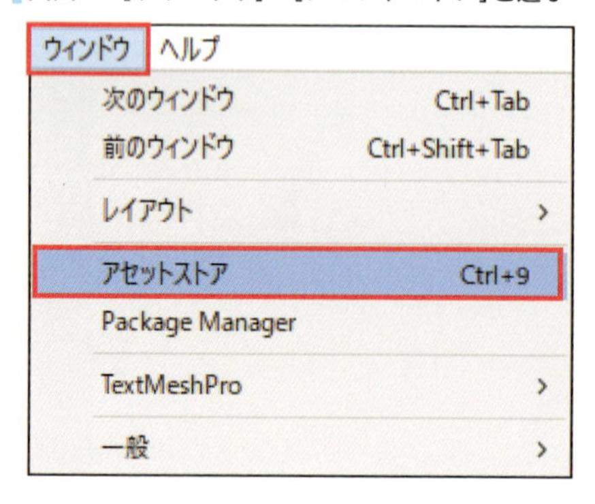

すると「アセットストア」というタブが追加されて、今までシーン画面が表示されていた横に「アセットストア」のタブが表示されます(**画面2**)。

画面2　シーン画面の横にアセットストアのタブが表示された

画面2の赤い枠で囲ったアセットストアのタブの上でマウスの右クリックをすると、**[最大化]**という項目が表示されます。

これをクリックするとアセットストアが全画面で表示されて見やすくなります（**画面3**）。

アセットストアに入ったときにメールアドレスとパスワードの入力を求められたら、Unityをインストールしたときのアカウントの作成で登録しておいた、メールアドレスとパスワードを入力しましょう。

画面3　アセットストアが全画面で表示された

検索欄に必要とするアセットの名前を入力して、虫眼鏡アイコンをクリックすると、指定したアセットの**[ダウンロード]→[インポート]**画面が表示されます。

しかし、今回は人型のキャラクターはこのアセットストアからは入手しません。「UNITY-CHAN! OFFICIAL WEBSITE」という下記のURLより入手します。

http://unity-chan.com/

このURLをブラウザ（Microsoft Edge）のアドレス欄に入力して Enter キーを叩いて下さい。すると**画面4**のサイトが表示されます。

画面4　UNITY-CHAN! OFFICIAL WEBSITEの画面

画面4の右隅上にある、「DATA DOWNLOAD」をクリックします。

「ユニティちゃんライセンス条項」が表示されますので、よく読んで、下の方にスクロールダウンします。

画面5が表示されますので、「ユニティちゃんライセンスに同意しました。」にチェックを入れて、「データをダウンロードする」をクリックして下さい。

画面5　データをダウンロードするをクリックする

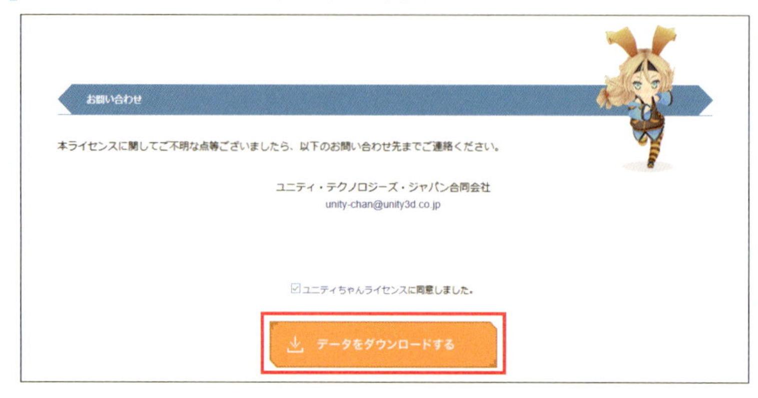

表示される画面から、「Kohaku Otori HUMANOID」の「DOWNLOAD」ボタンをクリックします（**画面6**）。

画面6　「Kohaku Otori HUMANOID」の「DOWNLOAD」ボタンをクリックする

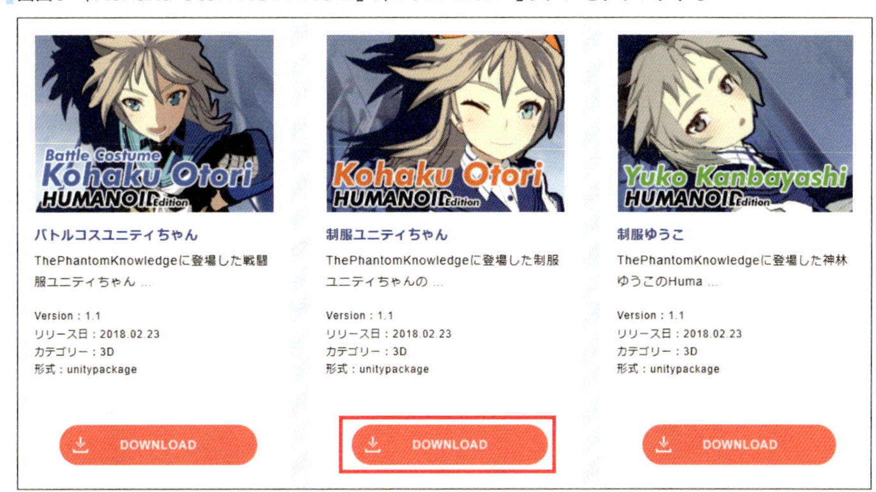

すると**画面7**のように、「01_kohaku_B.unitypackage(11.5MB)について行う操作を選択して下さい。」と表示されますので、「名前を付けて保存」を選択して、任意のフォルダに保存して下さい。

画面7　名前を付けて任意のフォルダに保存する

それでは、任意のフォルダに保存しておいた「01_kohaku_B.unitypackage」をプロジェクト内に取り込みます。

Unityメニューの**[アセット]→[パッケージをインポート]→[カスタムパッケージ]**と選んで、「01_kohaku_B.unitypackage」を指定します（**画面8**）。

画面8　01_kohaku_B.unitypackageをインポートする

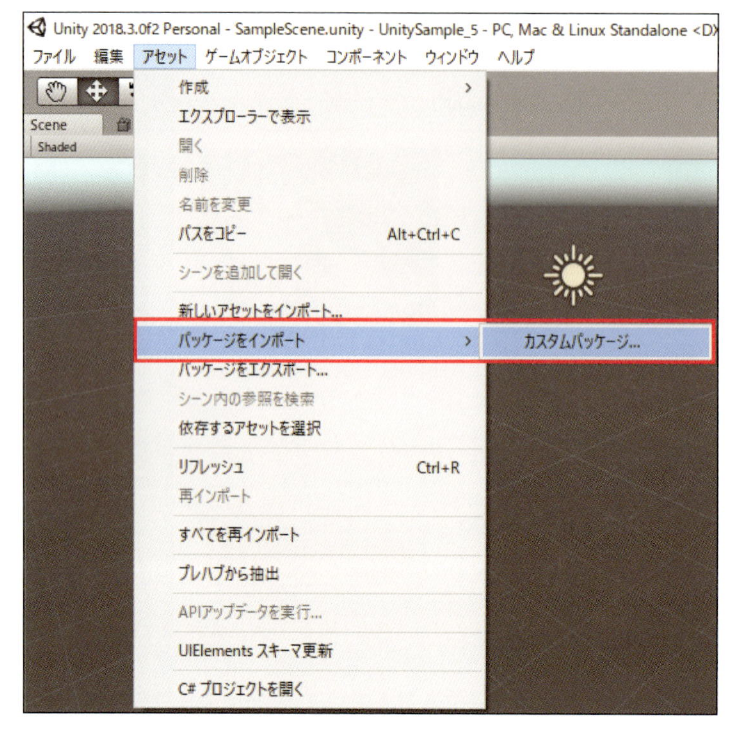

すると**画面9**のように「01_kohaku_B」の「Import Unity Package」の画面が表示されますので**[インポート]**ボタンをクリックして下さい。

画面9　[インポート]ボタンをクリックする

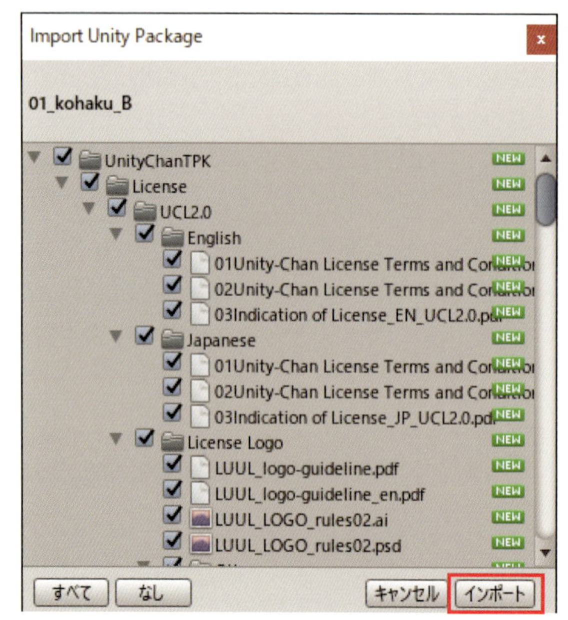

インポートがはじまり、しばらくしてインポートが終了します。

いまインポートした「01_kohaku_B」のファイルは、**画面10**のように「プロジェクト」内に取り込まれています。

インポートしたものはすべて、この「プロジェクト」の中に取り込まれます。

「UnityChanTPK」というフォルダが作成され、展開するといろいろなフォルダが表示されます。

ここで使うのは、**[UnityChanTPK]→[Models]→[01_kohaku_B]→[Prefabs]**フォルダ内にある「01_kohaku_B」です。

「展開する」とは、「プロジェクト」のフォルダの左に付いている**[右向き▲]**をクリックして、そのフォルダの内容を表示していくことです。

内容が表示されると**[右向き▲]**は**[下向き▼]**に変わります。

画面10はすでに展開していますので、**[下向き▼]**に変わっています。

画面10　プロジェクトの中に01_kohaku_Bのファイルが取り込まれた

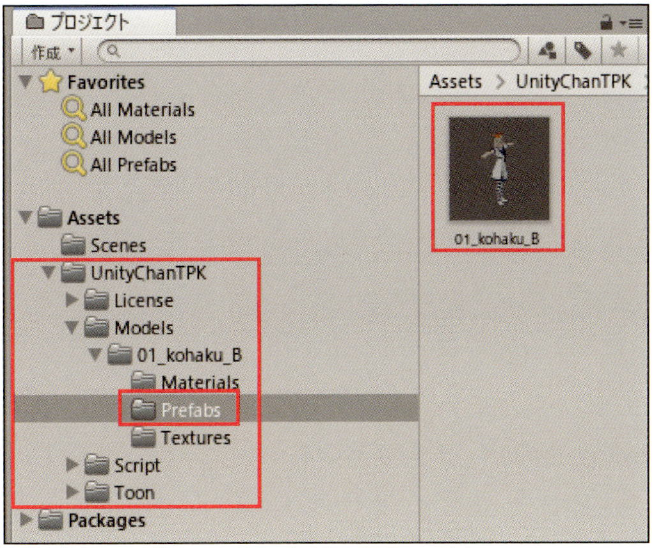

これで、人型キャラクタが取り込まれました。

次に人型のキャラクタを表示させてみましょう。

3 人型のキャラクタを表示させよう

人型のキャラクタ、この場合は01_kohaku_Bを表示させるのは簡単です。

画面10の赤い枠で囲った01_kohaku_Bを、シーン画面内にドラッグ&ドロップするだけです(**画面11**)。

画面11　01_kohaku_Bをシーン画面にドラッグ&ドロップした

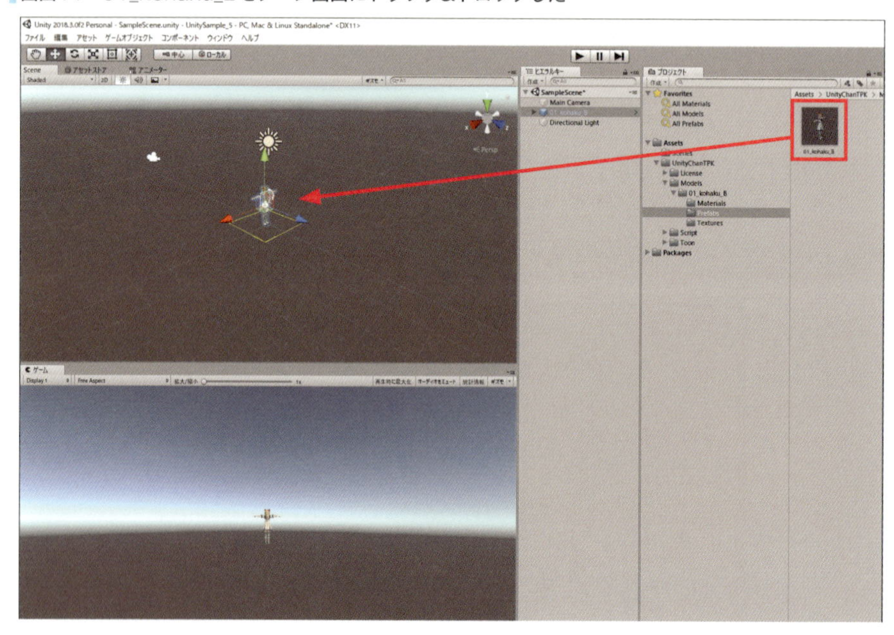

次に01_kohaku_Bのサイズを変えてみましょう。

01_kohaku_Bのサイズを変更する

シーン画面の01_kohaku_B、またはヒエラルキー内の01_kohaku_Bを選んでインスペクターを表示させ、「トランスフォーム」の**[拡大/縮小]**のX、Y、Zに「3」の値を入力してみてください(**画面12**)。

01_kohaku_Bのサイズが変更されます(**画面13**)。

画面12 「トランスフォーム」の[拡大/縮小]のX、Y、Zに「3」の値を入力した

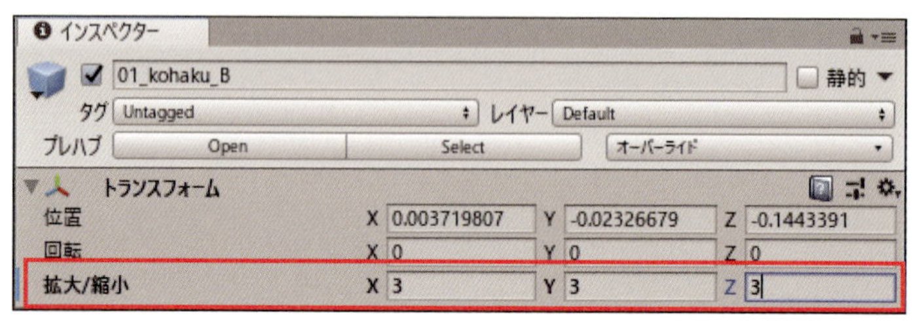

画面13　01_kohaku_Bのサイズが変わった

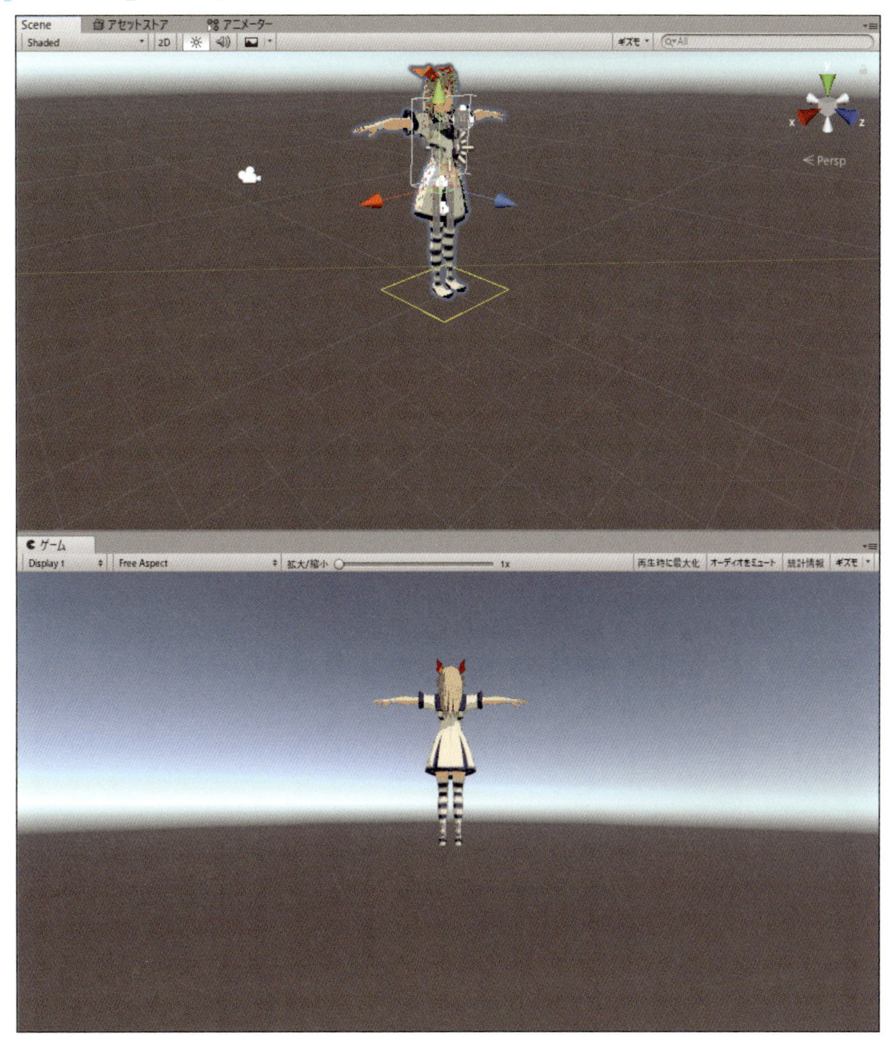

画面13のゲーム画面を見ると、01_kohaku_Bがカメラに背を向けているのがわかりますね。

これをカメラの方に向けてみましょう。

インスペクターの「トランスフォーム」の**[回転]**のYに「180」と入力すると（**画面14**）、01_kohaku_Bはカメラの方を向いて、ゲーム画面で正面を向いて表示されます（**画面15**）。

つまり、01_kohaku_Bを、Y軸を中心に180°回転させたことになります。

ゲーム画面で、01_kohaku_Bが正面を向いたということは、01_kohaku_Bがカメラの方を向いたということです。

ですので、シーン画面においては、私たちの視線では背中が映っています。

画面14 「トランスフォーム」の[回転]のYに180と入力する

インスペクター

01_kohaku_B 静的

タグ Untagged レイヤー Default

プレハブ Open Select オーバーライド

トランスフォーム

	X	Y	Z
位置	0.003719807	-0.02326679	-0.1443391
回転	0	180	0
拡大/縮小	3	3	3

画面15 01_kohaku_Bが正面を向いた

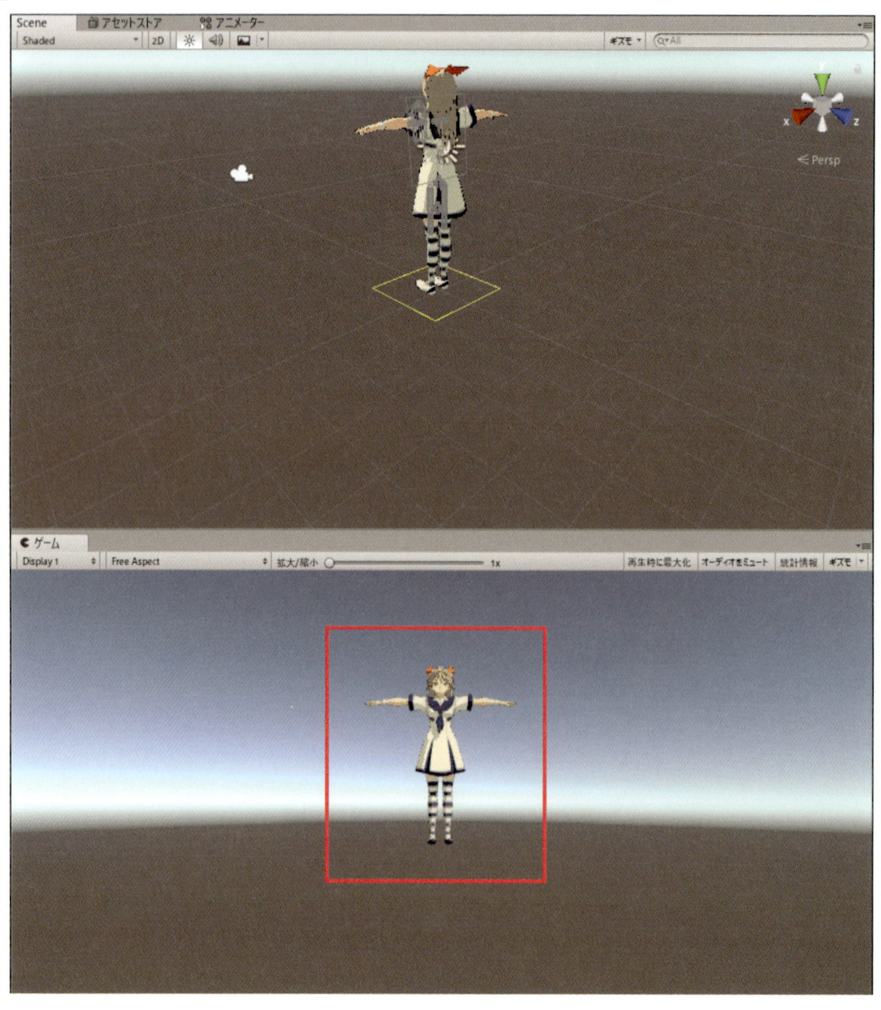

次に、「Main Camera」を01_kohaku_Bに近づけてみましょう。

4 ▶ カメラを01_kohaku_Bに近づけてみよう

ヒエラルキーにある「Main Camera」を選び、トランスフォームツールの「移動ツール」をクリックします。

すると**画面16**のように「Main Camera」に3方向の矢印が表示されます。

シーン画面の右隅下には「カメラプレビュー」も表示されます。

ここに表示される画面はゲーム画面と同じです。

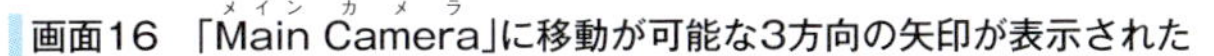

画面16　「Main Camera」に移動が可能な3方向の矢印が表示された

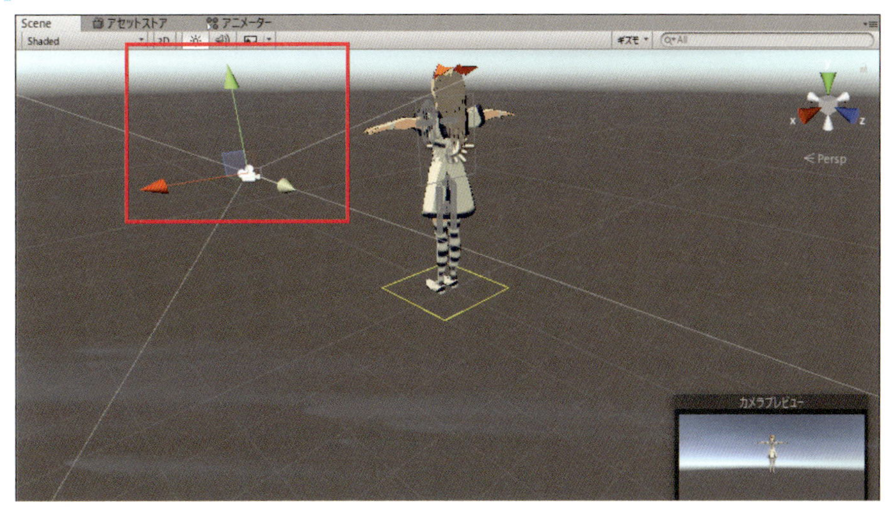

画面16の「Main Camera」のZ軸の矢印(青の奥行きを表す矢印)を、01_kohaku_Bに近づけてください。

どうですか？

01_kohaku_Bが大きく表示されたと思います(**画面17**)。

インスペクター内のトランスフォームの**[拡大/縮小]**のX、Y、Zの値を大きくすると01_kohaku_Bそのものが実際に大きくなります。

しかし、カメラを近づけた場合は、01_kohaku_B自体が大きくなったのではなくて、見た目だけが大きくなったのです。

通常は、**[拡大/縮小]**でキャラクタのサイズを変えることは、筆者はあまりしません。

大きく見せたい場合は「Main Camera」の移動によって大きく表示させるようにしています。

画面17　ゲーム画面の01_kohaku_B（ゼロワンコハクビー）が大きく表示された

次に、この01_kohaku_B（ゼロワンコハクビー）に動きを与えてみましょう。

このサンプルを、別名で「UnitySample5-1」として保存しておきましょう。

次に新しいシーンを作成してください。

5 01_kohaku_B（ゼロワンコハクビー）に動きを持たせよう

Unityメニューの**[ゲームオブジェクト]**→**[3D（スリーディ）オブジェクト]**→**[平面]**と選んで平面を配置します。

配置した平面は「移動ツール」でゲーム画面を見ながら下の方に配置してください（画面18）。

画面18　平面を配置した

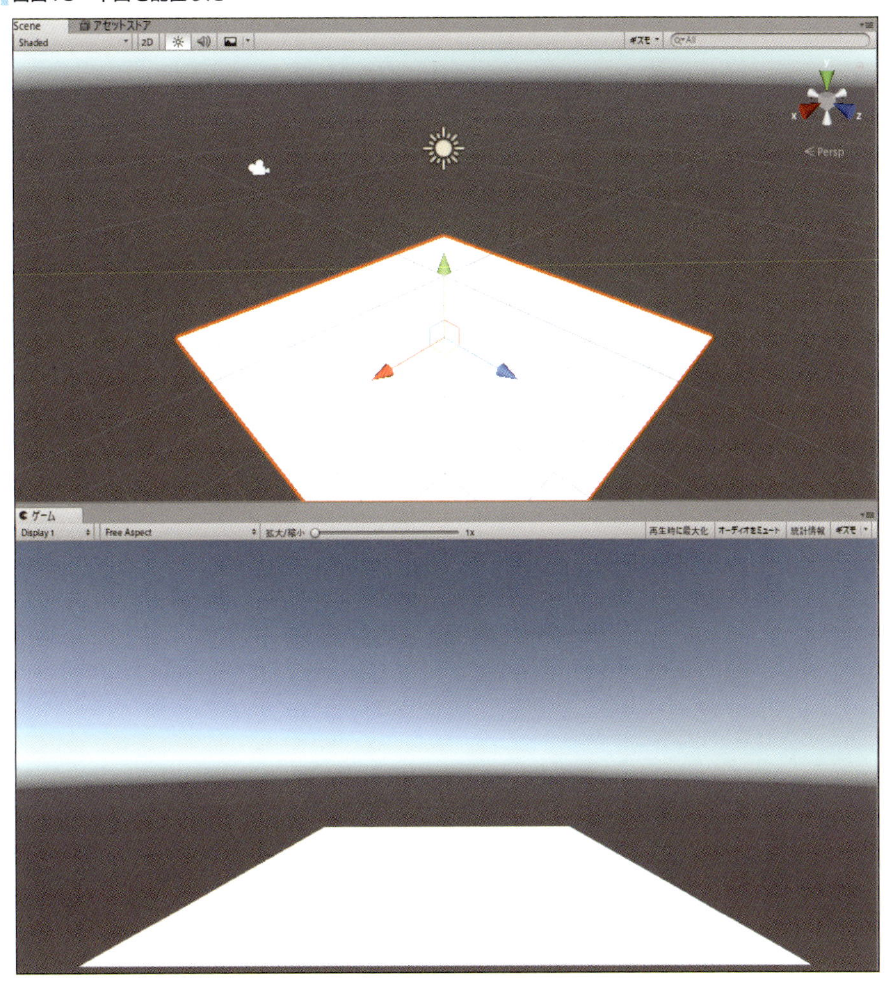

◉ 01_kohaku_B(ゼロワンコハクビー)を配置する

01_kohaku_B(ゼロワンコハクビー)をシーン画面の平面の上に配置し、すでに説明したようにカメラの方を向けてください。

01_kohaku_B(ゼロワンコハクビー)のサイズは変更する必要はありません。

01_kohaku_B(ゼロワンコハクビー)に「Main Camera(メインカメラ)」を近づけて見た目を大きくしておきましょう(画面19)。

画面19　平面上に01_kohaku_B(ゼロワンコハクビー)を配置した

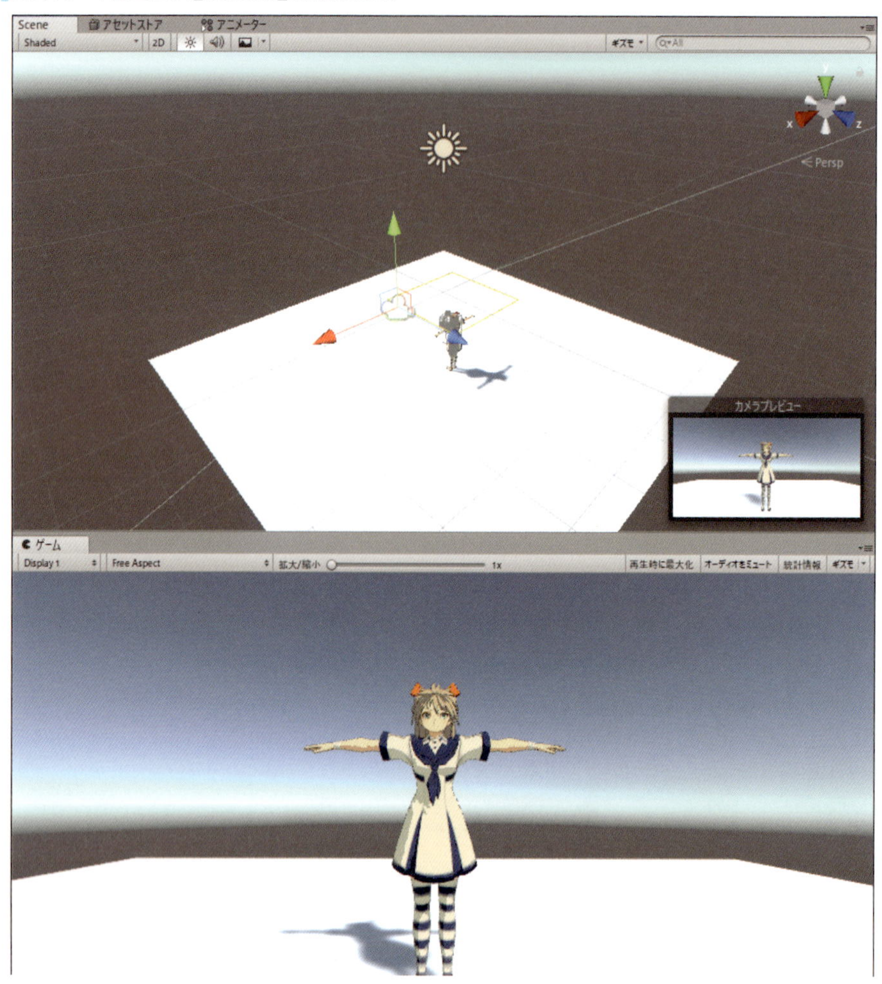

6 ▶▶ 01_kohaku_B(ゼロワンコハクビー)に動きを与えるアセットをダウンロードしよう

Unityに表示されているアセットストアのタブの上でマウスの右クリックをして、**[最大化]**を選びます。

検索欄(けんさくらん)に「Mecanim Locomotion(メカニム ロコモーション)」と入力し、表示される検索(けんさく)結果の一覧から、「Mecanim Locomotion Stater Kit(メカニム ロコモーション スターター キット)」を選びます(**画面20**)。

画面20 「Mecanim Locomotion Stater Kit」を選ぶ

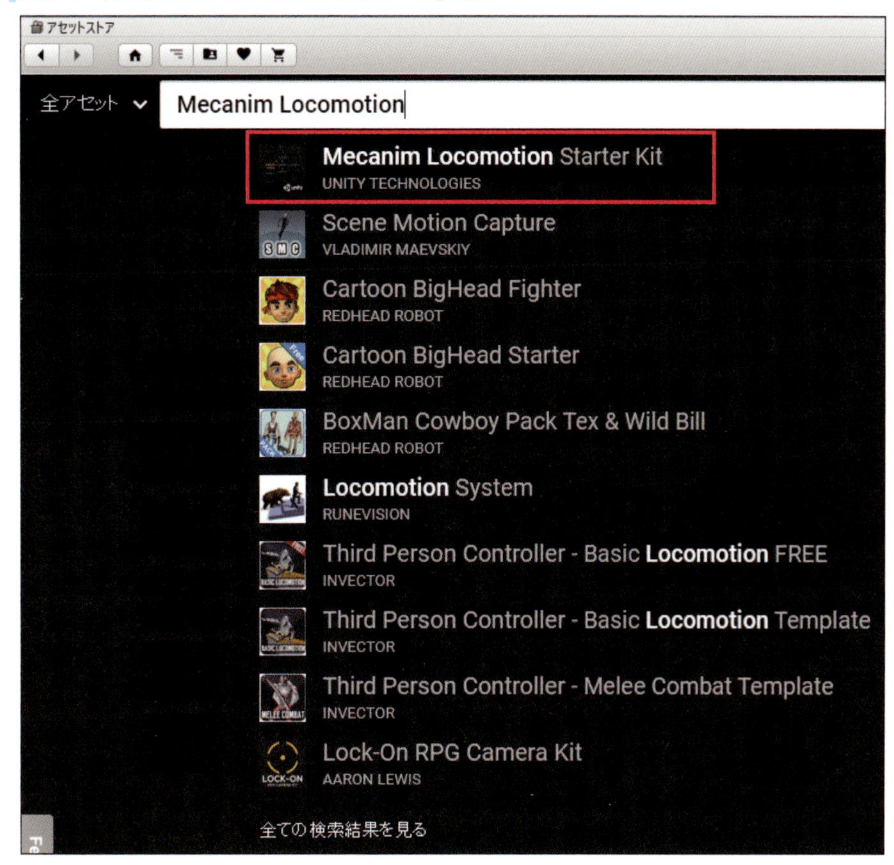

画面20から「Mecanim Locomotion Stater Kit」をクリックしてください。

すると**画面21**のようにダウンロードのページが表示されます。

しかし、筆者はこのアセットのダウンロードは終わっていますので、**[インポート]**と表示されています。

でも、皆さんは初めてだと思いますので**[ダウンロード]**と表示されていると思います。

先に「ダウンロード」して「インポート」と進んでください。

筆者はこのまま**[インポート]**をクリックします。

インポートをクリックすると、**画面22**のように警告が表示されますが、このまま**[インポート]**を選んでも問題はありません。

画面21 「Mecanim Locomotion Stater Kit」のダウンロードページ

画面22 警告画面が表示された

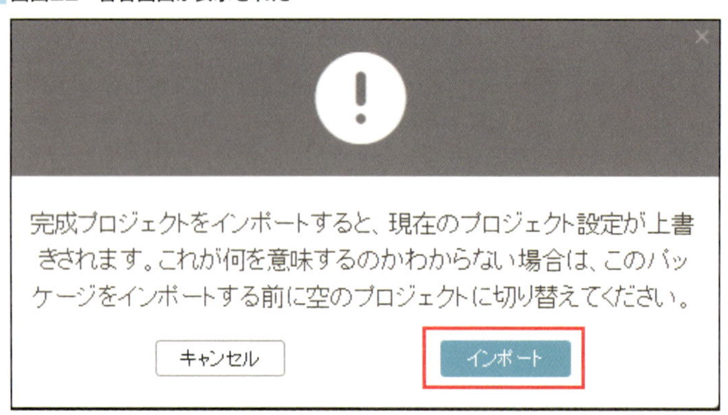

「Import Unity Package」の画面が表示されますので、**[インポート]**をクリックします（**画面23**）。

しばらくしてインポートが終了します。

アセットストアのタブの上でマウスの右クリックをして、表示されるメニューから**[最大化]**のチェックを外して、アセットストアのタブの左横にある**[Scene]**を選んで、シーン画面を表示させておきましょう。

いま取り込んだ「Mecanim Locomotion Stater Kit」のファイルは「プロジェクト」の中に取り込まれています（**画面24**）。

画面23　[インポート]をクリックする

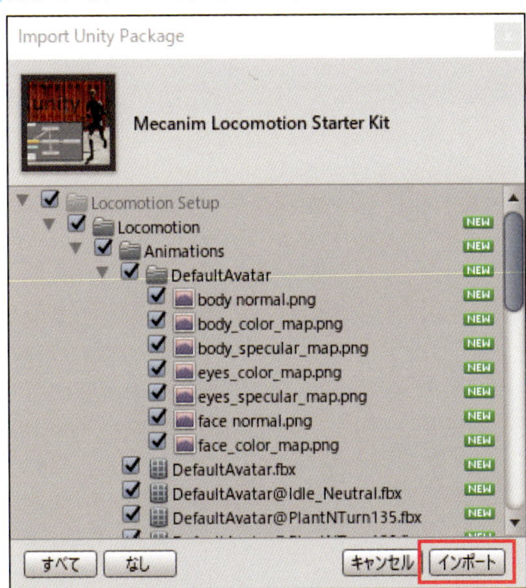

画面24　プロジェクトの中に取り込まれた「Mecanim Locomotion Stater Kit」のファイル

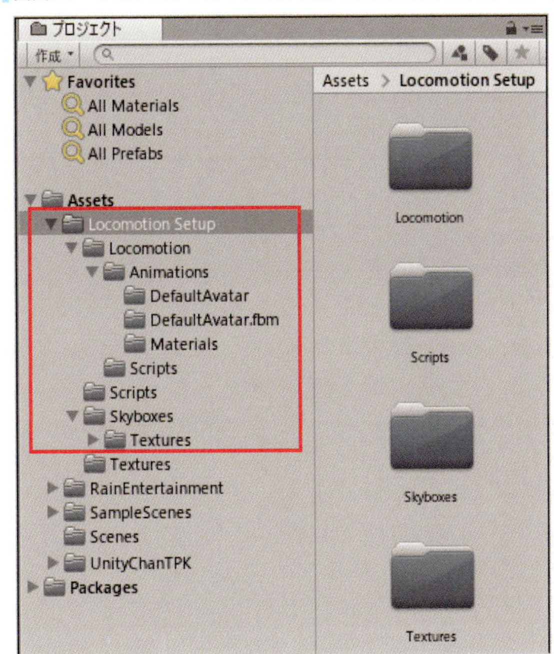

7 ▶▶ 01_kohaku_Bをキーボードで操ってみよう

シーン画面に配置した01_kohaku_Bか、ヒエラルキー内の01_kohaku_Bを選んで、インスペクターを表示してください。

01_kohaku_Bのインスペクターは画面25のようになっています。

画面25　01_kohaku_Bのインスペクター

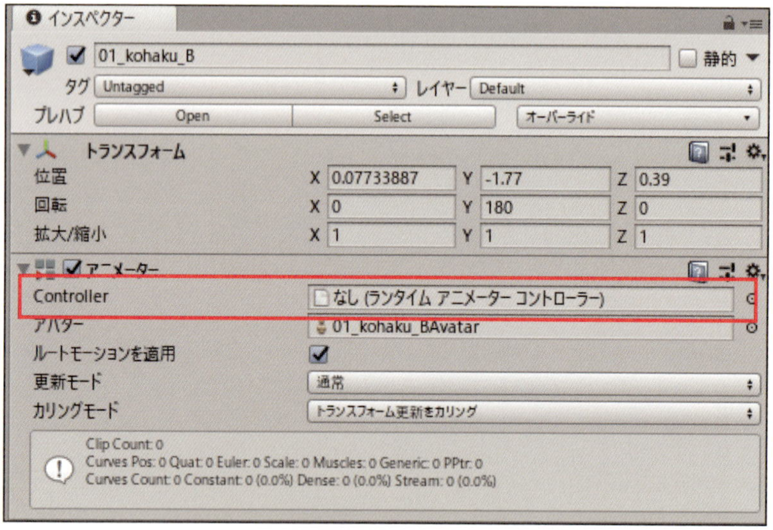

このインスペクターの中で重要なのは、「アニメーター」の「Controller」のところです。

右端にある ⊙ アイコンをクリックしてください。

そうすると、「Select RuntimeAnimatorController」の画面が表示されます（画面26）。

この中から、「Locomotion」を選ぶと、**[Controller]**の中に「Locomotion」が指定されます。

この「Locomotion」は「Mecanim Locomotion Stater Kit」の中に含まれているコントローラーです。

「コントローラー」とは、この場合は、01_kohaku_Bを制御する役割を持ったものです。

画面26　「Select RuntimeAnimatorController」からLocomotionを選ぶ

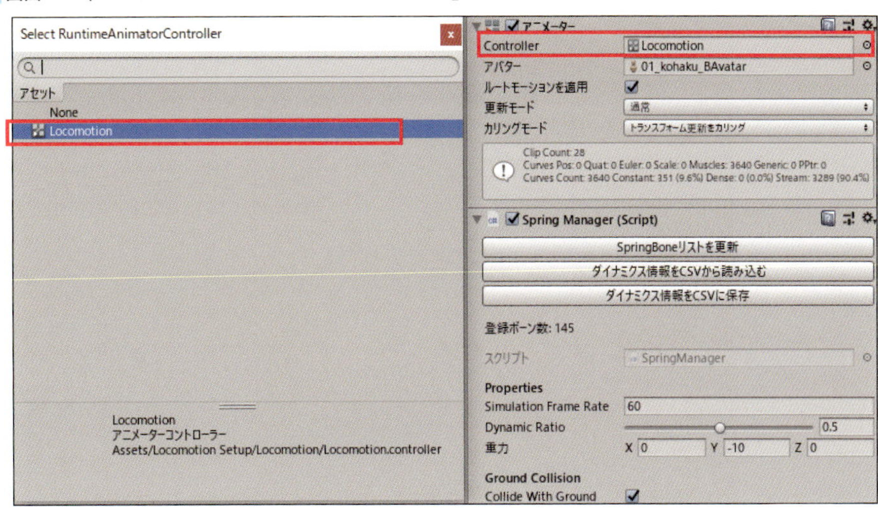

この設定だけで「再生」をクリックすると、01_kohaku_Bが休憩をしているような動作になります（**画面27**）。

しかし、これではまだ、キーボードの↑↓←→キーで自由自在に操ることはできません。

画面27　01_kohaku_Bが休憩をしている

画面27を見ると01_kohaku_Bのスカートがめくれあがっています。

スカートがめくれないようにするには、01_kohaku_Bのインスペクターの「Spring Manager（Script）」の右隅にある歯車アイコンをクリックして、「コンポーネントを削除」から「Spring Manager（Script）」を削除してください（**画面28**）。

画面28 「Spring Manager(Script)」を削除する

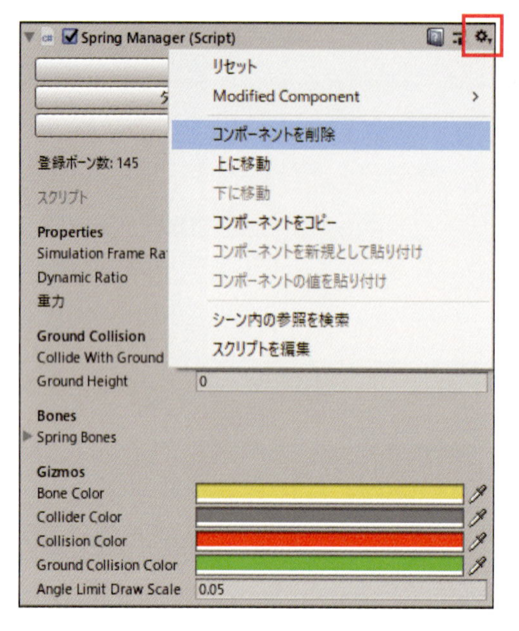

01_kohaku_B(ゼロワンコハクビー)のインスペクターの**[コンポーネントを追加]**ボタンをクリックして、**[物理]→[キャラクターコントローラー]**と選びます(画面29)。

画面29 [物理]→[キャラクターコントローラー]と選ぶ

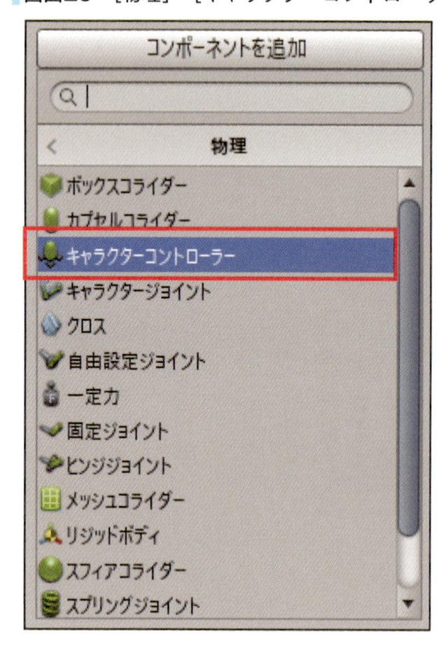

すると、インスペクター内に「キャラクターコントローラー」が追加されます。この中の**[中心]**の**[Y]**の値に「1」を必ず指定しておいてください。

ここに「1」を指定しておかないと、再生した場合に、01_kohaku_Bが、ほんのすこし平面から浮いた状態になってしまいます。

必ず「1」を指定しておいてください(**画面30**)。

画面30　インスペクターに追加されたキャラクターコントローラー

キャラクターコントローラー	
スロープ制限	45
ステップオフセット	0.3
スキン幅	0.08
最小移動距離	0.001
中心	X 0　Y 1　Z 0
半径	0.5
高さ	2

最後に、もう1つ追加するものがあります。

インスペクターの**[コンポーネントを追加]**ボタンをクリックして、**[スクリプト]**→**[Locomotion Player]**と選びます(**画面31**)。

画面31　[スクリプト]→[Locomotion Player]と選ぶ

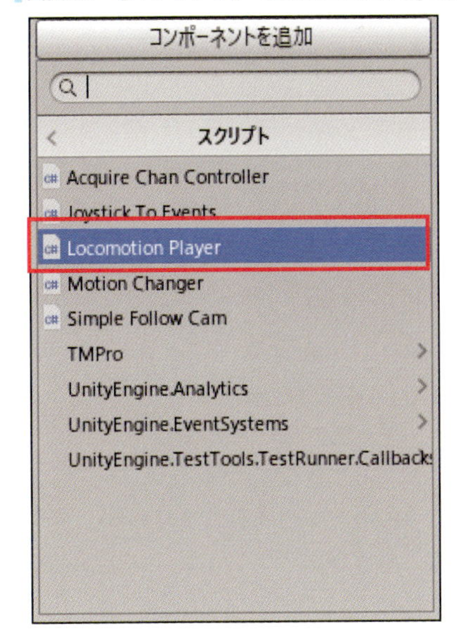

すると、インスペクター内に「Locomotion Player (Script)」が追加されます(**画面32**)。

画面32　「Locomotion Player(Script)」が追加された

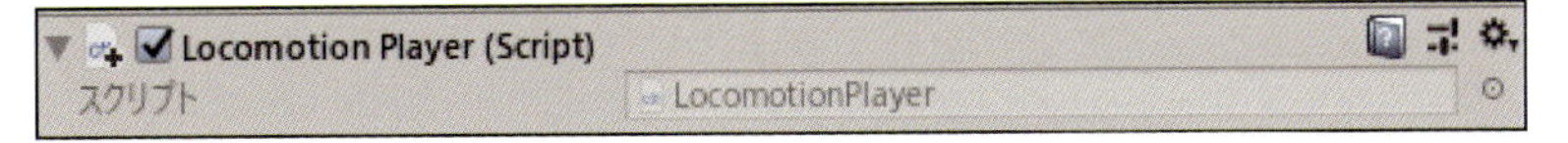

これで、「一応」設定は終わりです。

01_kohaku_B（ゼロワンコハクビー）のインスペクターを一覧で表示すると、**画面33**のようになっています。

画面33　設定した01_kohaku_B（ゼロワンコハクビー）のインスペクター

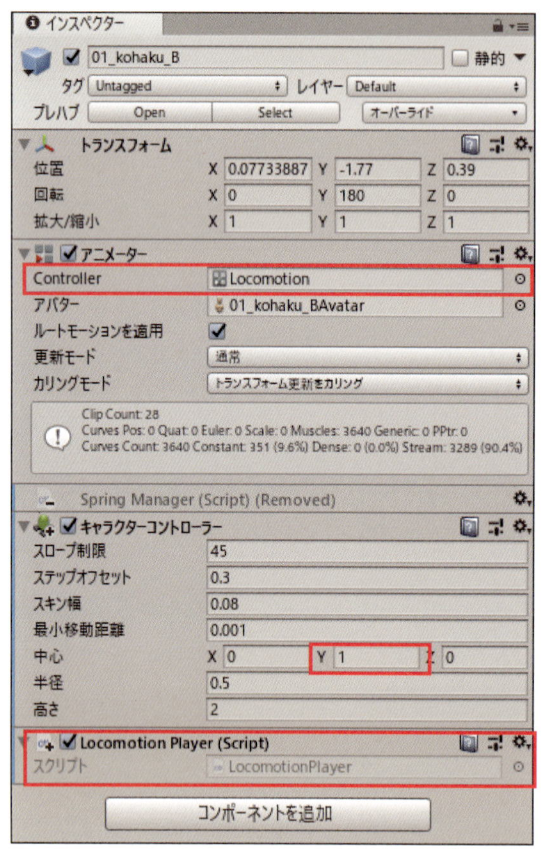

再生して、キーボードの↑↓←→キーを操作してください。

01_kohaku_B（ゼロワンコハクビー）が平面上を自由自在に動き回るのがわかると思います。

平面から外れると奈落の底に落ちてしまうので注意してください。

画面34のように動いていると思います。

画面34　01_kohaku_Bが自由自在に動いている

どうでしょうか？

動かしていて、ちょっとこれではまずい！と気づかれたのではないでしょうか？

今のままでは、01_kohaku_Bがカメラから見えなくなってしまいますね。

01_kohaku_Bの動きに「Main Camera」がついていっていないんですね。

Unityには、キャラクタをカメラが追いかけるアセットが用意されていますから、それを使いましょう。

8 キャラクタをカメラに追いかけさせよう

アセットストアから「Standard Assets」をダウンロードする必要があります。

Unityに表示されているアセットストアのタブの上でマウスの右クリックをして、**[最大化]**を選びます。

検索欄に「Standard Assets」と入力し、表示される検索結果の一覧から、「Standard Assets」を選んでください(**画面35**)。

画面35　Standard Assets(スタンダード アセッツ)を選ぶ

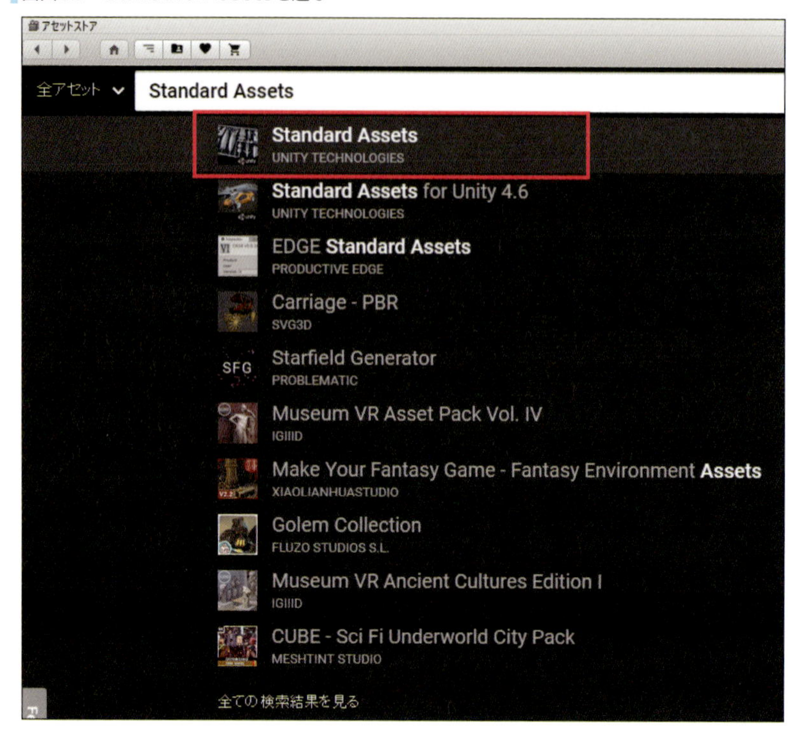

画面35から「Standard Assets(スタンダード アセッツ)」をクリックします。

すると**画面36**のようにダウンロードのページが表示されます。

筆者はこのアセットのダウンロードは終わっていますので、**[インポート]**と表示されています。

皆さんは初めてだと思いますので**[ダウンロード]**と表示されていると思います。

先に「ダウンロード」して「インポート」と進んでください。

筆者はこのまま**[インポート]**をクリックします。

画面36 「Standard Assets」のダウンロードページ

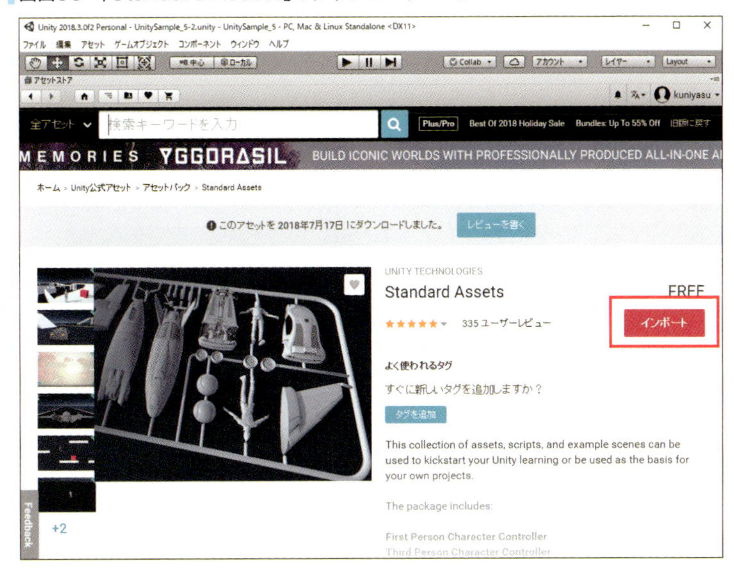

この「Standard Assets」はいろいろな機能が含まれたアセットです。

インポートには少々時間がかかります。

「Import Unity Package」の画面が表示されるので、**[インポート]**をクリックします（**画面37**）。

画面37 [インポート]をクリックする

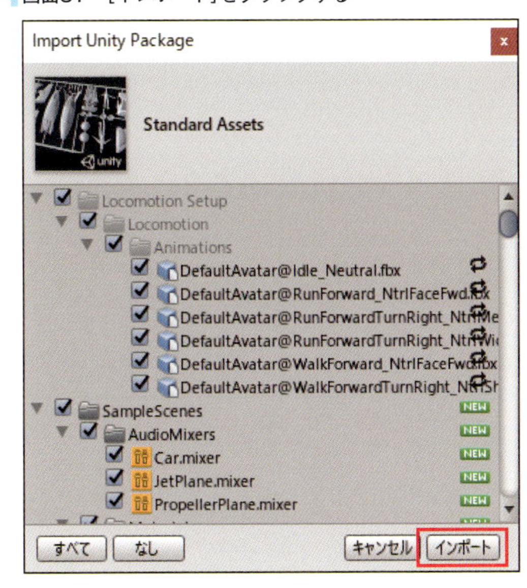

しばらくしてインポートが完了します。

アセットストアのタブの上でマウスの右クリックをして、表示されるメニューから**[最大化]**のチェックを外します。

アセットストアのタブの左横にあるSceneを選んで、シーン画面を表示させておきましょう。

いま取り込んだ「Standard Assets」のファイルは「プロジェクト」の中に取り込まれています(**画面38**)。

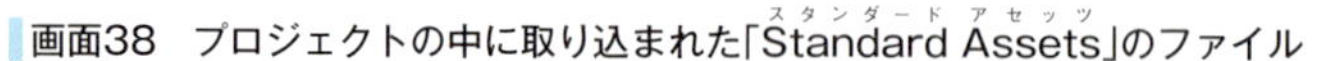

画面38　プロジェクトの中に取り込まれた「Standard Assets」のファイル

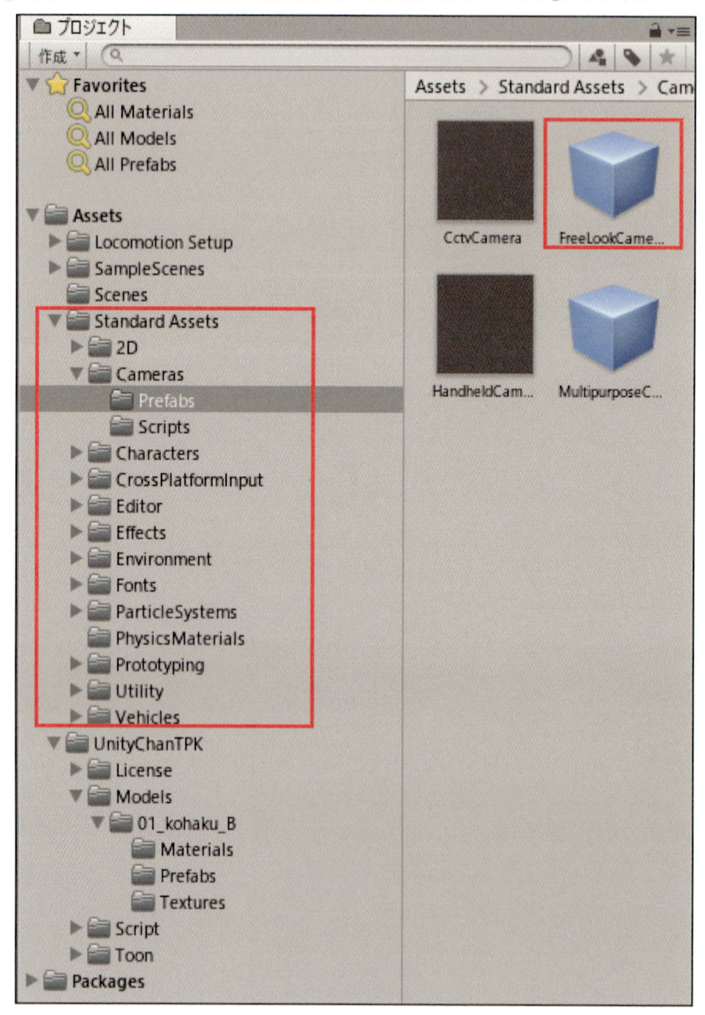

キャラクタをカメラが追いかけるには、「Standard Assets」の**[Cameras]**→**[Prefabs]**フォルダ内にある、**画面38**の赤い枠で囲ったカメラ「FreeLookCameraRig」を使います。

このカメラは、マウスの移動で視点を自由に変えることができます。

もちろんキャラクタをカメラが追いかけさせることも可能で、大変に便利なカメラです。

この「Standard Assets」に含まれるカメラについては11章で説明しています。

9 ▶▶ FreeLookCameraRigを配置しよう

画面38の「FreeLookCameraRig」をシーン画面の適当な位置にドラッグ&ドロップしてください。

以前からあったヒエラルキー内の「Main Camera」はもう不要なので削除しておきましょう。

ヒエラルキー内の「FreeLookCameraRig」を選んでインスペクターを表示させます（画面39）。

画面39　FreeLookCameraRigのインスペクター

インスペクター	
☑ FreeLookCameraRig	☐ 静的
タグ Untagged	レイヤー Default
プレハブ Open / Select	オーバーライド
トランスフォーム	
位置	X 0.1436815　Y -1.76　Z 0.2146677
回転	X 0　Y 0　Z 0
拡大/縮小	X 1　Y 1　Z 1
リジッドボディ	
質量	1
抗力	0
角抗力	0.05
重力の使用	☑
キネマティックにする	☑
補間	補間
衝突判定	非連続的
▶ Constraints	
☑ Free Look Cam (Script)	
スクリプト	FreeLookCam
ターゲット	なし (トランスフォーム)
Auto Target Player	☑
更新タイプ	Fixed Update
Move Speed	1
Turn Speed	1.5
Turn Smoothing	0
Tilt Max	75
Tilt Min	45
Lock Cursor	☐
Vertical Auto Return	☐
☑ Protect Camera From Wall Clip (Script)	
スクリプト	ProtectCameraFromWallClip
Clip Move Time	0.05
Return Time	0.4
Sphere Cast Radius	0.1
Visualise In Editor	☑
Closest Distance	0.5
Dont Clip Tag	Player
コンポーネントを追加	

設定するのは、「Free Look Cam(Script)」内の赤い枠で囲った場所です。

本来なら「ターゲット」とある個所に、ヒエラルキーから「01_kohaku_B」をドラッグ＆ドロップしてもいいんですが、「Auto Target Player」にチェックがついていますよね。

これは、「自動的に追いかけるターゲットはPlayerとする」という意味になります。

どういうことか説明しましょう。

ヒエラルキーから「01_kohaku_B」を選んでインスペクターをまずは表示してください(**画面40**)。

画面40　01_kohaku_Bのインスペクター

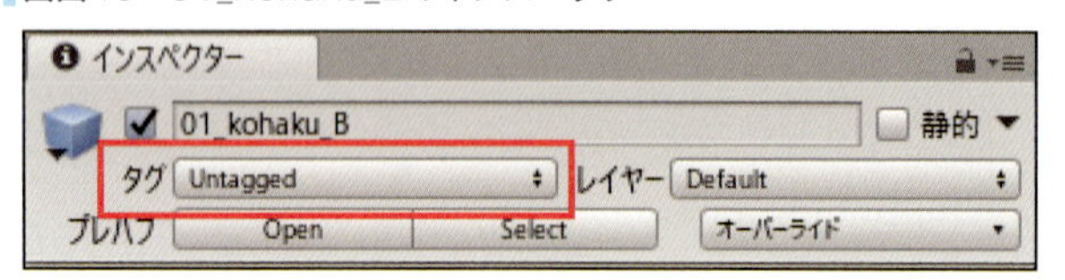

赤い枠で囲った**[タグ]**が「Untagged」になっていますよね。

右端のアイコンをクリックして、表示される項目から「Player」を選びます(**画面41**)。

画面41　タグにPlayerを指定する

[タグ]はアセットを分類するものだと思っておいてください。

「01_kohaku_B」のタグはPlayerに分類されたことになります。

これで、「自動的に追いかけるターゲットはPlayerとする」が満たされたことになります。

再度FreeLookCameraRigのインスペクターを表示します。

この中の、**[Move Speed]**に「5」、**[Turn Speed]**に「4」程度を指定しておきましょう。

ここの数値は皆さんが自由に設定して構いません。

[Move Speed（ムーブ スピード）]はキャラクタが動く速度で、[Turn Speed（ターン スピード）]はキャラクタがターンするときの速度です(**画面42**)。

画面42　[Move Speed（ムーブ スピード）]と[Turn Speed（ターン スピード）]を指定した

Free Look Cam (Script)	
スクリプト	FreeLookCam
ターゲット	なし (トランスフォーム)
Auto Target Player	✔
更新タイプ	Fixed Update
Move Speed	5
Turn Speed	4
Turn Smoothing	0
Tilt Max	75
Tilt Min	45
Lock Cursor	☐
Vertical Auto Return	☐

再生してみましょう。

マウスの移動で視点が変わり、キーボードの↑↓←→キーで「01_kohaku_B（ゼロワンコハクビー）」が動き回ります。

カメラもちゃんとついていっているのがわかると思います(**画面43**)。

平面から外れると奈落の底に落ちてしまいますので気を付けてください。

平面が狭いと感じる場合は、ヒエラルキーから「Plane（プレーン）」(平面のことです)を選び、インスペクターを表示して「トランスフォーム」の**[拡大/縮小]**のXとZに「2」程度の数値を指定してみるといいと思います。

画面43　「01_kohaku_B（ゼロワンコハクビー）」にカメラがついていき、マウスの移動で視点も変更できる

別名で「UnitySample_5-2」として保存しておきましょう。

次に、「人型のキャラクタが物にぶつかるとどんなイベントが発生するのか」について説明します。新しいシーンを作成してください。

10 人型のキャラクタを物にぶつけてみよう

第4章で「スフィア」のような「物」が平面という「物」に衝突(しょうとつ)した場合には、イベントというものが発生するということは説明しました。

```
OnCollisionEnter
```
(オンコリジョンエンター)

これは物と物の衝突(しょうとつ)の場合に発生するイベントでしたね。

ここでは、「キャラクタ」(人型のアセット)が物と衝突(しょうとつ)した場合には、どんなイベントが発生するかを説明します。

「01_kohaku_B」(ゼロワンコハクビー)は**画面30**を見ると「キャラクターコントローラー」を使っていますよね。

この「キャラクターコントローラー」を使ったキャラクの場合、衝突処理(しょうとつ)のときには、

```
OnContollerColliderHit
```
(オンコントローラーコライダーヒット)

というイベントが発生します。

これは、キャラクタを「キャラクターコントローラー」で操作する場合には、必ずこのイベントで、衝突(しょうとつ)判定を行う！とおぼえておく必要があります。

「なぜ？」は禁物です。

決まりごとです。

例として、01_kohaku_B(ゼロワンコハクビー)がキューブに衝突(しょうとつ)したときにドラゴンを表示させてみましょう。

舞台(ぶたい)を作成する

Unityメニューの**[ゲームオブジェクト]→[平面]**と選んで、シーン画面に「平面」を配置します。

「移動ツール」でゲーム画面を見ながら下の方に下げておきましょう。

ここでは、「平面」は少し広くしておいた方がいいでしょう。

ヒエラルキーから「Plane（プレーン）」を選んで、インスペクターの「トランスフォーム」の **[拡大/縮小]** のXとZに「2」を指定しておきましょう。

次に同じ手順でキューブを配置しておきます。

キューブを選んで、トランスフォームツールの「スケールツール」で、キューブの形を直方体にしておいてください。

この配置したキューブに赤色を適用させましょう。

色を適用させるにはマテリアルを作成して、名前を「Red（レッド）」にして、インスペクターのアルベドの「色」から赤色を指定したことをおぼえていますか？

手順を忘れた人は4章を読んでおくといいです。

次に「01_kohaku_B（ゼロワンコハクビー）」を適当な場所に配置しておきましょう。

特にカメラの方に向けなくても構いません。

ここまでで、**画面44**のような舞台（ぶたい）になっていると思います。

画面44　舞台（ぶたい）作成途中の画面

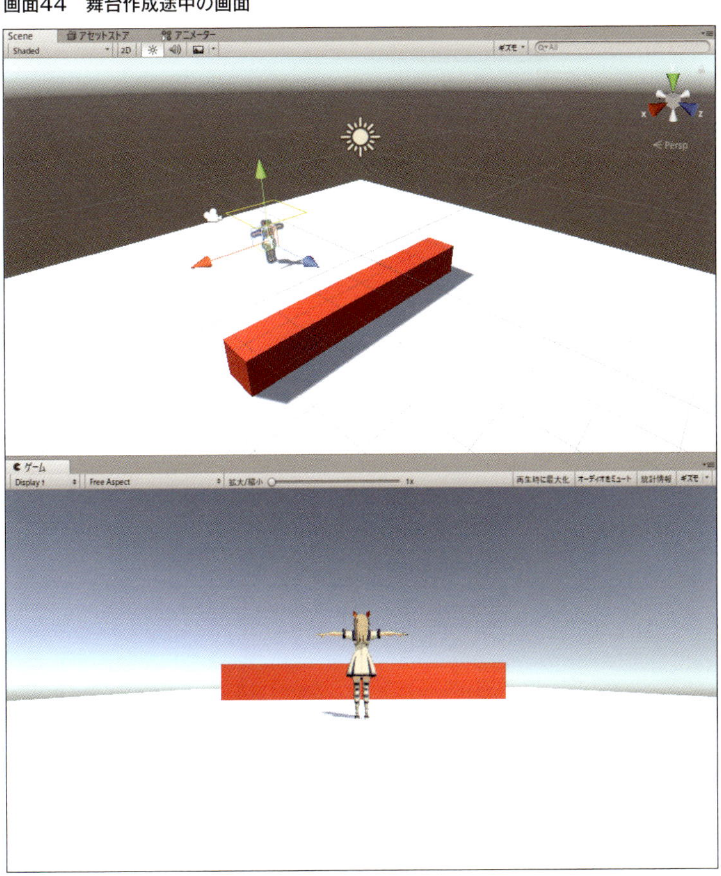

5

ドラゴンを入手する

アセットストアに入って、検索欄に「Dark Dragon」と入力してください。

すると関連するアセットの一覧が表示されますので、「Dark Dragon」を選びます。

筆者もこのアセットは初めて使うので**[ダウンロード]**と表示されています(**画面45**)。

画面45 Dark Dragonのダウンロード画面

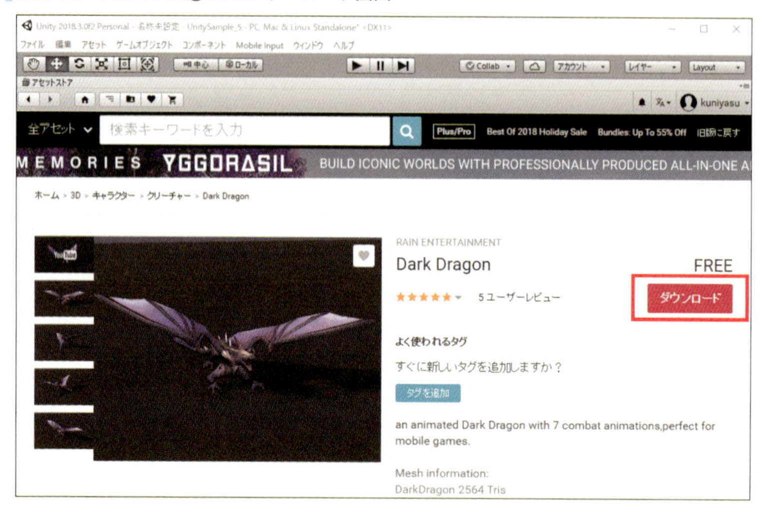

「ダウンロード」が終わると**[インポート]**と表示されますので、**[インポート]**をクリックしてください。

「Import Unity Package」が表示されますので**[インポート]**ボタンをクリックします(**画面46**)。

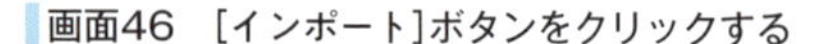
画面46 [インポート]ボタンをクリックする

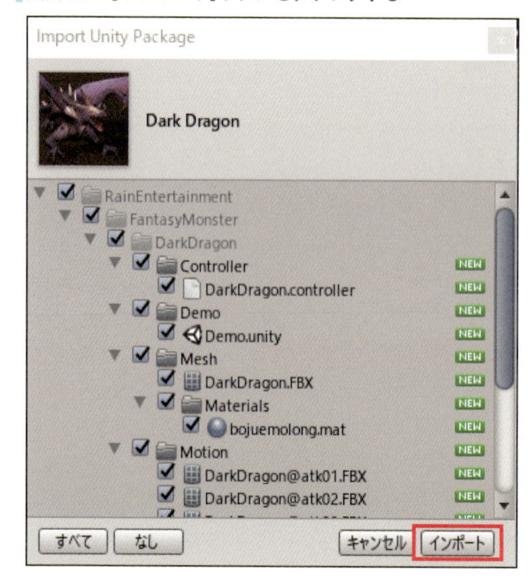

インポートが完了したら、アセットストアの**[最大化]**のチェックを外し、シーン画面を表示しておいてください。

「Dark Dragon」は「プロジェクト」内の「RainEntertaiment」のフォルダに取り込まれています。

展開していくと、「DarkDragon」のフォルダ内に「Prefab」フォルダがあって、その中に、「DarkDragon」があるので、これを使いましょう（**画面47**）。

画面47　Prefabフォルダ内にDarkDragonが存在している

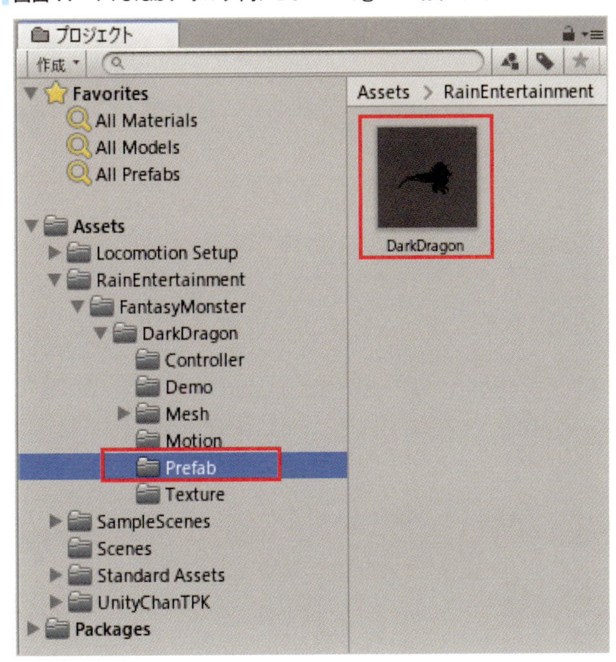

画面47の「DarkDragon」をシーン画面内の適当な場所にドラッグ＆ドロップしてください。

場所はどこでも構いません。

筆者は**画面48**のように配置しました。

画面48　DarkDragon（ダークドラゴン）を配置した

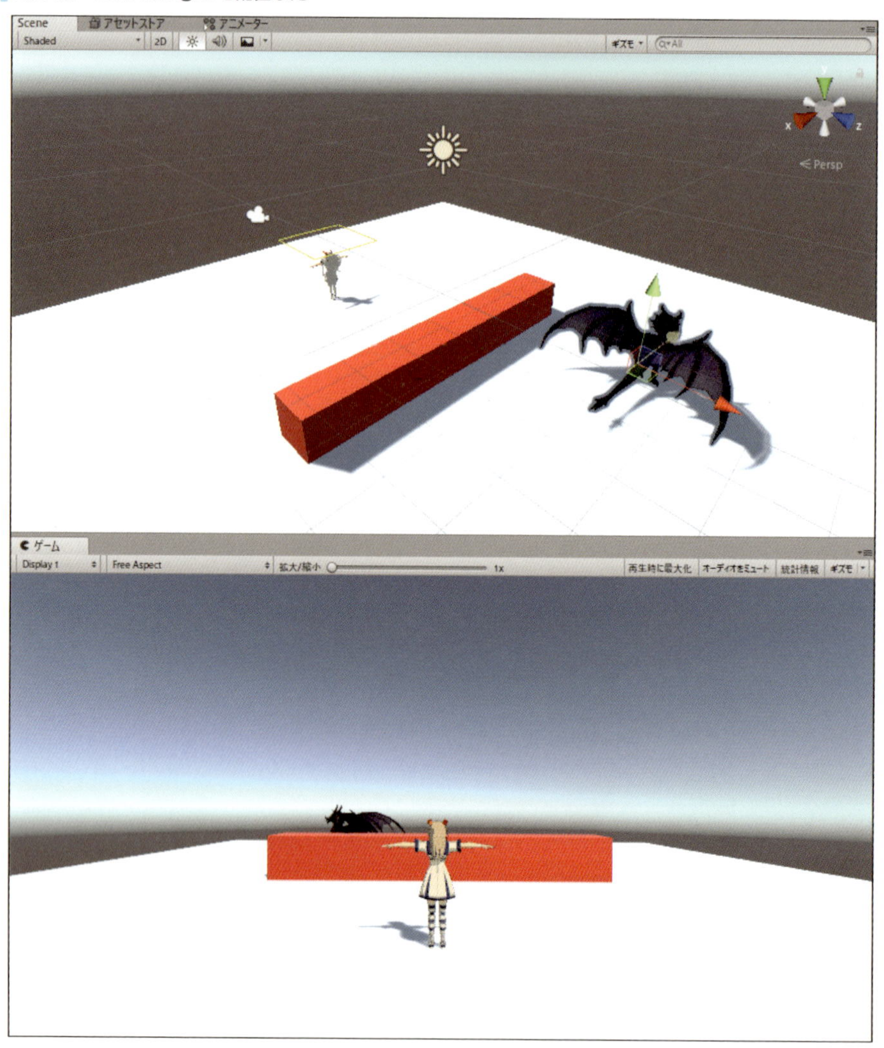

◉ 01_kohaku_B（ゼロワンコハクビー）を動くようにインスペクターを設定する

動くようにする設定はこの章で一度やっていますので、もうわかりますよね。

簡単に手順だけ書いておきましょう。

「01_kohaku_B（ゼロワンコハクビー）」のインスペクターで「アニメーター」の「Controller（コントローラー）」にLocomotion（ロコモーション）を設定します。

次に、インスペクターの**[コンポーネントを追加]**ボタンをクリックして、**[物理]**→**[キャラクターコントローラー]**と選びます。

すると、インスペクター内に「キャラクターコントローラー」が追加されます。

この中の**[中心]**のYの値に「1」を必ず指定しておきます。

ここに「1」を指定しておかないと、再生した場合に、「01_kohaku_B」がほんのすこし平面から浮いた状態になるんでしたね。

だから必ず「1」を指定しておきましょう。

最後に、インスペクターの**[コンポーネントを追加]**ボタンをクリックして、**[スクリプト]→[Locomotion Player]**と選びます。

以上の手順で「01_kohaku_B」はキーボードの⬆⬇⬅➡キーで動くようにはなるのですが、カメラがついていっていませんでしたよね。

この場合は「Standard Assets」の**[Cameras]→[Prefabs]**フォルダにある「FreeLookCameraRig」を使ったことをおぼえていますか？

これも、この章で説明しているので、簡単に手順だけ書いておきます。

FreeLookCameraRigを配置する

「Standard Assets」の**[Cameras]→[Prefabs]**フォルダにある「FreeLookCameraRig」をシーン画面の適当な位置にドラッグ＆ドロップします。

以前からあったヒエラルキー内の「Main Camera」はもう不要なので削除しておきます。

ヒエラルキー内の「FreeLookCameraRig」を選んでインスペクターを表示させると、「Free Look Cam (Script)」内の「Auto Target Player」にチェックがついていますよね。

これは、「自動的に追いかけるターゲットはPlayerとする」という意味でしたね。

どういうことか簡単に説明します。

ヒエラルキーから「01_kohaku_B」を選んでインスペクターをまずは表示します。

「01_kohaku_B」の「タグ」が「Untagged」になっています。

右端の⬍アイコンをクリックして、表示される項目から「Player」を選ぶんでしたね。

再度「FreeLookCameraRig」のインスペクターを表示し、この中の、「Move Speed」に「5」、「Turn Speed」に「4」程度を指定しておきましたよね。

これで、カメラが「01_kohaku_B」をついていくようになります。

もちろん視点もマウスの移動で変更できます。

ここまででちょっと再生してみましょう(**画面49**)。

画面49　「01_kohaku_B」と「DarkDragon」が表示されている

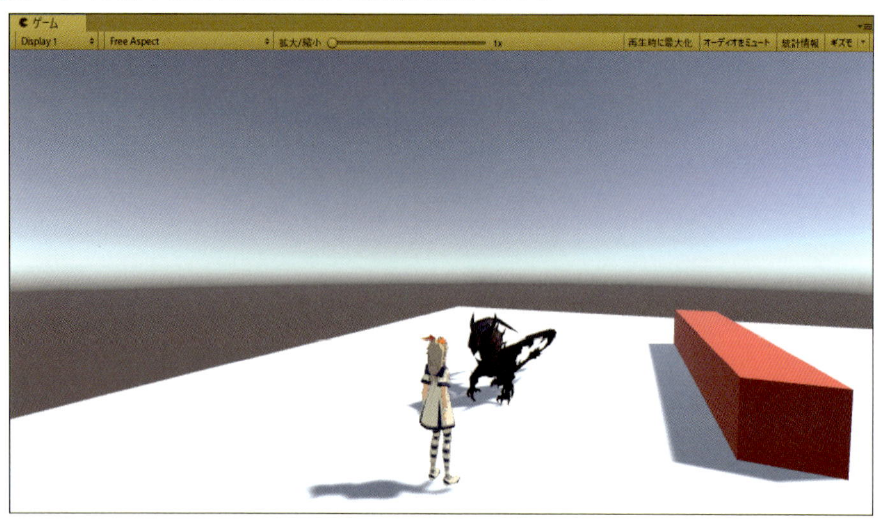

DarkDragonを最初は非表示にする

最初は「DarkDragon」を非表示にしておき、「01_kohaku_B」が赤いキューブに触れると「DarkDragon」が表示されるようにします。

「DarkDragon」をまずは非表示にしてみましょう。

これは簡単です。

「DarkDragon」を選んでインスペクターを表示し、**画面50**のように先頭にあるチェックを外すだけです。

画面50　DarkDragonのチェックを外す

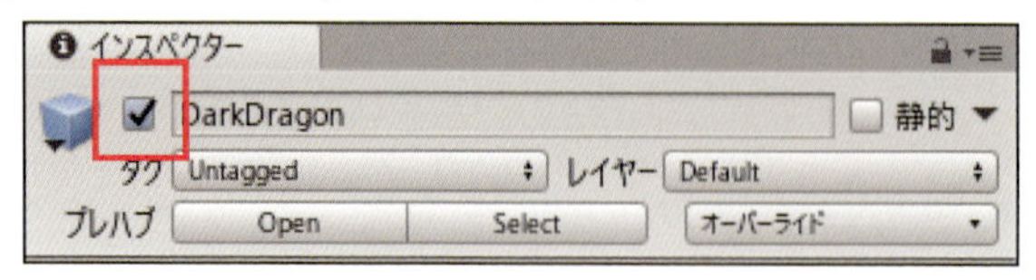

画面50の赤い枠で囲ったチェックを外すと「DarkDragon」は消えて非表示になります。

チェックを入れると表示されます。最初は「DarkDragon」はチェックを外して、非表示にしておいてください。

「01_kohaku_B」が赤いキューブに触れると、DarkDragonのチェックを入れて、「DarkDragon」を表示する、といった処理をプログラムで書くことになります。

DarkDragonが表示されるスクリプト

スクリプトは「01_kohaku_B」の中に書きますので、ヒエラルキーから「01_kohaku_B」を選んでインスペクターを表示してください。

そして、**[コンポーネントを追加]**ボタンから、「新しいスクリプト」を選び、**[名前]**に「OnControllerColliderHitScript」と指定して、**[作成して追加]**ボタンをクリックします。

すると、インスペクターの中に「OnControllerColliderHitScript」が追加されますので、これをダブルクリックしてVisual Studioを起動し、**リスト1**のコードを書いてください。

「新しいスクリプト」の作成方法は4章で説明していますので画面がなくてもわかりますよね。

リスト1　OnControllerColliderHitScript

```
using System.Collections;                 ①
using System.Collections.Generic;
using UnityEngine;

public class OnControllerColliderScript : MonoBehaviour
{
    public GameObject dragon; ②

     private void OnControllerColliderHit(ControllerColliderHit hit)   ③
    {
        if(hit.gameObject.name=="Cube")   ④
        {
            dragon.SetActive(true);
        }
    }
}
```

コードを説明していきましょう。

最初は理解できなくても、見よう見まねで、このまま打ち込むといいと思います。

①この部分は自動的に追加されるコードで、現時点では気にしなくていいです。必要なときが出てくれば説明します。

②ここではpublicでGameObject型の「dragon」と言う変数を宣言しています。「public」にすると、インスペクター内に「Dragon」という項目が表示されて、こ

の位置に「DarkDragon」を指定することができるので、大変に便利です。

「public」以外にもインスペクターに表示させる方法はあるのですが、今は「public」を使うとおぼえておくだけでいいと思います。

③このブロックが「01_kohaku_B」が赤いキューブに衝突した場合に発生する、「OnControllerColliderHit」のブロックです。

途中まで入力すると、インテリセンス機能が働いて、自動的にこのブロックを作成してくれます。

引数のControllerColliderHit型の「hit」という変数は、衝突した情報を持っています。

「01_kohaku_B」を指していると思っておくといいでしょう。

④ここでは条件分岐を行っています。

条件分岐とは、ある条件によって処理を振り分けるという意味です。

条件分岐の書きかたは下記のようになります。

条件分岐

```
if (条件式)
{
  ~処理~
}
```

条件式が「真(true)」の場合は{}ブロック内の処理が実行されると言う意味なんです。

「条件式が真(true)の場合」と言う意味は、条件式に合っていたらという意味です。

ですからここでは、「01_kohaku_Bが衝突したゲームオブジェクトの名前(name)がCubeであれば」という意味になるんです。

「==」(ダブルイコール)という記号は「等しい」、「同じ」という意味になります。

条件式に合致した場合は、「SetActive」に「true」を指定して「DarkDragon」を表示するという意味になります。

つまり「DarkDragon」の先頭にチェックが入るということですね。

わかりますか？

「SetActive」の引数に「true」を付けると表示され、「false」を付けると非表示になるんです。

これはこのままおぼえておきましょう

ではVisual Studioのメニューから**[ビルド]→[ソリューションのビルド]**を実行しておきましょう。

エラーが出なければVisual Studioを閉じましょう。

Unityの画面に戻って、「01_kohaku_B」のインスペクターを見ると、追加したスクリプトのところに、Visual Studio内で宣言した

```
public GameObject dragon;
```

の「Dragon」という項目が表示されていますね。

ここに、ヒエラルキー内の「DarkDragon」をドラッグ＆ドロップすると完成です（**画面51**）。

画面51　「Dragon」のところにヒエラルキー内の「DarkDragon」をドラッグ＆ドロップする

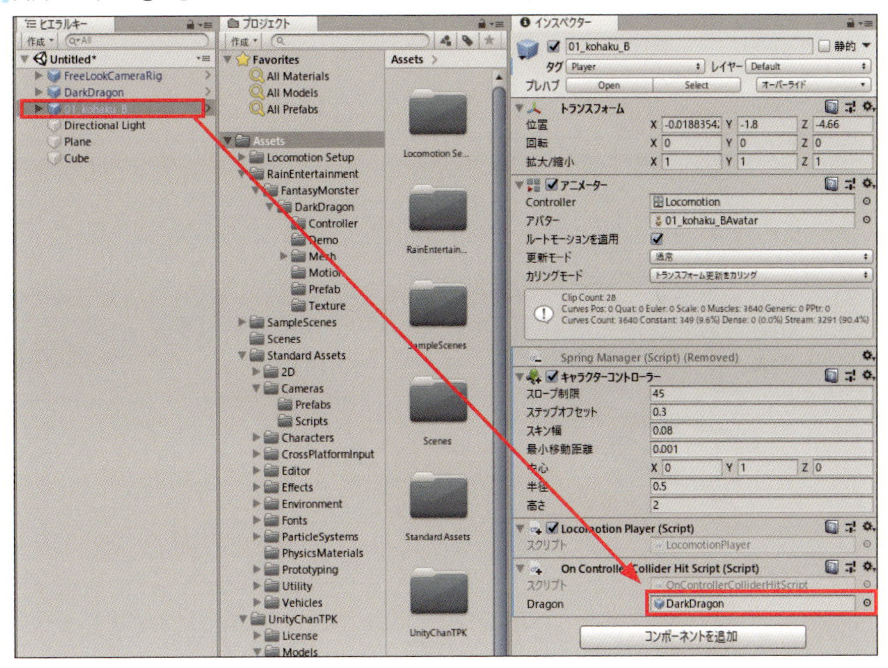

これで再生してみましょう。

最初は、DarkDragonは表示されていませんが、「01_kohaku_B」が赤いCubeに接触するとDarkDragonが表示されます（**画面52**）。

ここでは、DarkDragonは一度表示されれば、表示されっぱなしですが、もう1個青いキューブでも配置して、青いキューブに触れると、再度DarkDragonが非表示になるという処理を追加すると面白いかもしれませんね。

がんばって、皆さんで試してみてください。

「再生」ボタンをクリックしたのち、「ゲーム」のタブの上でマウスの右クリックをすると**[最大化]**と言う項目があるので、これを選ぶとゲーム画面が最大化されて実行されますので試してみるといいです。

再度「再生」ボタンをクリックして再生を停止するともとの画面に戻ります。

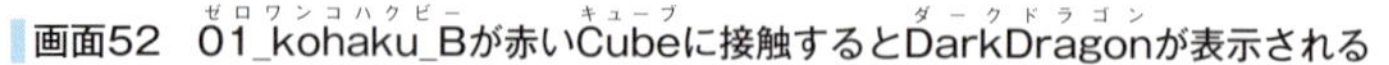

画面52　01_kohaku_Bが赤いCubeに接触するとDarkDragonが表示される

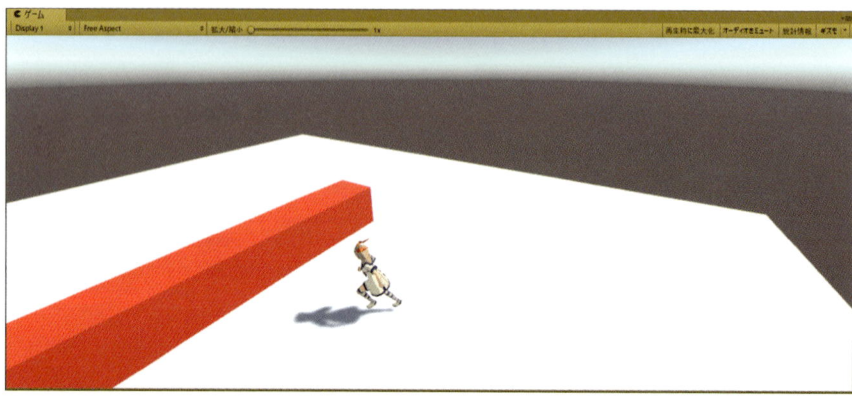

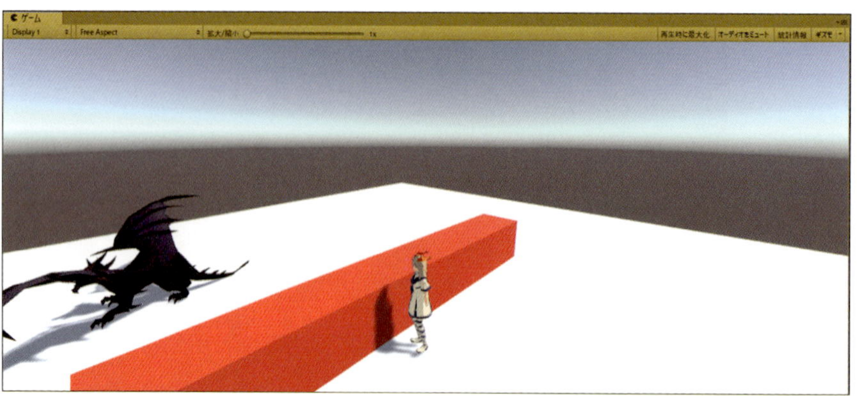

保存!　別名で、「UnitySample_5-3」として保存しておきましょう。

次の第6章では、人型のキャラと動物のキャラの使いかたについて説明します。

動物キャラの使いかた

この章では、人型のキャラクタと動物のキャラクタの使いかたを説明します。動物のキャラクタはどこから入手するのか？動物のキャラクタの設定方法、動物のキャラクタを動かす方法、ナビゲーションの設定方法、クリックした位置に動物のキャラクタを移動させる方法、人型のキャラクタの後を動物が追いかける方法、などについて説明していきましょう。

1 ▶▶ プロジェクトを作ろう

最初にプロジェクトを作ります。

デスクトップ上に表示されているUnity Hubのアイコンをダブルクリックしてください。

Unity Hubが起動するので、**[新規]**から「UnitySample_6」というプロジェクトを作成します。

[Create project]ボタンをクリックするとUnityが起動します。

2 ▶▶ 動物のキャラクタを入手しよう

動物のキャラクタはアセットストアから入手します。

まず、「猫」のアセットをダウンロードしましょう。

5章を参考にしてアセットストアに入って下さい。

入る方法はわかっていますよね。

検索欄に「Cartoon Cat」と入力し、表示される一覧から「Cartoon Cat」をクリックします。

ダウンロード画面が表示されます（**画面1**）。

画面1　Cartoon Catのダウンロード画面

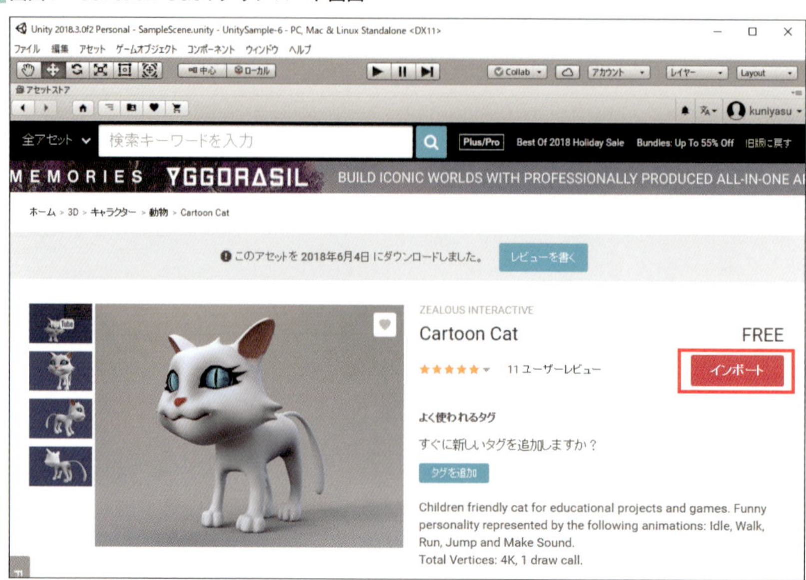

筆者はこのアセットは何度も使っていて、ダウンロードは終わっています。

それで、**[インポート]**と表示されています。

皆さんは初めてだと思いますので**[ダウンロード]**になっていると思います。

「ダウンロード」して「インポート」と進んでください。

筆者は**[インポート]**をクリックします。

「Import Unity Package」の画面が表示されますので、**[インポート]**ボタンをクリックします（**画面2**）。

画面2　[インポート]ボタンをクリックする

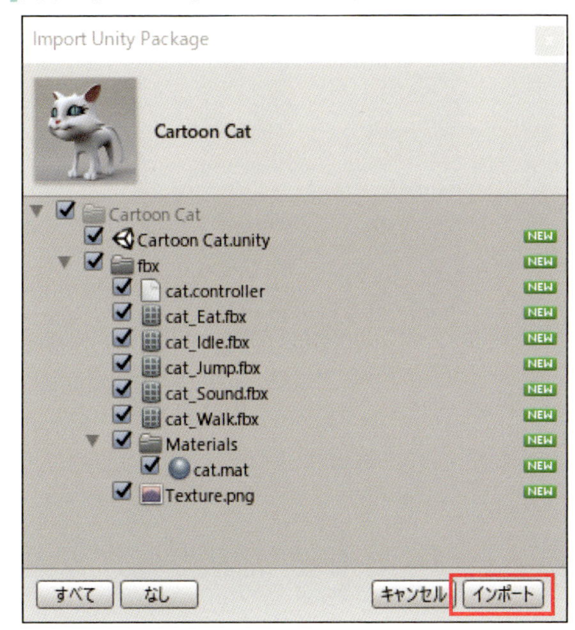

インポートが完了すると、アセットストアのタブの上でマウスの右クリックをして**[最大化]**のチェックを外し、シーン画面を表示しておきましょう。

Cartoon Catのファイルはプロジェクト内に取り込まれています（**画面3**）。

画面3　プロジェクト内に取り込まれたCartoon Catのファイル

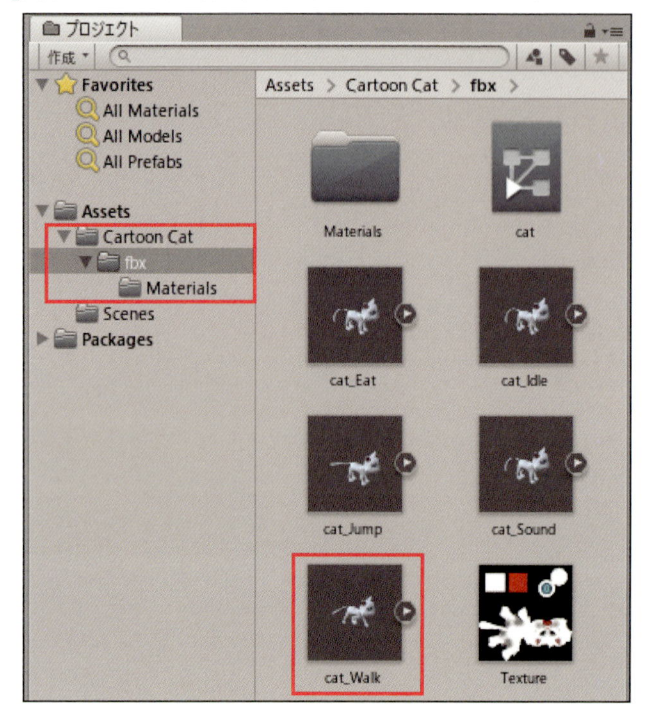

ここでは、**画面3**の赤い枠で囲った、「cat_Walk」を使います。

3 ▶ cat_Walkを設定しよう

cat_Walkは、このままシーン画面に配置しても、動きも何もしないので、ちょっとした設定が必要です。

画面3の赤い枠で囲った、「cat_Walk」を選んでインスペクターを表示させます。すると**画面4**の「cat_Walkのインポート設定」画面が表示されます。

画面4　「cat_Walkのインポート設定」画面

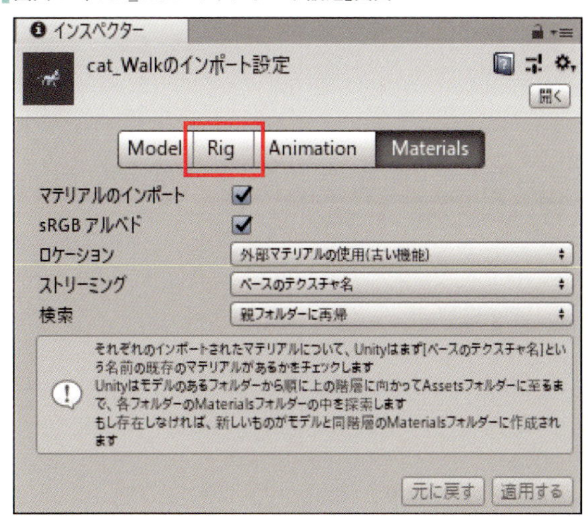

まず、「Rig」を選び、表示される画面から、**[アニメーションタイプ]**に「古い機能」を選んでください。

「古い機能」とは「Legacy」というのですが、これは4つ足の動物にアニメーションを追加するタイプなんです。

次に**[適用する]**ボタンをクリックしてください(**画面5**)。

画面5　Rigを設定する

次に**[Animation]**ボタンをクリックします。

表示された画面に**[ラップモード]**がありますので、をクリックして「ループ」を選んでおきます。

[ラップモード]は下の方にもう1個ありますので、これにも「ループ」を指定しておきましょう。

最後に**[適用する]**を必ずクリックしてください。

「ループ」を指定しておかないと、猫は1回歩いたきりで止まってしまいます(**画面6**)。

「ループ」とは？

「輪っか」という意味で、「繰り返す」という意味になります。

■画面6　Animationの設定

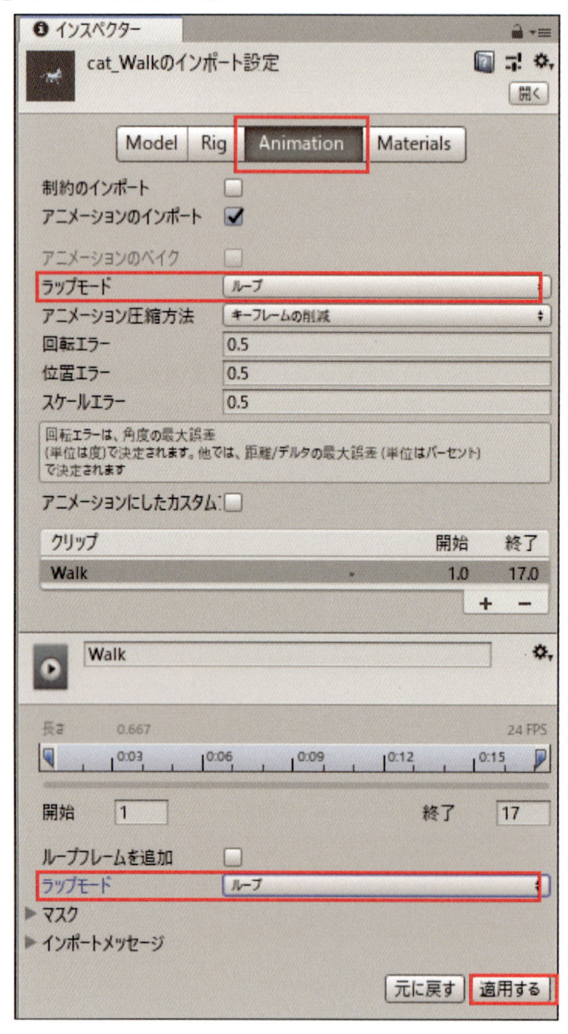

cat_Walkの設定はこれで終わりです。次に舞台を作成しましょう。

4 舞台を作ろう

Unityメニューの**[ゲームオブジェクト]**→**[3Dオブジェクト]**→**[平面]**と選んで、シーン画面に平面を配置して、いつものように下の方に下げておきます。

この平面上に先ほどの「cat_Walk」をドラッグ＆ドロップして配置しましょう。

「cat_Walk」はカメラに背を向けていますので、インスペクターの「トランスフォーム」の**[回転]**の「Y」に「180」を指定してカメラの方を向けておきます。

また「Main Camera」も移動させて「cat_Walk」に近づけておきましょう（**画面7**）。

画面7　平面上にcat_Walkを配置した

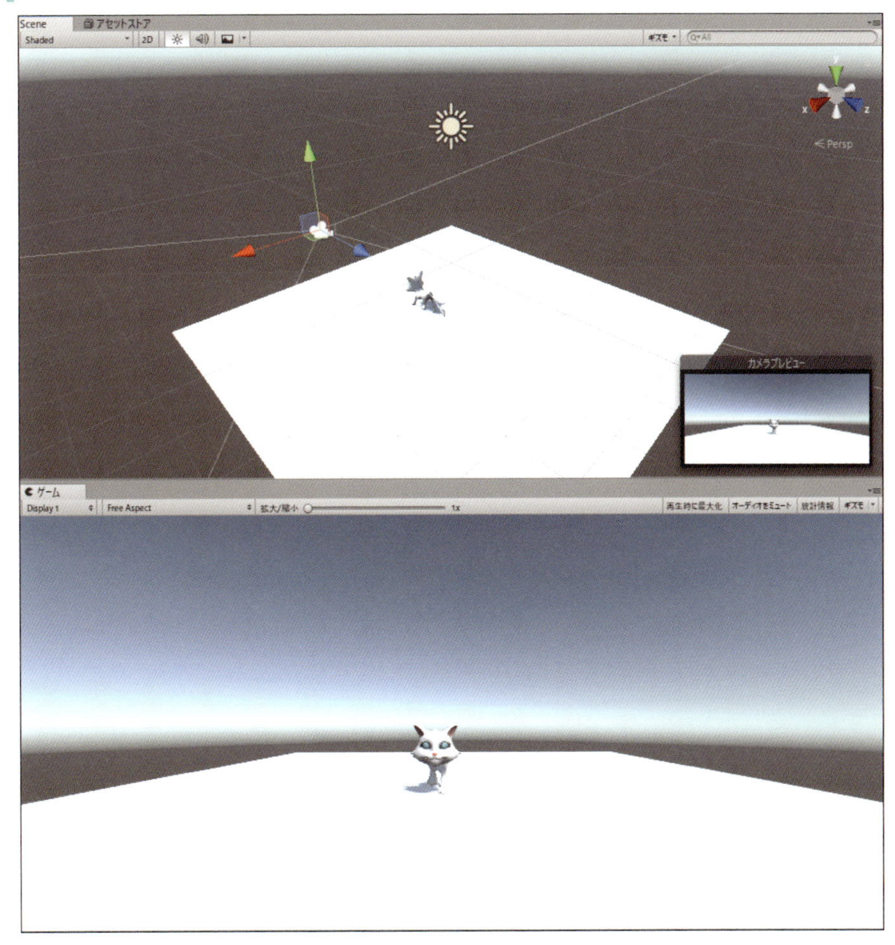

これで再生してみましょう。

画面8のような動きになります。

画面8　cat_Walkが歩いている

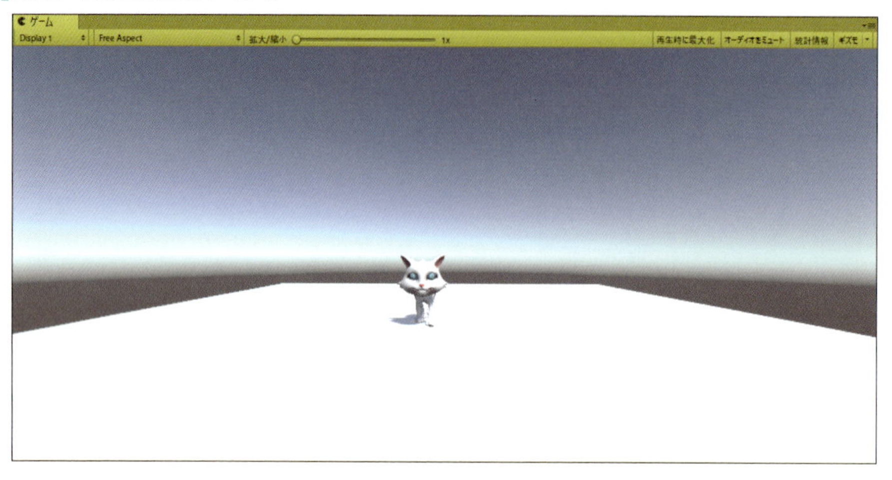

「cat_Walk」は歩いているのですが、一カ所にとどまっていますよね。

これをキーボードの⬆⬅➡キーの操作で、前に進めたり、左右に回転させたりしてみましょう。

そのためにはスクリプトを書く必要があります。

5 ▶▶ スクリプトを書こう

スクリプトは「cat_Walk」の中に書きます。

ヒエラルキーから「cat_Walk」を選んでインスペクターを表示し、**[コンポーネントを追加]**ボタンをクリックして、「新しいスクリプト」を選びます。

[名前]に「CatMoveScript」を指定して、**[作成して追加]**ボタンをクリックします。

すると、インスペクター内に「CatMoveScript」が追加されますので、これをダブルクリックしてVisual Studioを起動し、**リスト1**のコードを書いてください。

リスト1　CatMoveScript

```
using System.Collections;
using System.Collections.Generic;
using UnityEngine;

public class CatMoveScript : MonoBehaviour
```

```
{
    void Update()
    {
        if (Input.GetKey("up"))
        {
            transform.position += transform.forward * 0.01f;
        }
        if (Input.GetKey("right"))
        {
            transform.Rotate(0, 2, 0);
        }
        if (Input.GetKey("left"))
        {
            transform.Rotate(0, -2, 0);
        }
    }
}
```

①
②
③

ここではvoid Update()関数の中にコードを書いていきます。

Update()関数は1フレームごとに呼び出される関数なんですが、こういってもよくわかりませんよね。

簡単に書くと、何度も処理を実行させたい場合にはUpdate()関数内に書く！とおぼえておけばいいと思います。

正確な説明ではないのですが、間違ってはいませんので、ご安心ください。

今はUnityの操作に慣れて、コードを見よう見まねで書くことが先決だと思います。

このコードは5章で説明した、条件分岐の処理です。

① キーボードの[↑]キーが押されたときの処理です。

そのときは、猫の位置を「前方向(forward)」に0.01fを掛けた速度で移動させています。

0.01fを掛けないと、猫の進む速度がめっちゃ速くなるので、0.01fを掛けて移動速度を遅くしています。

「f」と言うのはfloatの略なんですが、floatの意味がわかりませんよね。

「float」とは、「32ビット浮動小数点値を格納する型」なんですが、これでは、ますますわかりませんよね。

ここでは、小数点を含む数値には末尾に「f」を付けるんだ、とおぼえておくだけでいいと思います。

②キーボードの[→]キーが押されたときの処理です。

Y軸を中心に「2」だけ時計回りに回転させることになります。

Rotate(ローテート)とは「回転する」という意味です。

引数にはX、Y、Zを指定します。

だからY軸を中心に、「2」だけ時計回りに回転するということになります。

③キーボードの[←]キーが押されたときの処理です。

Y軸を中心に「-2」だけ反時計回りに回転するということになります。

Visual Studio(ビジュアル スタジオ)メニューの**[ビルド]→[ソリューションのビルド]**を実行しておきましょう。

エラーが出なかったら、Visual Studio(ビジュアル スタジオ)を終了させます。

Unityの画面に戻って再生してみましょう。

[↑]キーで前に進み、[←][→]キーで猫(ねこ)が向きを変えるのがわかると思います(**画面9**)。

画面9　猫(ねこ)が前の方に進んでいる。また向きも変えることができる

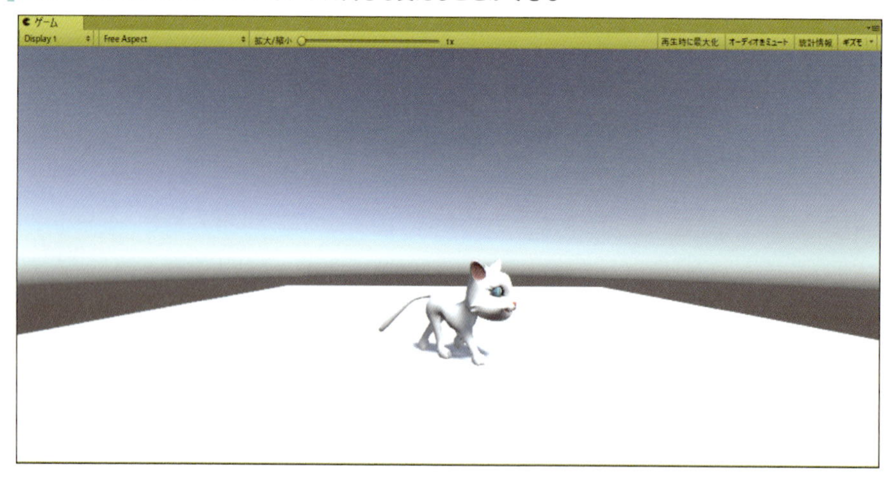

保存!　これを別名で「UnitySample6-1」として保存しておきましょう。

6 ナビゲーションを設定しよう

次は**ナビゲーション（Navigation）**について説明します。

新しいシーンを作成してください。

ナビゲーションとは、「経路探索」と言って、例えばマウスでクリックした位置に、キャラクタが自動的に最短のコースを選んで到達するといった処理になります。

このあと、サンプルを紹介しますので、実際に動くサンプルを見るとわかると思います。

作成するサンプルは、クリックした位置に小さなスフィアが表示されて、そのスフィアに向かって猫が歩いて行くというものです。

いろいろな障害物を配置しておいて、ターゲットとなるスフィアに、その障害物を避けながら、猫が最短の経路を見つけて到達するというサンプルです。

まずは設定方法から説明しましょう。

舞台を作る

まずは、舞台を作る必要があります。

Unityメニューの**[ゲームオブジェクト]→[3Dオブジェクト]**から、平面、キューブ、スフィア、シリンダーなどを配置して、障害物を作成してください。

トランスフォームツールの「移動ツール」や「スケールツール」を使って、皆さんが好きなように障害物を配置したらいいと思います。

その障害物には色も付けておいた方がいいですね。

アセットに色を付ける方法は4章で説明していますからわかりますよね。

マテリアルを作って色をアセットに適用するんでしたね。

筆者は**画面10**のような舞台を作成しました。

障害物を作成するときに、何個もキューブを配置する必要がありますが、そのときはいちいちゲームオブジェクトから指定しなくても、ヒエラルキー内の「Cube」を選んで、マウスの右クリックで表示される**[複製]**を使うと簡単です。

同じ位置に複製（コピー）が作成されますから、トランスフォームツールの「移動ツール」で移動すればいいです。

回転させたい場合は、「回転ツール」を使えばいいです。

画面10　障害物を配置した舞台

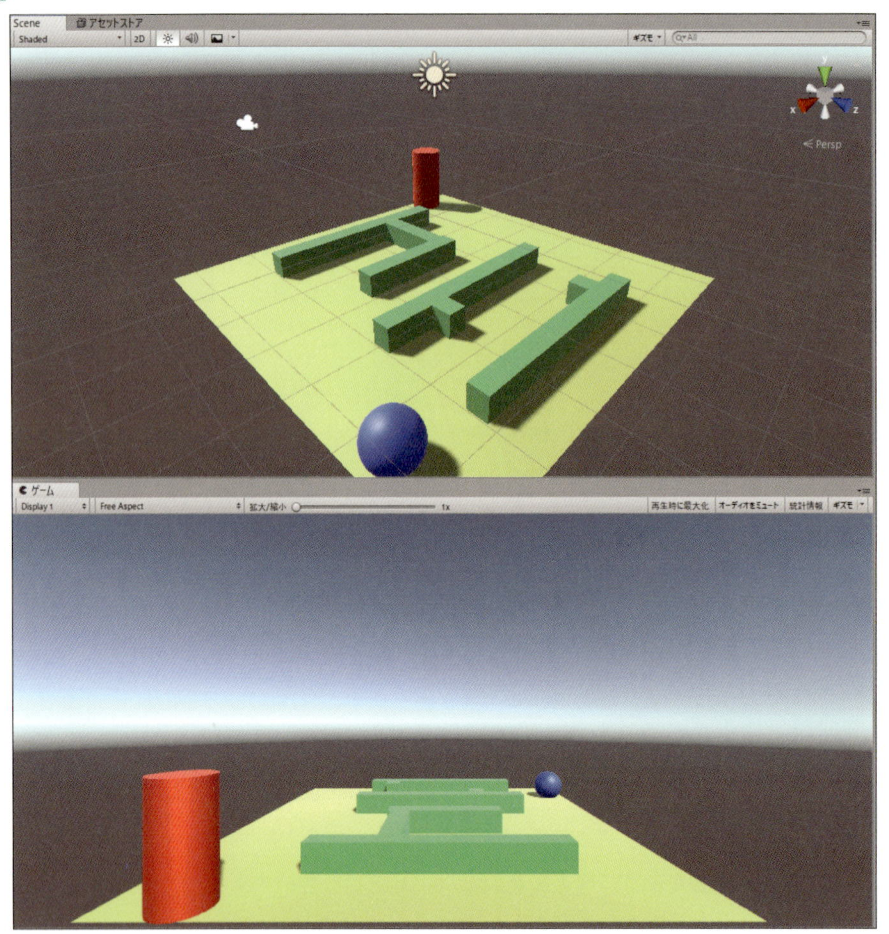

ナビゲーションを設定する

舞台ができたところで、いよいよナビゲーションの設定を行いましょう。

ナビゲーションを表示させるには、Unityメニューの **[ウインドウ]→[AI]→[ナビゲーション]** と選んでください(**画面11**)。

画面11　ナビゲーションを選ぶ

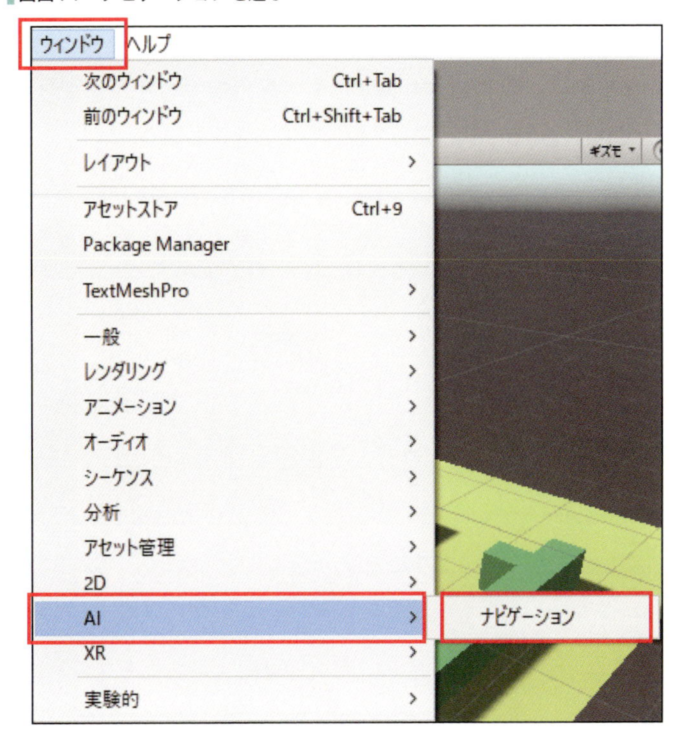

すると、インスペクターの横に**[ナビゲーション]**のタブが追加されます(**画面12**)。

画面12　ナビゲーションのタブが追加された

これは現時点ではこのままにしておいてください。

次にシーン画面内に配置したもので、動かないもの、いわゆる「静物」をすべて選んでください。

この場合は、ヒエラルキーのPlane(プレーン)、Cube(キューブ)のすべて、Sphere(スフィア)、Cylinder(シリンダー)などを指します。

キーボードの[Ctrl]キーを押しながら選ぶと、すべて選ばれた状態になります。

静物をすべて選ばれた状態でインスペクターの「静的」というところにチェックを入れてください(**画面13**)。

保存!

その前に、この画面を先に別名で保存しておいたほうがいいです。この後の作業で先に保存しておかないと、「シーンを保存してください。」のメッセージが表示されますので、先に保存しておきましょう。名前は「UnitySample6-2」にして保存しておきましょう。

画面13　ヒエラルキーから静物をすべて選んで、インスペクターの「静的」にチェックを入れた

この状態から、画面12の**[ナビゲーション]**タブをクリックして、その中の**[ベイク]**ボタンをクリックします。

表示された画面のままで、下の方にある[Bake]ボタンをクリックしてください(画面14)。

画面14　ナビゲーションタブから[ベイク]を選び[Bake]ボタンをクリックする

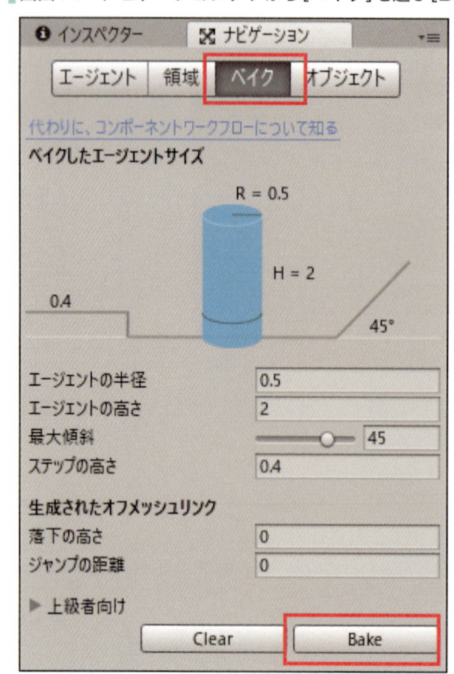

すると、シーン画面が**画面15**のように変化します。

水色で表示されている領域が、猫のキャラクタが移動できる領域になります。

画面15　シーン画面にキャラクタが移動できる領域が設定された

もう、ヒエラルキーで「静物」をすべて選んだ状態を解除してもかまいません。

次にもう一つ、いつもの手順で「スフィア」を配置しましょう。

配置場所はどこでも構いませんが、インスペクターから「トランスフォーム」の**[拡大/縮小]**のX、Y、Zに「0.1」を指定して、ごく小さいスフィアにしておきます。

色は「黒色」を適用させておきましょう。

平面にうまく接するように配置してください(**画面16**)。

このスフィアの名前を、ヒエラルキーのマウスの右クリックで表示される**[名前を変更]**から「Target」という名前に変更しておいてください。

画面16　小さな黒い「スフィア(Target)」を配置した

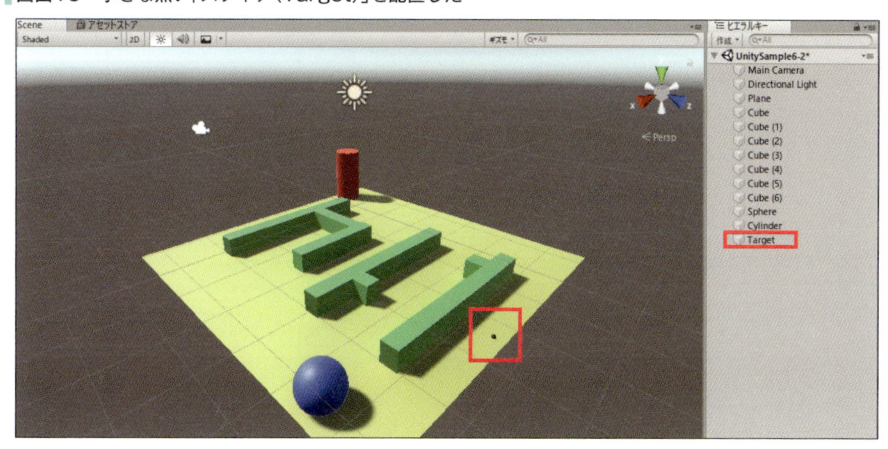

6

7 ▶ Targetのプレファブを作ろう

いま作成した小さな黒色のスフィア、名前は「Target」ですね。

ヒエラルキー内の「Target」を選んで、プロジェクトのAssetsフォルダにドラッグ＆ドロップしましょう。

これだけで、「Target」のプレファブが作成できます（**画面17**）。

これも4章で説明しているからわかりますよね。

画面17　Targetのプレファブを作成した

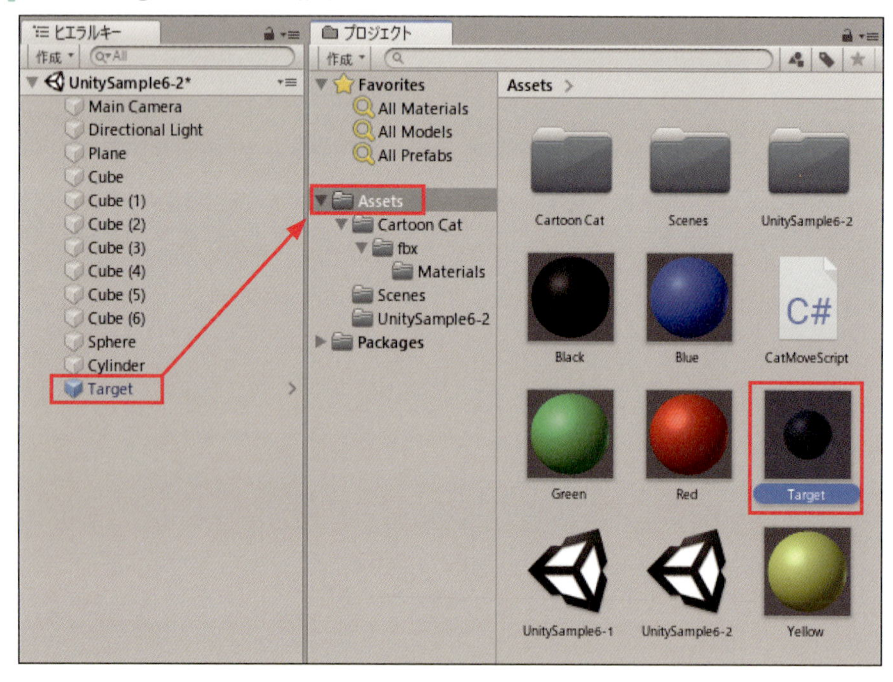

「Targetのプレファブ」が作成されれば、ヒエラルキー内のTargetはもう不要ですので、削除しておきましょう。

8 ▶▶ Cartoon Catの配置と設定 

次に、プロジェクトの「Cartoon Cat」の「fbx」フォルダ内にある、「cat_Walk」をシーン画面の適当な場所に配置してください。

この「cat_Walk」を動かす設定は**画面5**と**画面6**で設定済みですので、もうこのままシーン画面に配置するだけ構いません（**画面18**）。

画面18　cat_Walkをシーン画面に配置した

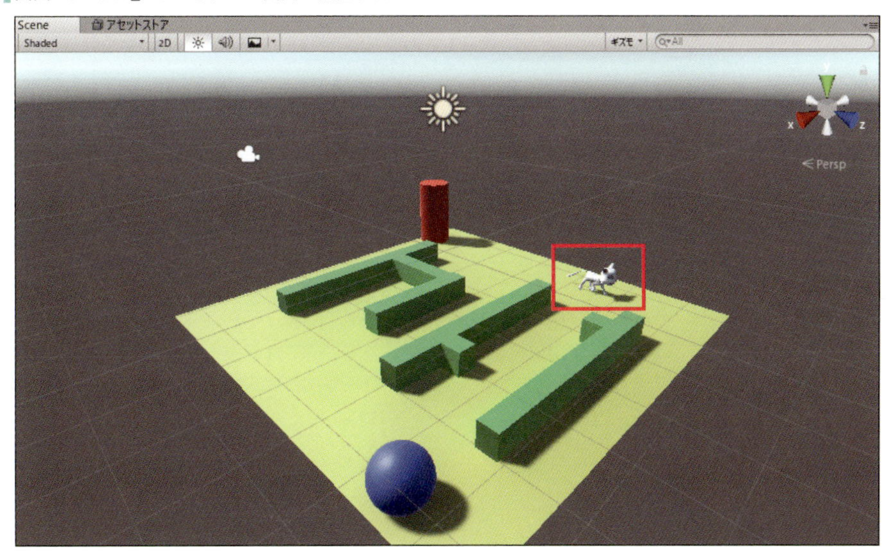

次に、ヒエラルキーから「cat_Walk」を選んでインスペクターを表示しましょう。

[コンポーネントを追加]ボタンをクリックして、検索欄に「Agent（エージェント）」と入力します。

すると「ナビメッシュエージェント」が表示されますので、これを選んでください（**画面19**）。

画面19　「ナビメッシュエージェント」を選ぶ

コンポーネントを追加
Agent
検索
ナビメッシュエージェント
新しいスクリプト

すると「ナビメッシュエージェント」がcat_Walk（キャットウォーク）のインスペクター内に追加されます（画面20）。

この部分は何も設定する必要はないので、このままにしておくだけです。

画面20　cat_Walk（キャットウォーク）に「ナビメッシュエージェント」が追加された

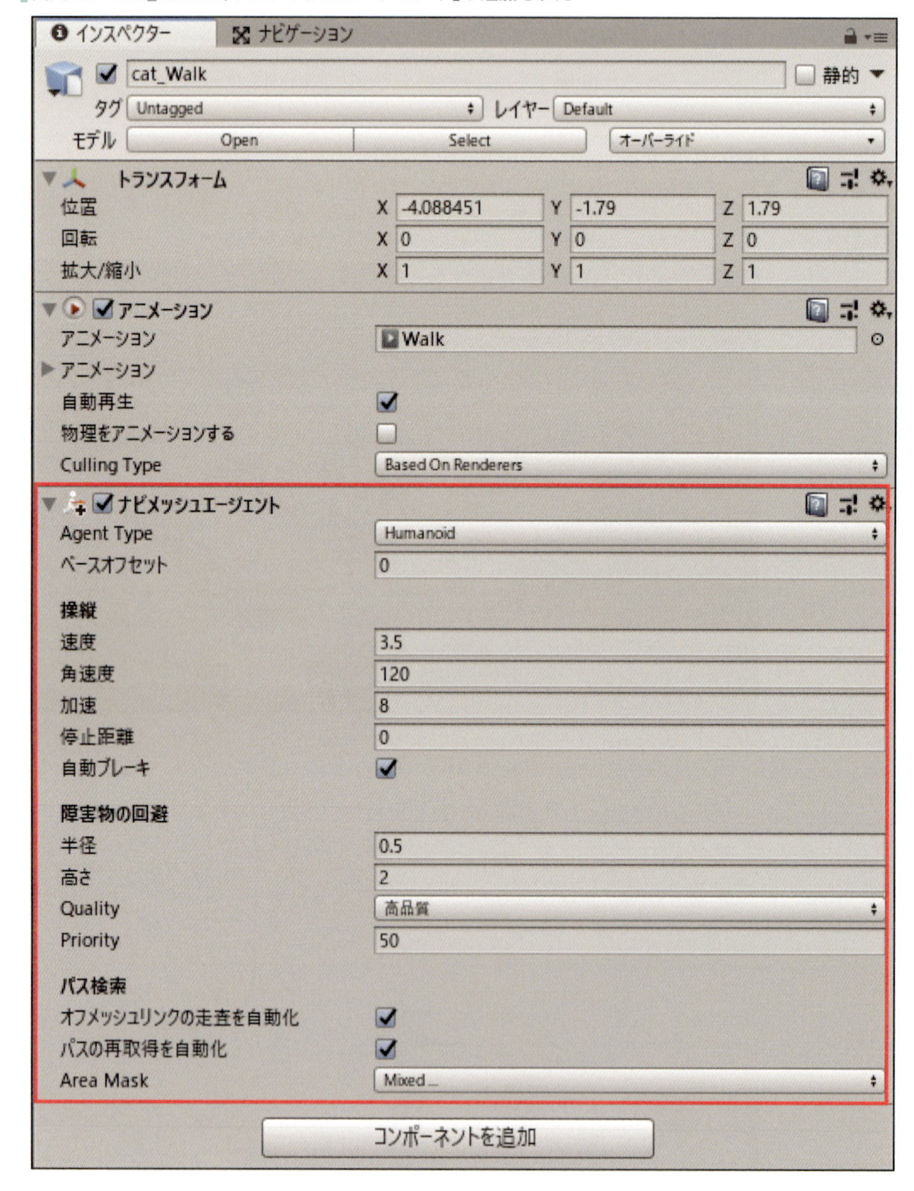

9 ▶▶ スクリプトを書こう

ここまでできたら、後はスクリプトを書くだけです。

スクリプトは「cat_Walk（キャットウォーク）」に書きます。

インスペクターの**[コンポーネントを追加]**から「新しいスクリプト」を選んで、**[名前]**に「GotoTargetScript（ゴートゥターゲットスクリプト）」と指定して、**[作成して追加]**ボタンをクリックします。

インスペクターに「GotoTargetScript（ゴートゥターゲットスクリプト）」が追加されますので、これをダブルクリックしてVisual Studio（ビジュアル スタジオ）を起動して、**リスト2**のスクリプトを記述してください。

リスト2　GotoTargetScript（ゴートゥターゲットスクリプト）

```
using System.Collections;
using System.Collections.Generic;
using UnityEngine;
using UnityEngine.AI; ①
public class GotoTargetScript : MonoBehaviour
{
    NavMeshAgent agent; ②
    public GameObject target; ③
    Vector3 myPosition; ④

    void Start()
    {                                          ┐
        agent = GetComponent<NavMeshAgent>(); ⑥ ├ ⑤
    }                                          ┘

     void Update()                                                       ┐
    {                                                                    │
        if (Input.GetMouseButtonDown(0)) ⑧                               │
        {                                                                │
            RaycastHit hit; ⑨                                            │
            Ray ray = Camera.main.ScreenPointToRay(Input.mousePosition); ⑩ ├ ⑦
            if (Physics.Raycast(Camera.main.ScreenPointToRay(Input.      │
mousePosition), out hit, 100)) ⑪                                         │
            {                                                            │
                Instantiate(target, hit.point, Quaternion.identity); ⑫   │
                agent.destination = hit.point; ⑬                         │
            }                                                            │
        }                                                                ┘
    }
}
```

このコードは、皆さんには難しいかもしれません。

できるだけわかりやすく説明はしますが、わからなくても見よう見まねで、とにかくコードを自力で打ち込んでください。

①Using文でUnityEngine.AI名前空間をインポートします。

「名前空間」とは何でしょうか？

簡単に説明するとフォルダのようなもので、そのフォルダの中に入っているプログラミングに必要なものを使うのです。

ここは「ナビゲーション」を使っていますよね。

この「ナビゲーション」は画面11を見ると「AI」という中に入っていましたね。

だから、「UnityEngine.AI」というフォルダの中に入っている命令を使うために、このフォルダを読み込んでおく必要があるのです。

②NavMeshAgent型の変数agentを宣言します。

ここでは「ナビゲーション」を使っているので、NavMeshAgent型の変数が必要です。

③publicでGameObject型のtargetを宣言します。

publicの役割は以前説明していましたよね。

インスペクターの中に、この変数名が表示されるんでしたね。

④Vector3型の変数myPositionを宣言します。

Vector3とは3次元の座標値であるX、Y、Zを表す型と思っておきましょう。

⑤Start()関数で、これは最初に一度だけ呼び出される関数です。

⑥GetComponentでNavMeshAgentコンポーネントにアクセスして変数agentで参照します。

これはこのままの意味としておぼえておきましょう。

⑦Update()関数は、リスト1で説明していますから、そちらを読んでください。

⑧マウスの左ボタンがクリックされたという意味です。

引数に「0」を指定すると、マウスの左ボタン、「1」を指定すると、マウスの右ボタンをクリックした、という意味になります。

⑨RayCastHitのRayとは光線の意味なんです。

実際に光線が飛ぶんです。

レイは、Main Cameraからクリックした方向に向けて光線を無限に飛ばすんです。

そこで、RayCastHit型で、レイを飛ばしたときに、レイとオブジェクトが衝突したときの情報を得るための変数「hit」を宣言しています。

⑩Ray型のrayを宣言し、マウスをクリックした位置にレイを飛ばしています

⑪飛ばしたレイがマウスをクリックした位置と衝突した場合という意味になります。

⑫Instantiateを使って、レイが当たった位置にtargetを表示させます。Instantiateとは複製を作成する関数です。書式は下記のようになります。

```
Instantiate(複製を作るオブジェクト,複製を作る位置,複製を回転させるかどうか)
```

「複製を作るオブジェクト」には、publicで宣言したtarget変数を指定します。
これはTargetのプレファブ(黒い小さな球体)を指します。
「複製を作る位置」は、レイが、マウスでクリックした位置と、衝突した位置で、この場合はhit.pointになります。
「複製を回転させるかどうか」では、小さな黒い球体を複製して表示します。
ですから、回転の必要はありませんので、Quaternion.identityを指定するといいです。
これは決まりごとです。

⑬agent、この場合は「cat_Walk(猫)」を、Target(黒い小さな球体)が表示された位置に移動させるという意味です。

説明は以上なんですが、わかりましたか？
たぶん難しいですよね。
とにかく、自分で、手入力で、このコードを打ち込んでいきましょう！
そのうち理解ができるように、きっとなりますからね。
Visual Studioメニューの**[ビルド]→[ソリューションのビルド]**を実行します。
エラーが出なければ、Visual Studioを閉じてUnityの画面に戻ります。
すると、cat_Walkのインスペクターの「Goto Target Script(Script)」の中に**リスト2**の③で宣言しておいたtargetが「ターゲット」として表示されています。
ここに、Assetsフォルダ内の「Targetのプレファブ」をドラッグ＆ドロップしてください(**画面21**)。

画面21　ターゲットにTarget（ターゲット）のプレファブを指定する

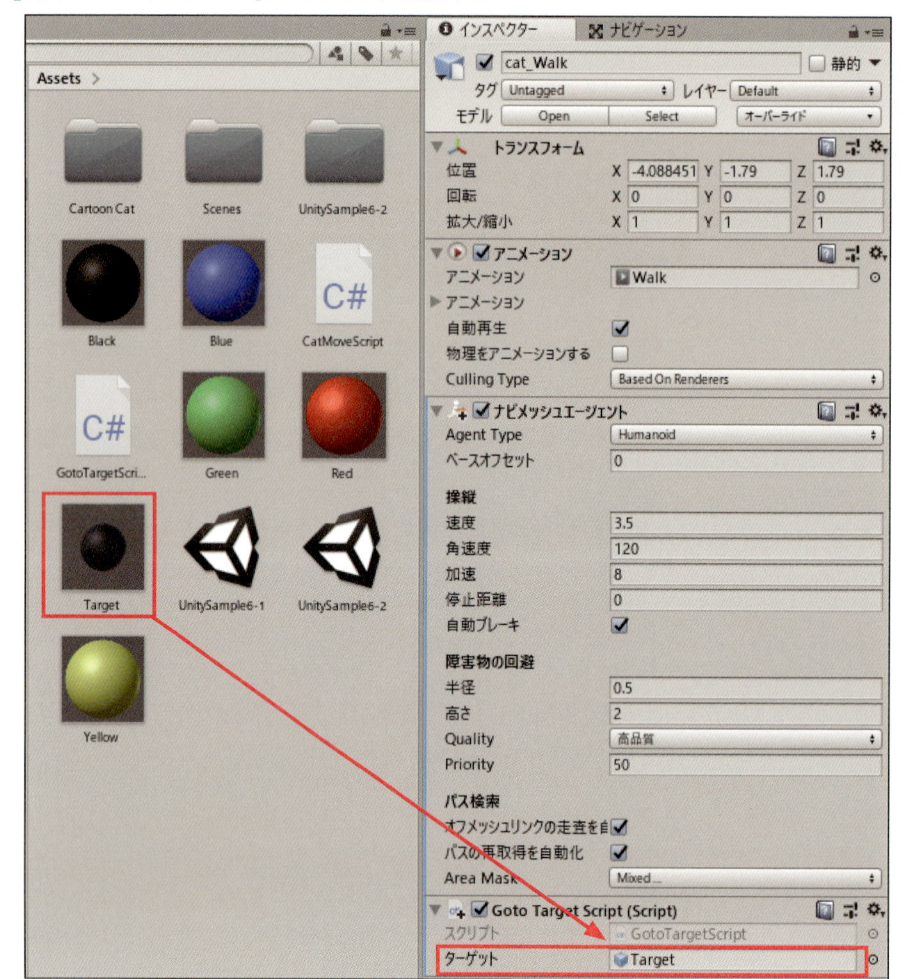

これで完成なんですが、まだカメラがついていくことができていないですね。カメラがついていくのは5章で説明しているのですが、手順は憶えていますか？また簡単に説明しておきます。

10 ▶▶ カメラがついていく

アセットストアから「Standard Assets」をダウンロードする必要があります。

Unityに表示されているアセットストアのタブの上でマウスの右クリックをして、**[最大化]**を選びましょう。

検索欄に「Standard Assets」と入力し、表示される検索結果の一覧から、「Standard Assets」を選んでください。

ダウンロードのページが表示されます。

皆さんは、一度ダウンロードしていますから**[インポート]**と表示されているはずです。

[インポート]をクリックしてください。

「Import Unity Package」の画面が表示されるので、**[インポート]**をクリックします。

いま取り込んだ「Standard Assets」のファイルは「プロジェクト」の中に取り込まれています。

猫のキャラクタをカメラが追いかけるには、「Standard Assets」の**[Cameras]**→**[Prefabs]**フォルダ内にある、「FreeLookCameraRig」を使います。

このカメラは、マウスの移動で視点を自由に変えることができたり、もちろんカメラがキャラクタについていくこともでき、大変に便利なカメラです。

FreeLookCameraRigの設定

FreeLookCameraRigをシーン画面の適当な位置にドラッグ＆ドロップします。

以前からあったヒエラルキー内の「Main Camera」はもう不要なので削除しておきましょう。

ヒエラルキー内のFreeLookCameraRigを選んでインスペクターを表示させてください。

設定するのは、「Free Look Cam (Script)」内の「ターゲット」とあるところに、ヒエラルキーからcat_Walkをドラッグ＆ドロップしてもいいのですが、「Auto Target Player」にチェックがついていますよね。

これは、「自動的に追いかけるターゲットはPlayerとする」という意味なんです。

どういうことか簡単に説明します。

ヒエラルキーからcat_Walkを選んでインスペクターをまずは表示してください。

インスペクターの「タグ」が「Untagged」になっています。

右端の⬚アイコンをクリックして、表示される項目から「Player」を選ぶのでしたね。

「タグ」はアセットを分類するものだと思っておいてください。

これで、cat_Walkのタグは「Player」に分類されたことになります。

ここでは、ここまでの設定でOKです。よくわからない人は、画面付きで説明している5章を読みなおすといいです。

再生してみましょう。

画面22のように、マウスでクリックした位置にTargetとなる黒い小さなスフィアが表示されて、そのターゲットに向かって猫が歩いて行っています。

このように、猫が目的となる場所に、障害物を避けながら、自分で道筋を見つけて目的地に到達することを、「経路探索」と言うのです。

画面22　マウスでクリックした位置にTargetとなる黒い小さなスフィアが表示されて、そのターゲットに向かって猫が歩いて行っている

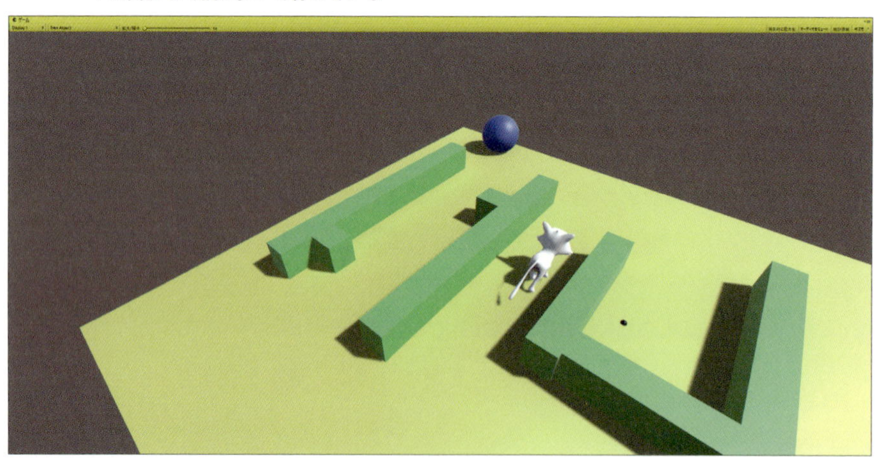

保存!　これを[保存]で上書き保存しておきましょう。

では次は「人型のキャラクタの後を動物が追いかける方法」について説明しましょう。

11 ▶▶ 人間を動物が追いかける方法

舞台(ぶたい)は画面10をそのまま使います。ナビゲーションの設定もすでに設定済とするため、いま保存した「UnitySample6-2」を「UnitySample6-3」として別名で保存しておいてください。

黒い小さなスフィアは使いません。

ここでは5章で使った「01_kohaku_B(ゼロワンコハクビー)」の後を複数の猫(ねこ)が追いかけていくサンプルを作ってみましょう。

ヒエラルキー内のcat_Walk(キャットウォーク)も一応削除しておいてください。

まずは5章を参考に「UNITY-CHAN! OFFICIAL WEBSITE」から「Kohaku Otori HUMANOID」をダウンロードするのですが、皆さんはすでに、01_kohaku_B.unitypackageをもっておられますので、Unityメニューの[アセット]→[パッケージをインポート]→[カスタムパッケージ」と選んで、01_kohaku_B.unitypackageをインポートしてください。

次に、アセットストアから、5章を参考に「Mecanim Locomotion Stater Kit(メカニム ロコモーション スターター キット)」もインポートしておきましょう。

インポートした01_kohaku_B(ゼロワンコハクビー)を障害物のあるシーン画面に配置します。

場所はどこでも構いません(**画面23**)。

画面23　シーン画面に01_kohaku_Bを配置した

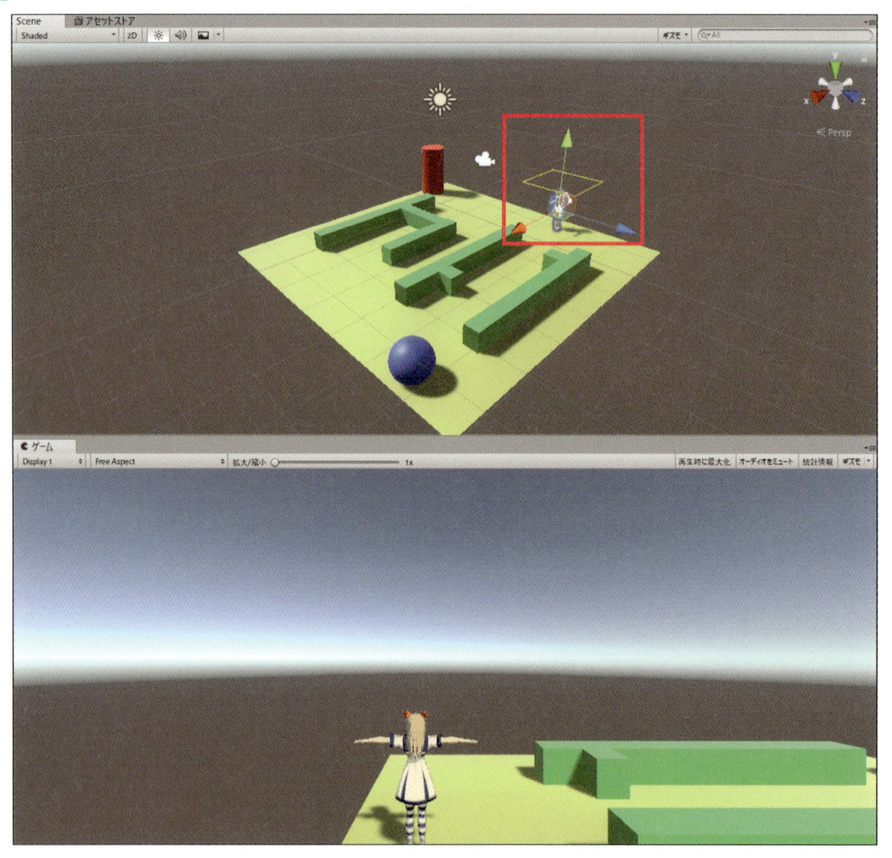

◉ 01_kohaku_Bをキーボードで操作できるようにする

この方法も5章で説明していますので、簡単に説明しておきます。

わからない人は画面付きの5章を読んでください。

シーン画面に配置した01_kohaku_Bか、ヒエラルキー内の01_kohaku_Bを選んでインスペクターを表示します。

まず、このインスペクターの中で重要なのは、「アニメーター」の「Controller」のところです。

右端にある◎アイコンをクリックしてください。

そうすると、「Select RuntimeAnimatorController」の画面が表示されます。

この中から、「Locomotion」を選ぶと、Controllerの中に「Locomotion」が指定されます。

この「Locomotion」は「Mecanim Locomotion Stater Kit」の中に含まれているコントローラーなんです。

次に、インスペクターの**[コンポーネントを追加]**ボタンをクリックして、**[物理]**→**[キャラクターコントローラー]**と選びます。

すると、インスペクター内に「キャラクターコントローラー」が追加されます。

この中の**[中心]**のYの値に「1」を必ず指定しておいてください。

ここに「1」を指定しておかないと、再生した場合に、01_kohaku_B（ゼロワンコハクビー）がほんのすこし平面から浮いた状態になります。

必ず「1」を指定しておきましょう。

最後に、インスペクターの**[コンポーネントを追加]**ボタンをクリックして、**[スクリプト]**→**[Locomotion Player（ロコモーションプレイヤー）]**と選びます。

すると、インスペクター内に「Locomotion Player(Script)（ロコモーションプレイヤースクリプト）」が追加されます。

これで、「一応」設定は終わりです。

ヒエラルキー内の01_kohaku_B（ゼロワンコハクビー）を「Target（ターゲット）」という名前に変更しておいてください。

次に、シーン画面にcat_Walk（キャットウォーク）を配置します。

場所はどこでも構いません。

ヒエラルキーに追加されたcat_Walk（キャットウォーク）を選んで、マウスの右クリックで表示されるメニューからcat_Walk（キャットウォーク）の複製を作っておきましょう。

5匹くらい作ればいいと思います（**画面24**）。

複製は同じ位置に重なって作成されますので、トランスフォームツールの「移動ツール」で移動させて、適当な位置に配置してください。

画面24　複数のcat_Walk（キャットウォーク）を配置した

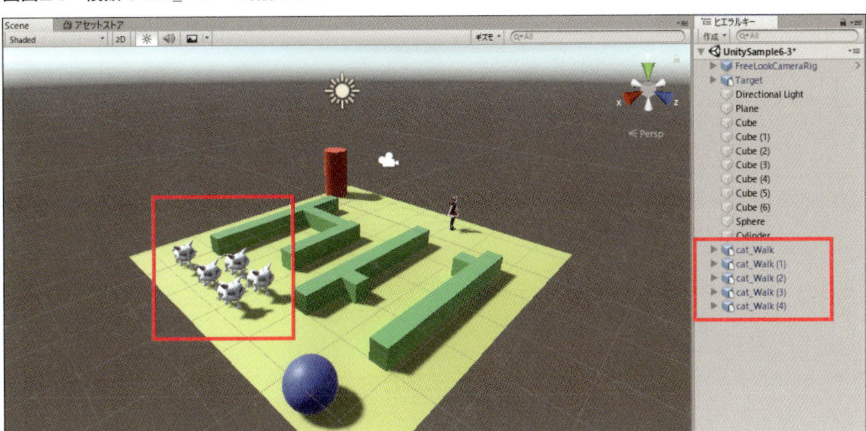

ヒエラルキーからすべてのcat_Walk（キャットウォーク）を選んでインスペクターを表示します。

[コンポーネントを追加]ボタンをクリックして、検索欄（けんさくらん）に「Agent（エージェント）」と入力して表示される、「ナビメッシュエージェント」を追加してください。

すべてのcat_Walk（キャットウォーク）に追加する必要があります。

12 ▶ スクリプトを書こう

ここまでできたら、後はスクリプトを書くだけです。

スクリプトはすべてのcat_Walkに書く必要があります。

ヒエラルキーからすべてのcat_Walkを選んで、インスペクターの**[コンポーネントを追加]**から「新しいスクリプト」を選んで、**[名前]**に「KohakuTargetScript」と指定して、**[作成して追加]**ボタンをクリックしてください。

インスペクターに「KohakuTargetScript」が追加されますので、これをダブルクリックしてVisual Studioを起動し、**リスト3**のスクリプトを記述します。

リスト3　KohakuTargetScript

```
using System.Collections;
using System.Collections.Generic;
using UnityEngine;
using UnityEngine.AI;
public class KohakuTargetScript : MonoBehaviour
{
    public GameObject target;
    NavMeshAgent agent;
    void Start()
    {
        agent = GetComponent<NavMeshAgent>();
    }

     void Update()
    {
        agent.destination = target.transform.position; ①
    }
}
```

リスト2ですでに説明していますので、必要なところのみ説明します。

①ナビメッシュエージェントの設定されている猫(cat_Walk)が、publicな変数targetに指定されたGameObject(01_kohaku_B)の後をついていく処理です。

Visual Studioのメニューの**[ビルド]→[ソリューションのビルド]**を実行します。エラーが出なければVisual Studioを終了してUnityの画面に戻ります。

ヒエラルキーからすべてのcat_Walkを選んでインスペクターを表示させてください。

「Kohaku Target Script (Script)」内に、**リスト3**でpublicで宣言していた「target」が「ターゲット」として表示されますので、この位置にヒエラルキー内のTargetをドラッグ&ドロップします。

このTargetは、もとの名前は「01_kohaku_B」であったものです(**画面25**)。

画面25　ターゲットの位置にヒエラルキー内のTargetをドラッグ&ドロップする

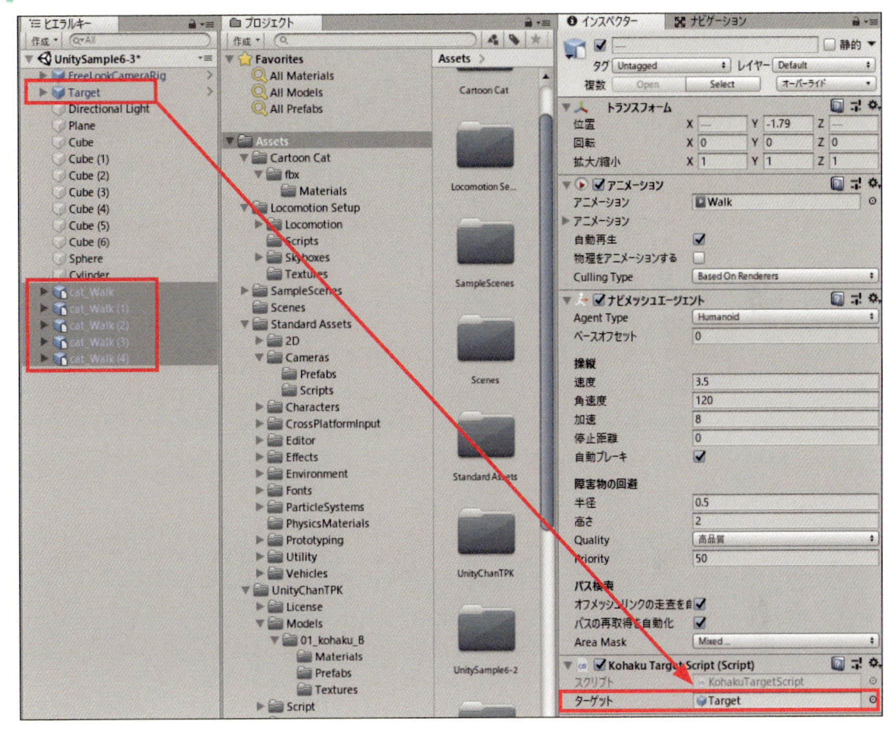

これで完成です。再生してみましょう。

画面26のように、逃げる01_kohaku_Bの後を複数の猫が追いかけてきます。

少し猫が大きかったですね。もう少しサイズを小さくすればいいかもしれません。

画面26　01_kohaku_Bの後を複数の猫が追いかける

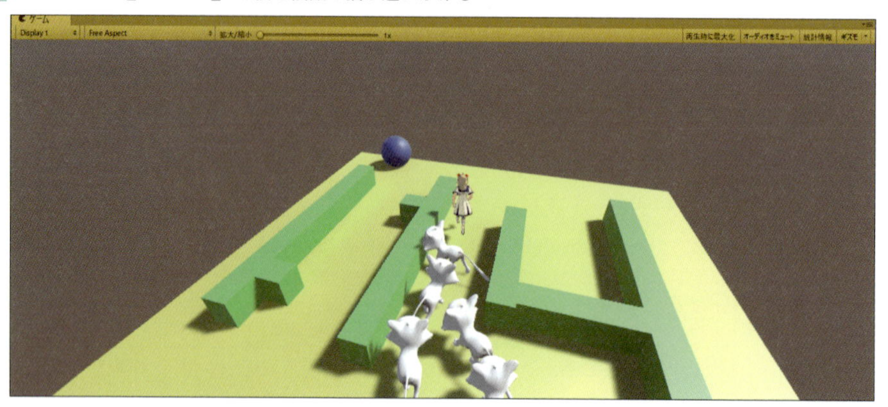

[保存]で上書き保存しておきましょう。

次へ

次の第7章では、人型のキャラを光らせる方法について説明します。

キャラを光らせる

この章では、ゾンビのキャラクタを発光させるのに必要なものを入手する方法や、ゾンビのキャラクタの身体に発光体を適用させる方法、それに、ボタンクリックでゾンビのキャラクタを発光させる方法について説明します。

1 ▶ プロジェクトを作ろう

最初にプロジェクトを作ります。

デスクトップ上に表示されているUnity Hubのアイコンをダブルクリックしてください。

Unity Hubが起動するので、**[新規]**から「UnitySample_7」というプロジェクトを作成します。

[Create project]ボタンをクリックするとUnityが起動します。

2 ▶ 発光に必要なものを入手しよう

◉ 発光させるアセットを入手する

キャラクタを発光させるアセットは、今まで通りアセットストアからダウンロードします。

ここで使うアセットは「KY Magic Effect Free」という名前のアセットになります。

アセットストアに入って検索欄に「KY Effect」と入力し、表示される一覧から、「KY Magic Effect Free」を選ぶとダウンロード画面が表示されます(**画面1**)。

画面1 「KY Magic Effect Free」のダウンロード画面

筆者は、このアセットは何度も使っておりダウンロードは完了していますので、**[インポート]**と表示されています。

初めて使う読者には**[ダウンロード]**と表示されているはずです。

筆者はこのまま**[インポート]**をクリックします。

すると、「Import Unity Package」の画面が表示されるので、**[インポート]**ボタンをクリックしてください(**画面2**)。

画面2　[インポート]をクリックする

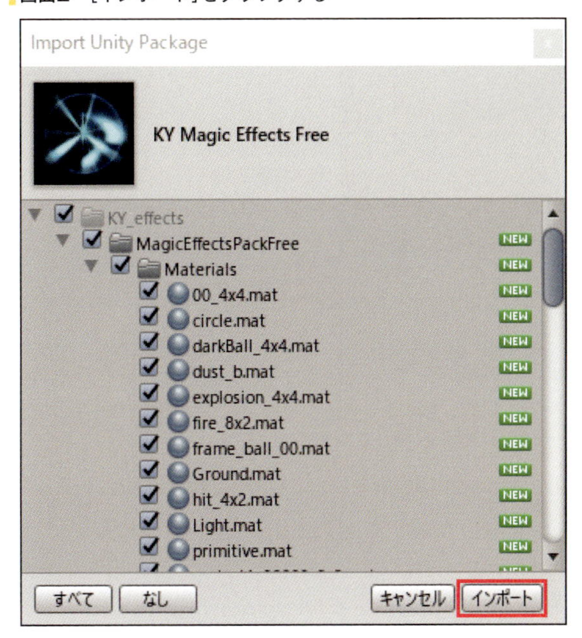

キャラクタを入手する

発光体を適用させるキャラクタ(ゾンビ)もダウンロードしておきましょう。

検索欄に「Modern Zombie」と入力します。

「Modern」というのは「しゃれている」という意味ですが、ゾンビにおしゃれも何もあるんでしょうかね?

表示される一覧から、「Modern Zombie Free」を選びます。

これは「ゾンビ」のキャラクタです。

ダウンロードの画面が表示されます(**画面3**)。

画面3　Modern Zombie Freeのダウンロード画面

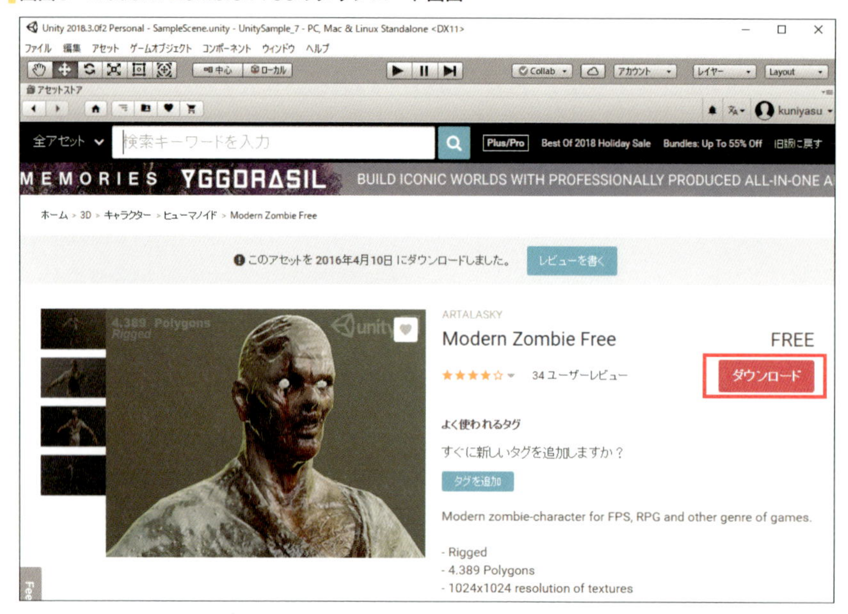

筆者も、このゾンビのアセットはここで初めて使いますので、**[ダウンロード]**と表示されています。

[ダウンロード]→[インポート]と進めます。

インポートすると、「Import Unity Package」の画面が表示されますので、**[インポート]**ボタンをクリックしてください（**画面4**）。

画面4　[インポート]ボタンをクリックする

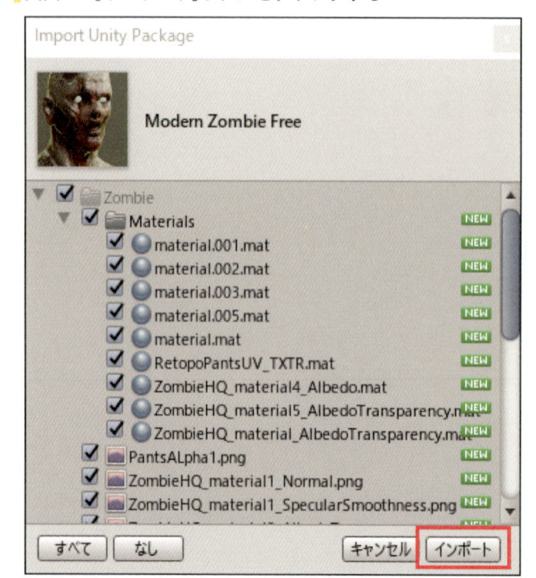

これで必要なアセットのインポートは終わりましたので、アセットストアの最大化を外して、シーン画面を表示させましょう。

いま取り込んだアセットは、プロジェクトの中に取り込まれています(**画面5**)。

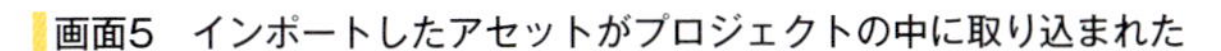

画面5　インポートしたアセットがプロジェクトの中に取り込まれた

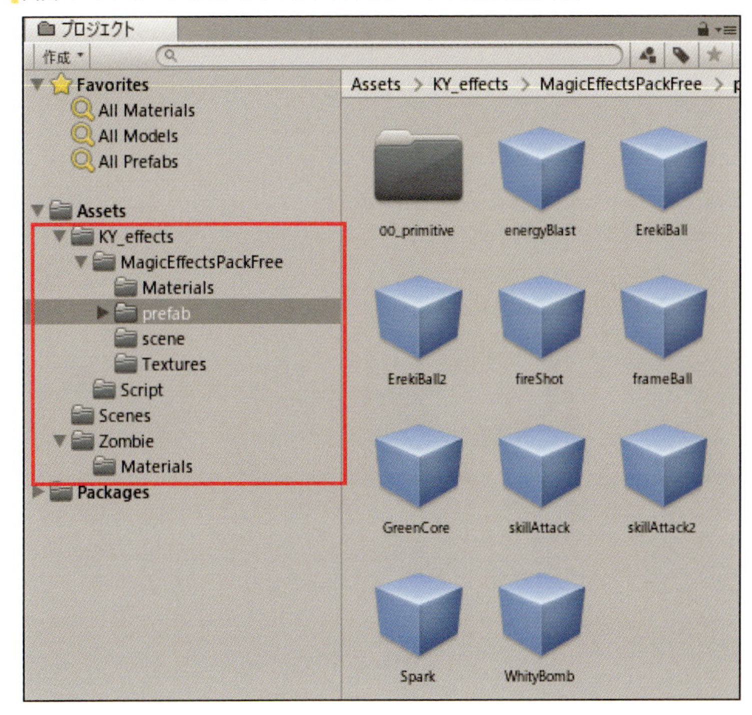

7

3 ▶▶ 舞台を作ろう 

Unityメニューの**[ゲームオブジェクト]**→**[3Dオブジェクト]**→**[平面]**と選んで、シーン画面に平面を配置し、ゲーム画面を見ながら、「移動ツール」で下の方に下げておきます。

次に、「プロジェクト」のZombieフォルダに「ZombieRig.prefab」があるので、これをシーン画面の平面の上にドラッグ＆ドロップします(**画面6**)。

画面6　ZombieRig.prefabを平面の上に配置する

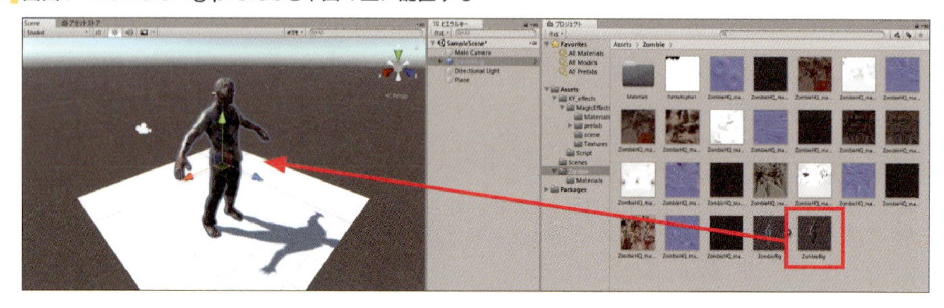

ZombieRigは2つ存在しています。

どちらを使ってもいいのですが、ZombieRig.prefabという拡張子が「.prefab」のゾンビのほうが格好がいいと思います。

ファイル名は、ZombieRigを選ぶと、その一番下方に表示されるので確認するといいです。

「拡張子」とは？

「拡張子」ってわかりますか？

「拡張子」とは、ファイルの種類を識別するために、ファイル名の末尾につけられる文字列のことです。

Wordを知っていたら、そのファイルならAAA.docxとか、ExcelならAAA.xlsxの拡張子がついていますね。

.docxとか.xlsxが拡張子と呼ばれます。

画面6をゲーム画面で見るとカメラに背を向けていますので、ZombieRigを選んで、インスペクターを表示させて、「トランスフォーム」の**[回転]**の「Y」に「180」を指定しましょう。

そうするとゾンビがカメラの方を向きます。
「Main Camera」もZombieRigに近づけておきましょう（**画面7**）。

画面7　ZombieRigをカメラの方に向けた

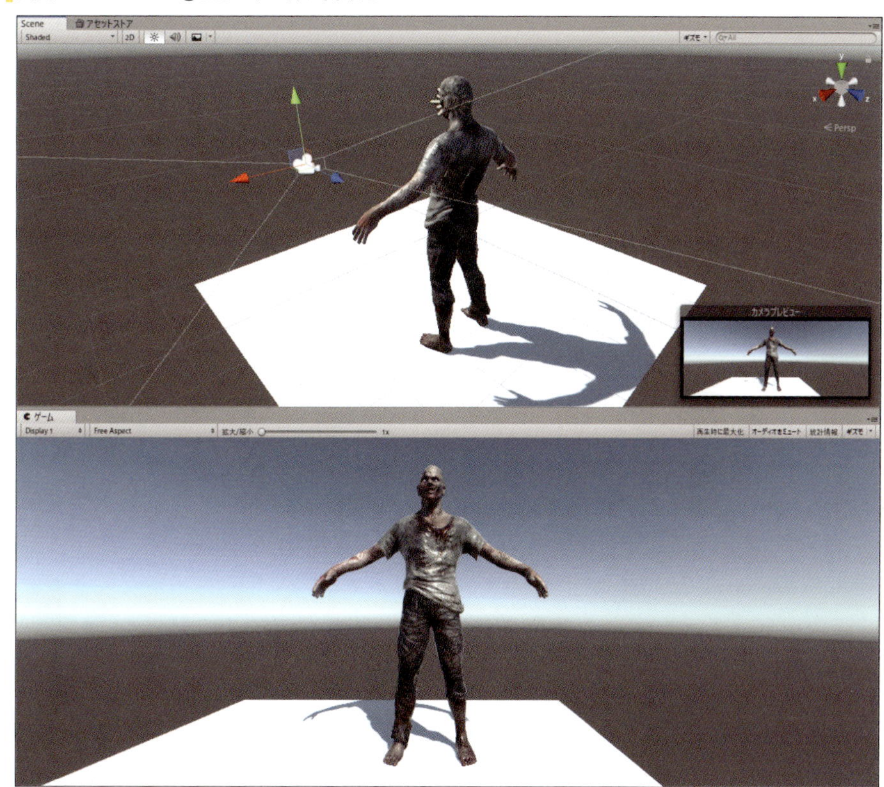

4 ゾンビを発光させよう

「プロジェクト」内の[KY_effects]→[MagicEffectspackFree]→[prefab]の中にある、「energyBlast」をヒエラルキー内のZombieRigの上にドラッグ&ドロップします(画面8)。

画面8　energyBlastをヒエラルキー内のZombieRigの上にドラッグ&ドロップする

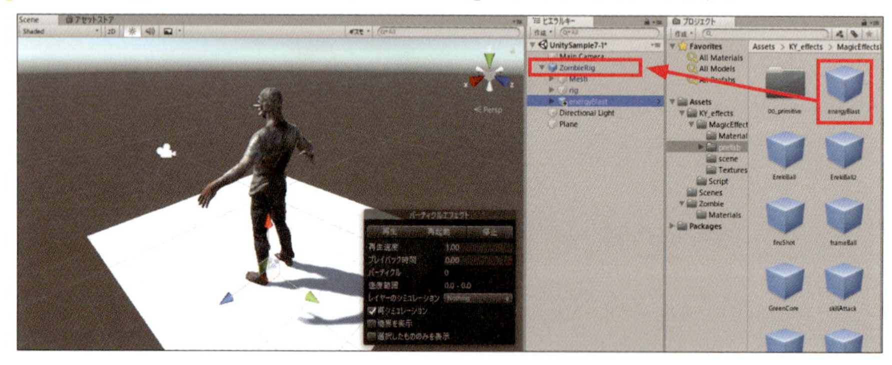

すると一瞬シーン画面のZombieRigの上で、energyBlastが実行されます(画面9)。

画面9　一瞬ZombieRigの上で、energyBlastが実行された

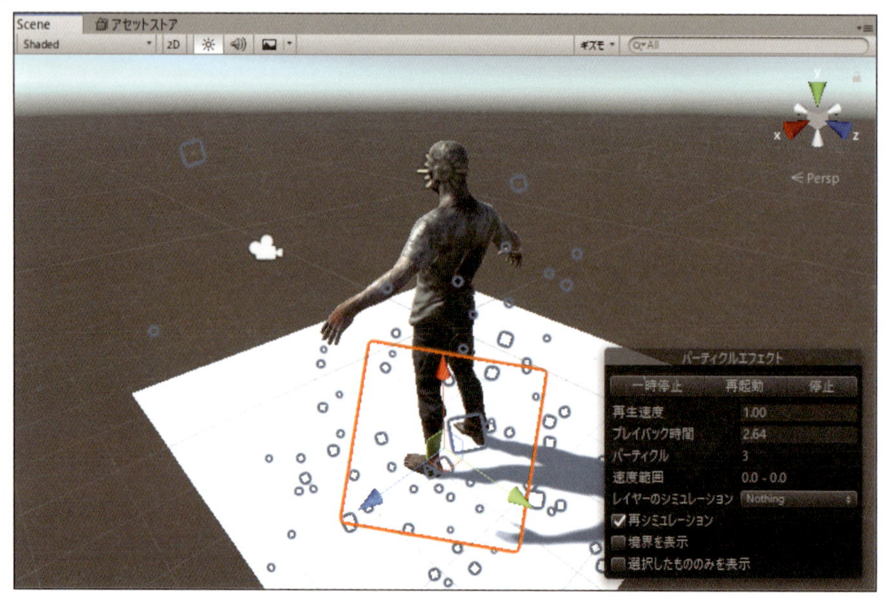

energyBlastが一瞬だけ実行されたのでは意味がないですよね。

永遠に実行される必要があります。

ヒエラルキー内のZombieRigに追加したenergyBlastのインスペクターの中に、「パーティクルシステム」が追加され、その中にenergyBlastがあります。

この中に、「ループ」という項目があります。

最初はこの項目にチェックがついていないので一瞬で終わったのです。

だから、この「ループ」にチェックを入れると永遠にenergyBlastが実行されることになります（画面10）。

「ループ」とは？

「ループ」というのは、6章でも説明していますが輪っかという意味で、「繰り返す」という意味です。

画面10　energyBlastの[ループ]にチェックを入れる

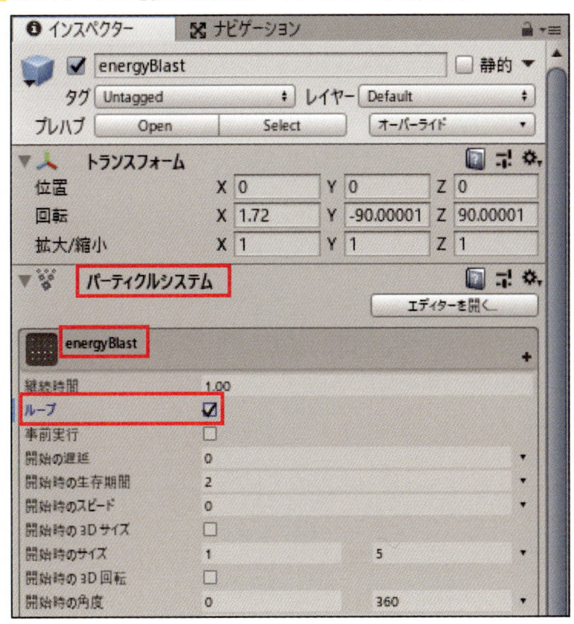

[ループ]にチェックを入れると、energyBlastは永遠に繰り返し実行されるのですが、ゲーム画面を見ると、energyBlastの表示位置が下の方に表示されていますね（画面11）。

これではまずいので、身体の中心に持ってきてZombieRigの前面に表示されるようにしましょう。

画面11　energyBlastの表示位置が下の方に表示されている

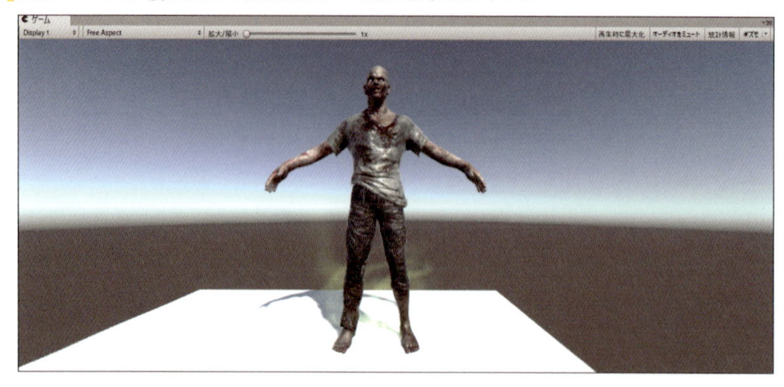

energyBlastをZombieRigの前面に出して、身体の中心に持ってくるには、ヒエラルキーのZombieRigを展開して、その中に配置してある、「energyBlast」を選び、トランスフォームツールの「移動ツール」を使います。

ここでは、赤い矢印のY軸で上に移動して、黄緑の矢印のZ軸でZombieRigの前面に表示させるといいです。

通常は、「赤い矢印」がX軸で、「黄緑の矢印」がY軸、そして「青い矢印」がZ軸になるはずなのですが、画面12では、「赤い矢印」がY軸、「青い矢印」がX軸、「黄緑の矢印」がZ軸になっています。

「移動ツール」の3方向の矢印の色が、ここでは、いつもとちがっていますね。

なぜかはわかりません。

「energyBlast」が回転しているのかもしれませんね。

すると、**画面12**のようにenergyBlastがZombieRigの身体の中心の、前面で表示されるようになります。

画面12　energyBlastがZombieRigの身体の中心の前面で表示された

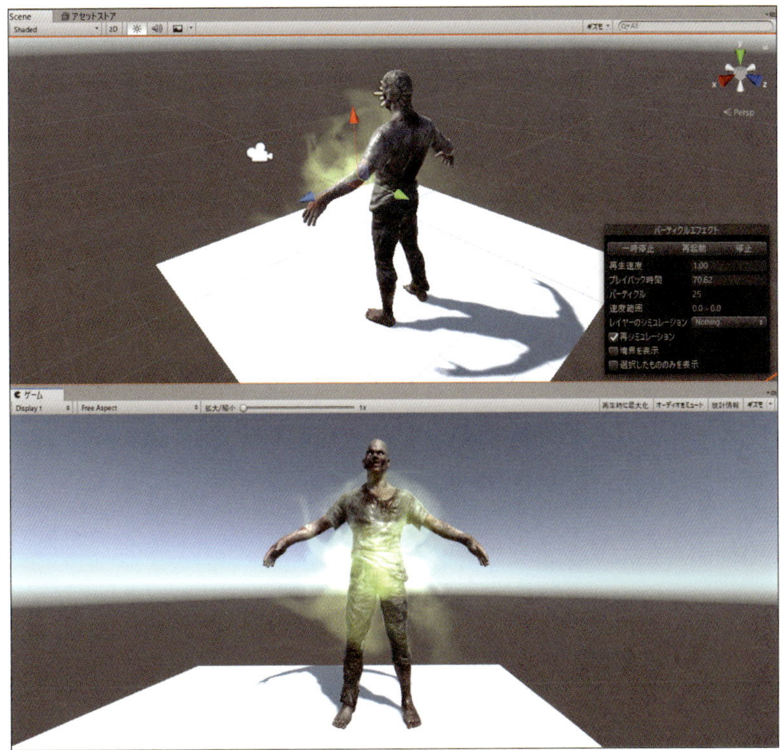

これは再生しても何も変化はないですから、特に再生して確認する必要はありません。

保存! これを別名で保存しておきましょう。ファイル名は「UnitySample_7-1」としておきます。

5 ボタンクリックでゾンビのキャラを発光させよう

次は「ボタンクリックでゾンビのキャラを発光させる方法」を作ってみます。

最初はZombieRigにenergyBlastは表示されておらず、配置されている**[実行]**ボタンをクリックすると、energyBlastが表示されるというサンプルになります。

保存! 「UnitySample_7-1」をそのまま使いますので、先に別名で「「UnitySample_7-2」として保存しておきましょう。

◉ ボタンを追加する

まずは、ボタンを追加してみましょう。

Unityメニューの**[ゲームオブジェクト]→[UI]→[ボタン]**と選びます(**画面13**)。

画面13　[ゲームオブジェクト]→[UI]→[ボタン]と選ぶ

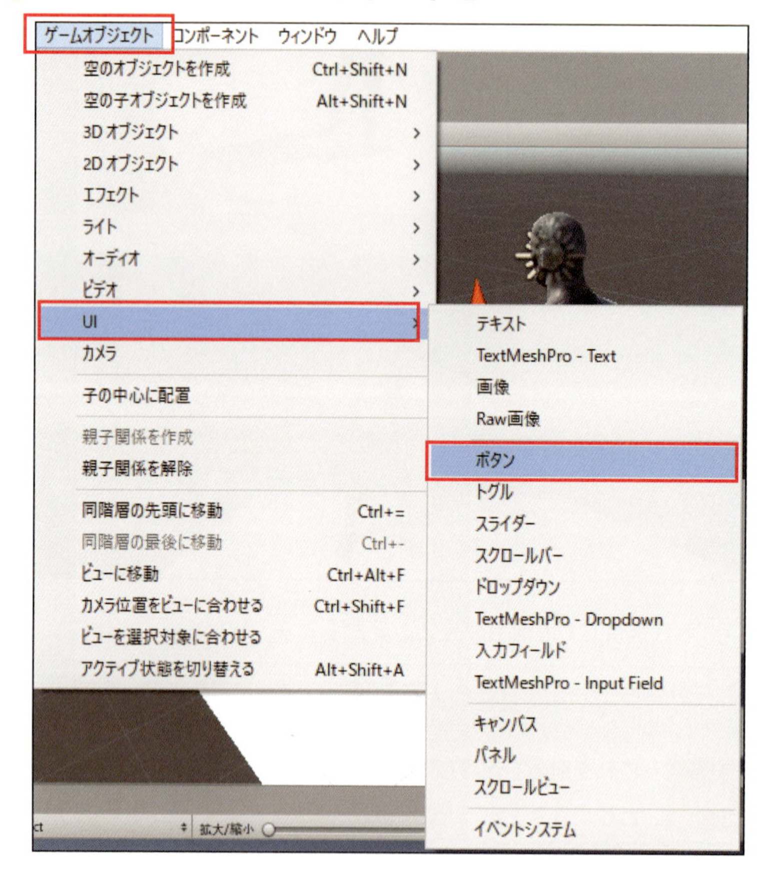

すると、シーン画面が**画面14**のように変化し、ヒエラルキー内ではCanvasの中に「Button」が追加されているのがわかります。

「Button」は、確かに追加はされているんですが、シーン画面では見えていません。

これはCanvasが大変に大きいので「Button」が見えていないんです。

シーン画面の上でマウスホイールを回して、シーン画面を縮小していってください。

画面15のようにButtonが見えてきます。

こうすると、ゾンビは見えなくなりますが、ゲーム画面では見えているので、問題はありません。

「Canvas」とは、すべてのUI要素を配置していくための領域のことです。

「UI要素」とは、**画面13**のUIの中に含まれているアセットを指します。

画面14　Buttonは、配置はされたがシーン画面では見えていない

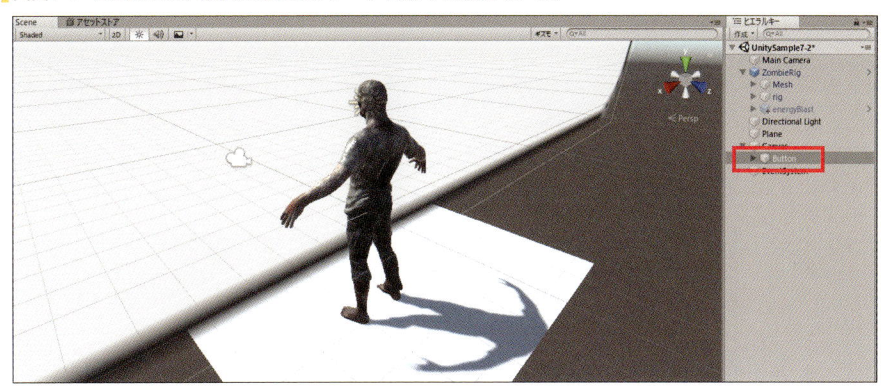

画面15　シーン画面を縮小してButtonが見えてきた

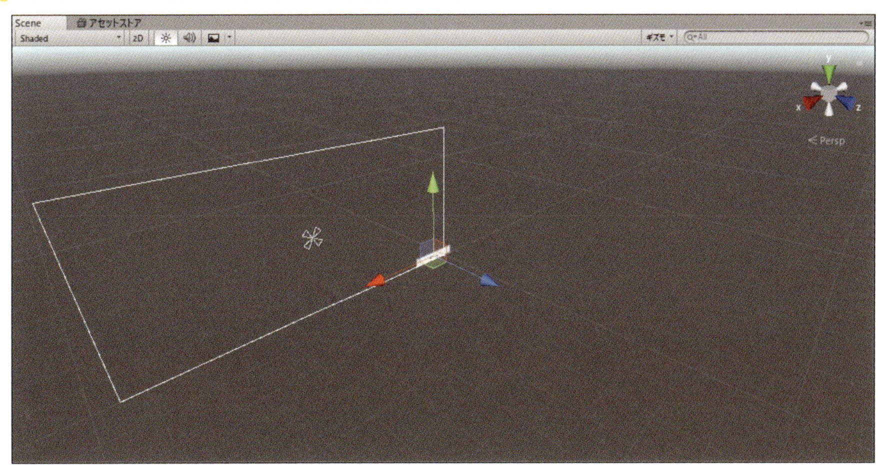

Buttonのインスペクターを設定する

ヒエラルキー内のButtonを選んで、インスペクターを表示させます。

「矩形トランスフォーム」内に「幅」160、「高さ」30と指定されていますので、「高さ」だけ「50」にしておきましょう。

次にヒエラルキーの「Button」を展開すると、**画面16**のように「Text」が表示されるので、これを選んでインスペクターを表示します。

画面16　Buttonを展開してTextが表示された

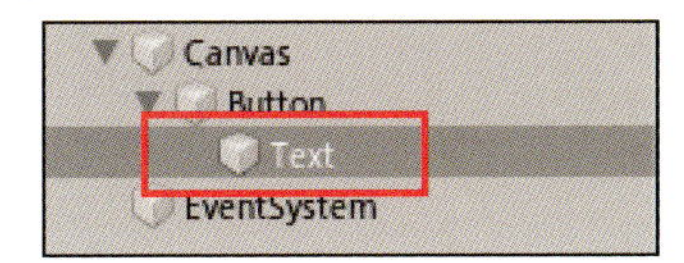

Textのインスペクターの「テキスト(スクリプト)」内に、「テキスト」があり「Button」と表示されているところに「実行」と入力しておきましょう。

[フォントスタイル]には「ボールド」(太字)、**[フォントサイズ]**には「25」を指定しておきます(**画面17**)。

画面17　Textのインスペクターを設定した

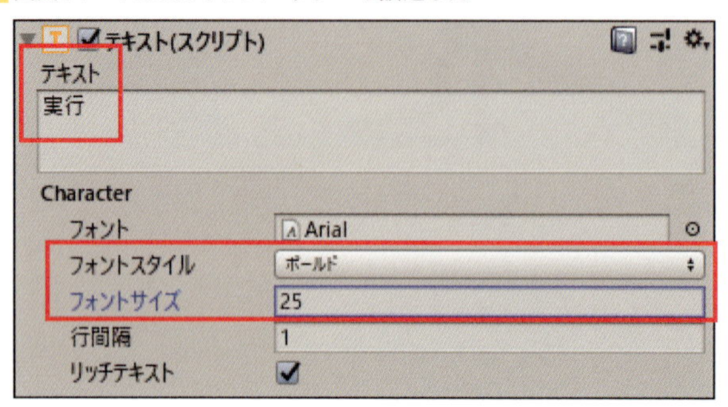

次に、ヒエラルキーからCanvasを選んで、インスペクターを表示します。

その中に、「キャンバススケーラ(スクリプト)」の項目があって、**[UIスケールモード]**に「ピクセルサイズ定数」と指定されているはずです。

ここを「画面サイズに拡大」と必ずしておいてください(**画面18**)。

画面18　「キャンバススケーラ(スクリプト)を「画面サイズに拡大」にする

キャンバススケーラ(スクリプト)
UIスケールモード　画面サイズに拡大
参照解像度　X 800　Y 600
スクリーンマッチモード　Match Width Or Height
マッチ　0
幅　高さ
1ユニットの参照ピクセル数　100

これでButtonの設定が終わりましたので、シーン画面でトランスフォームツールの「移動ツール」で、ゲーム画面を見ながらButtonの配置場所を決めてください。

筆者は**画面19**のように配置しましたが、皆さんが好きな位置にButtonを配置しても大丈夫です。

画面19　Buttonを配置したゲーム画面

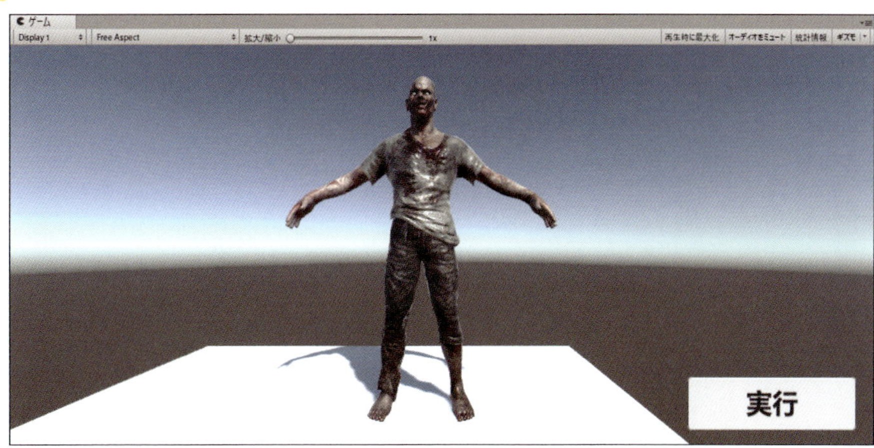

先ほど、**画面18**で「キャンバススケーラ(スクリプト)」の**[UIスケールモード]**を、「ピクセルサイズ定数」ではマズいので変更しましたよね。

なぜマズいのでしょうか？

「ピクセルサイズ定数」のままで、**画面19**の画面を「ゲーム」タブの上でマウスの右クリックをして最大化すると、**画面20**のように表示されてしまうのです。

Buttonが画面のサイズにマッチしないんです。

だから、必ず「画面サイズに拡大」に変更しておく必要があります。

そうすると、ゲーム画面を拡大しても、Buttonは**画面19**のような、正しい位置に表示されます。

画面20　[UIスケールモード]を「ピクセルサイズ定数」のままでゲーム画面を最大化した。[実行]ボタンの位置がズレている

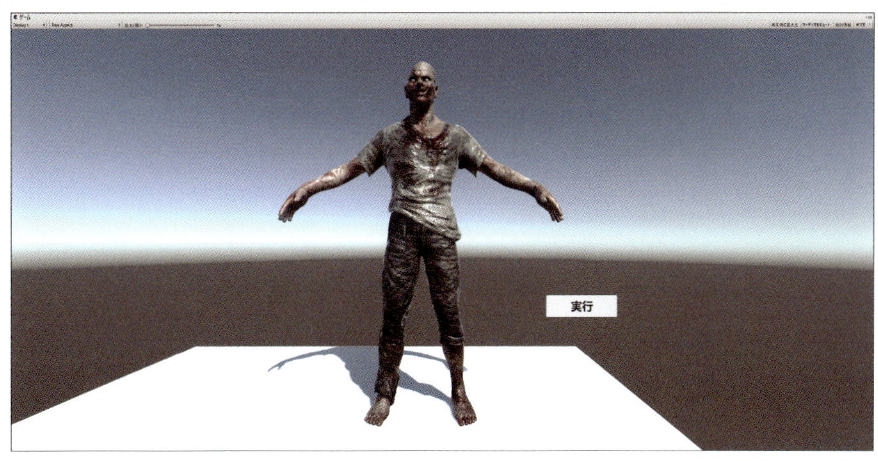

◉ スクリプトを書く

スクリプトはヒエラルキー内のZombieRigの中に書きます。

インスペクターを表示させて **[コンポーネントを追加]** ボタンをクリックし、「新しいスクリプト」を選んで、**[名前]** に「ZombieScript」と指定して **[作成して追加]** ボタンをクリックします。

すると、インスペクターに「ZombieScript」が追加されますので、これをダブルクリックしてVisual Studioを起動し、**リスト1**のコードを記述してください。

リスト1 ZombieScript

```
using System.Collections;
using System.Collections.Generic;
using UnityEngine;

public class ZombieScript : MonoBehaviour
{
    GameObject obj; ①
    ParticleSystem ps; ②

    void Start()
    {
        obj = GameObject.Find("energyBlast"); ③
        ps = obj.GetComponentInChildren<ParticleSystem>();④
        obj.SetActive(false);⑤
    }

    public void ParticleSystemGo()⑥
    {
        obj.SetActive(true);⑦
        ps.Play();⑧
    }
}
```

①GameObject型のobj変数を宣言します。

②ParticleSystem型のps変数を宣言します。

「ParticleSystem」とは、ここで使っているような、発光する光、液体、雲、炎などの効果をアセットに適用するものです。

③Start()関数内では、Findというプログラムを使って、ヒエラルキー内のenergyBlastにアクセスして、①の変数objで参照しておきます。

④次に、GetComponetInChildrenというプログラムを使って、energyBlastと、その中にあるParticleSystemにアクセスして②のpsという変数で参照しておきます。

ここでは、GetComponetInChildrenというプログラムを使っています。

通常はGetComponentを使うのですが、ここではInChildrenがついたのを使っています。

InChildrenとは日本語で訳すと「子供の中」っていう意味になります。

ヒエラルキー内のZombieRigの中にある、energyBlastの左横には[右向き▲]がついています。

これをクリックすると、中にいろんなものが入っているのがわかると思います。

この作業を「展開する」といいます。

これらがenergyBlastの子供になるんです。

ここでは、この子供にもアクセスする必要があるので、GetComponetInChildrenを使ったのですが、なかなか意味がわからないですよね。

わからなくてもいいので、今はこの通りに打ち込んでみましょう。

⑤SetActiveのプログラムを使って、energyBlastを非表示します。

こうすることで、プログラム実行時には、energyBlastのParticleSystemが実行されません。

⑥ここの処理はButtonから参照して使えるようにする必要があるので、必ずpublicで書いておく必要があります。

また後で説明します。[実行]というボタンをクリックしたら、ここの関数が実行されるようになります。

⑦ParticleSystemGo()関数内ではSetActiveにtrueを指定して、非表示になっていたenergyBlastを表示しています。

⑧最後にPlayでenergyBlastを実行します。

意味は理解できなくても、自分で手を動かしてコードを打ち込んでみましょう。

Visual Studioメニューの**[ビルド]→[ソリューションのビルド]**を実行します。

エラーがでなければ、Visual Studioを閉じてください。

Unity画面に戻って、Buttonとプログラムを関連付けます。

⊙ Buttonとプログラムを関連付ける

ヒエラルキーからButtonを選んで、インスペクターを表示します。

インスペクターの下の方に**画面21**のように「クリック時()」というところがあります。

画面21　「クリック時()」という項目がある

画面21の画面で、赤い枠で囲った**[+]**をクリックします。

すると**画面21**の画面が、**画面22**のような画面に変わります。

画面22　「クリック時()」の内容が変わった

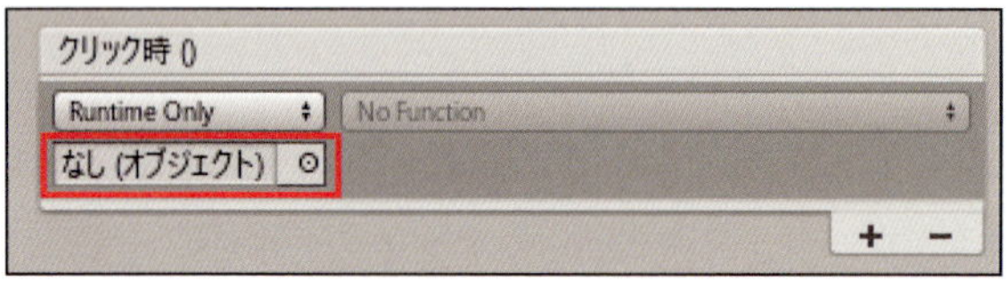

画面22の赤い枠で囲った「なし（オブジェクト）」のところに、**リスト1**のプログラムを記述したZombieRigを、ヒエラルキーから選んでドラッグ＆ドロップしてください。

すると画面が**画面23**のように変化します。

画面23　ヒエラルキーからZombieRigをドラッグドロップして内容が変化した

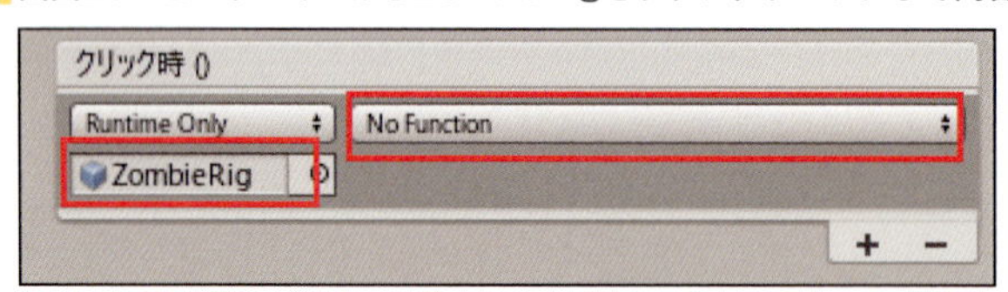

画面22の「なし（オブジェクト）」のところにヒエラルキーからZombieRigをドラッグ＆ドロップすると、今まで使用不可だった、「No Function」の使用が可能になっているのがわかると思います。

この「No Function」の右端の▯をクリックします。

すると**画面24**のように、ZombieRigに追加したスクリプトの名前が表示されます。

画面24　ZombieRig（ゾンビリグ）に追加したスクリプト名が表示された

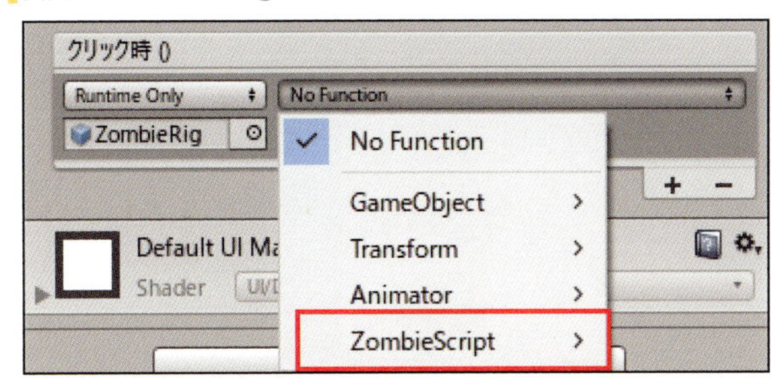

ZombieScript（ゾンビスクリプト）の上にマウスを乗せると、**リスト1**の⑥で、public（パブリック）で記述していた関数、ParticleSystemGo()（パーティクルシステムゴー）が表示されるので、これを選んでください。

リスト1の⑥でpublic（パブリック）で記述していないと、ここには表示されません。

だから**リスト1**の⑥ではpublic（パブリック）で記述する必要があったんです（**画面25**）。

画面25　ParticleSystemGo()（パーティクルシステムゴー）を選ぶ

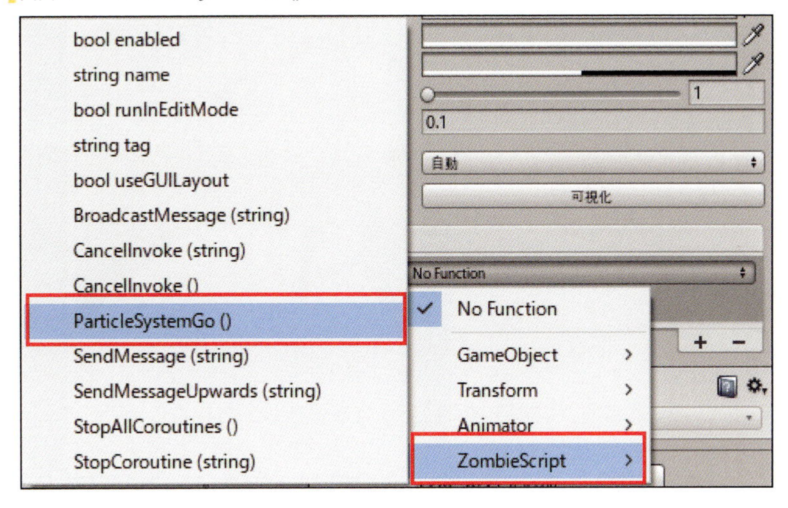

これで、ボタンとスクリプトが関連づきました。

では再生をしてみましょう。

実行した当初は、energyBlast（エナジーブラスト）の効果は表示されていません。

[実行]ボタンをクリックすると、energyBlast（エナジーブラスト）の効果が表示されます（**画面26**）。

画面26 [実行]ボタンクリックでenergyBlast(エナジーブラスト)の効果が表示された

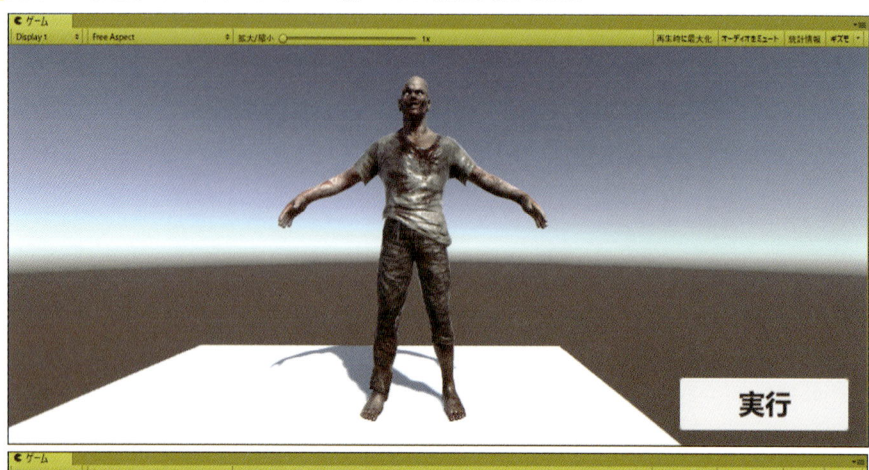

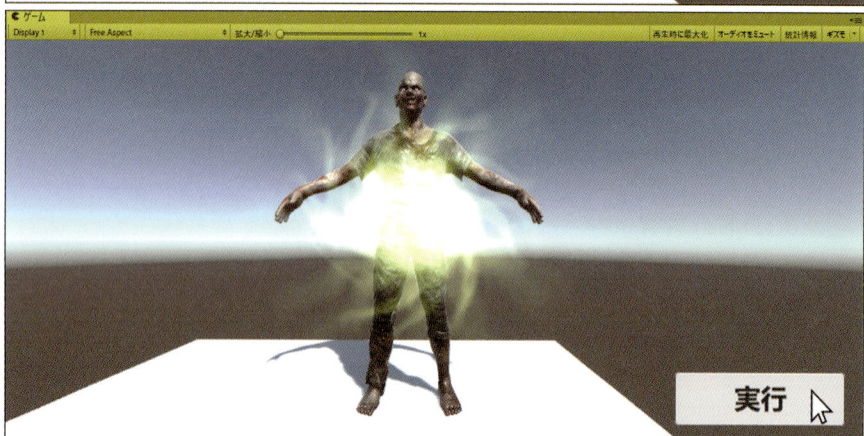

このサンプルを[保存]で上書き保存しておきましょう。

次の第8章では、海を作ってクジラを泳がせてみます。

海にクジラを泳がせる

この章では、クジラを泳がすための「海」の入手方法、クジラの入手方法、海にクジラを泳がせる方法、海に泳ぐクジラをキーボードで操作する方法、などについて説明します。

1 ▶▶ プロジェクトを作ろう

最初にプロジェクトを作ります。

デスクトップ上に表示されているUnity Hubのアイコンをダブルクリックしましょう。

Unity Hubが起動するので、**[新規]**から「UnitySample_8」というプロジェクトを作成します。

[Create project]ボタンをクリックするとUnityが起動します。

2 ▶▶ 必要なものを入手しよう

◉ クジラを泳がすための「海」の入手方法

クジラを泳がすための海は、5章でも使っていますが、アセットストアから「Standard Assets」というアセットをインポートするといいんです。

5章ではカメラ関係を使っていますが、この「Standard Assets」には、いろいろな機能が含まれていて、「海」も作ることができます。

アセットストアから「Standard Assets」をダウンロードしておいてください。

◉ クジラの入手方法

クジラもアセットストアからダウンロードします。

アセットストアに入って検索欄に「Humpback Whale」と入力すると、「Humpback Whale」が表示されますので、これをクリックしてください。

するとダウンロードのページが表示されます(**画面1**)。

筆者は、このアセットを何度も使っておりダウンロードは完了しているので、**[インポート]**と表示されていますが、初めてこのアセットを使う皆さんは**[ダウンロード]**になっていると思います。

皆さんは**[ダウンロード]**→**[インポート]**と進んでください。

筆者は**[インポート]**をクリックします。

すると、「Import Unity Package」の画面が表示されるので、**[インポート]**ボタンをクリックします(**画面2**)。

画面1　「Humpback Whale」のダウンロード画面

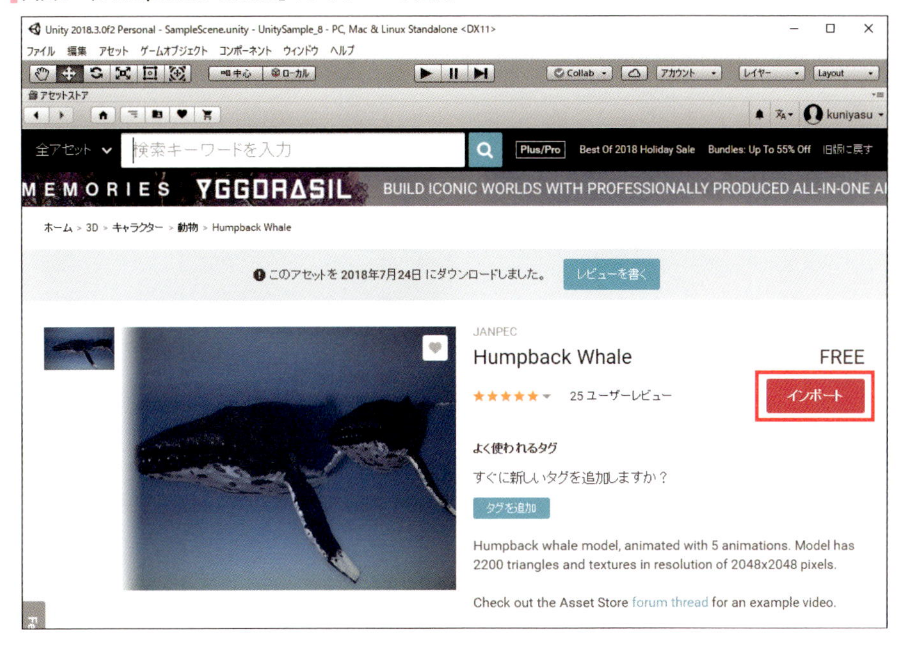

画面2　［インポート］ボタンをクリックする

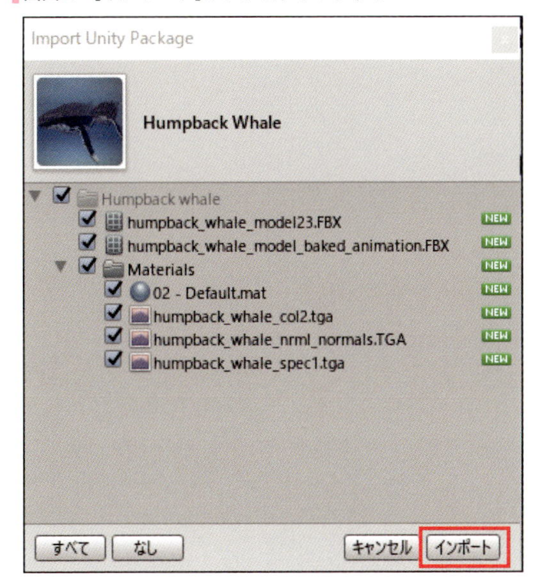

これで必要なアセットのインポートは終わりましたので、アセットストアの最大化を外して、シーン画面を表示させておきましょう。

いま取り込んだアセットは、プロジェクトの中に取り込まれています（画面3）。

画面3　インポートしたアセットがプロジェクトの中に取り込まれた

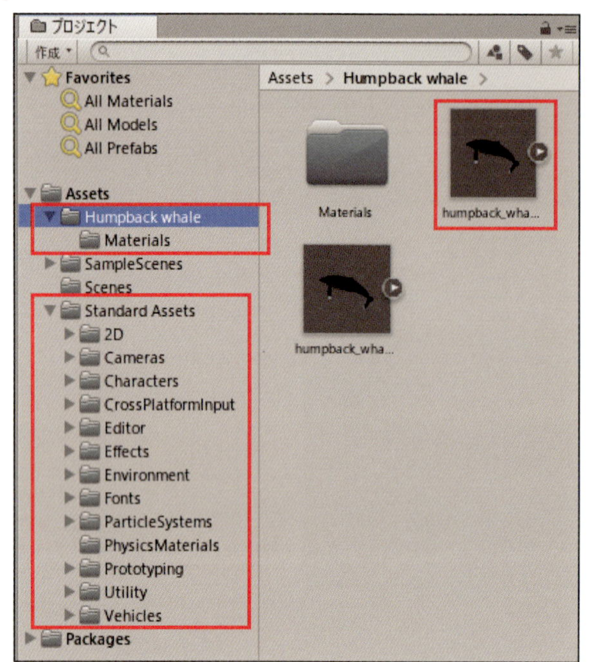

3 ▶▶ 海を作ろう

海を作るのは非常に簡単です。

プロジェクトの中に取り込まれた「Standard Assets（スタンダードアセッツ）」の**[Environment]**→**[Water]**→**[Water4]**→**[Prefabs（プレファブス）]**フォルダにある、「Water4Advanced.prefab（プレファブ）」をシーン画面にドラッグ＆ドロップするだけです。

これだけで海が完成します（**画面4**）。

画面4　海ができた

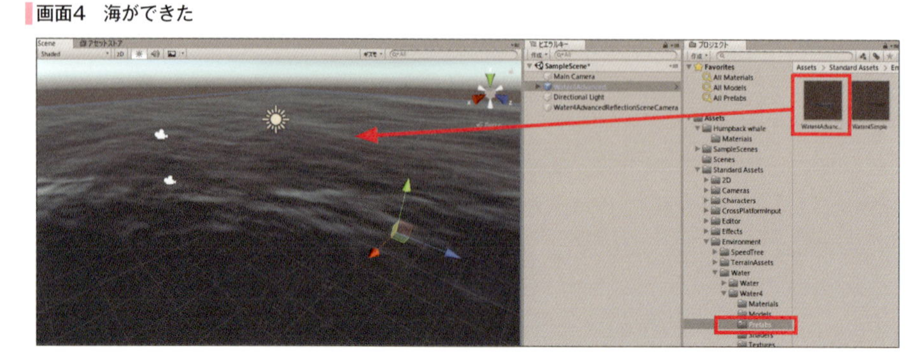

4 ▶▶ 海の中にクジラを泳がせてみよう

クジラを泳がせてみましょう。

画面3で囲った「humpback_whale_model23」をシーン画面の海の上にドラッグ&ドロップします。

海面すれすれにクジラが配置されるように、トランスフォームツールの「移動ツール」で調整してください。

またお好みに応じて、「回転ツール」を使ってクジラの向きも変えてみてください。

筆者は**画面5**のように配置しました。

画面5　海の中にクジラを配置した

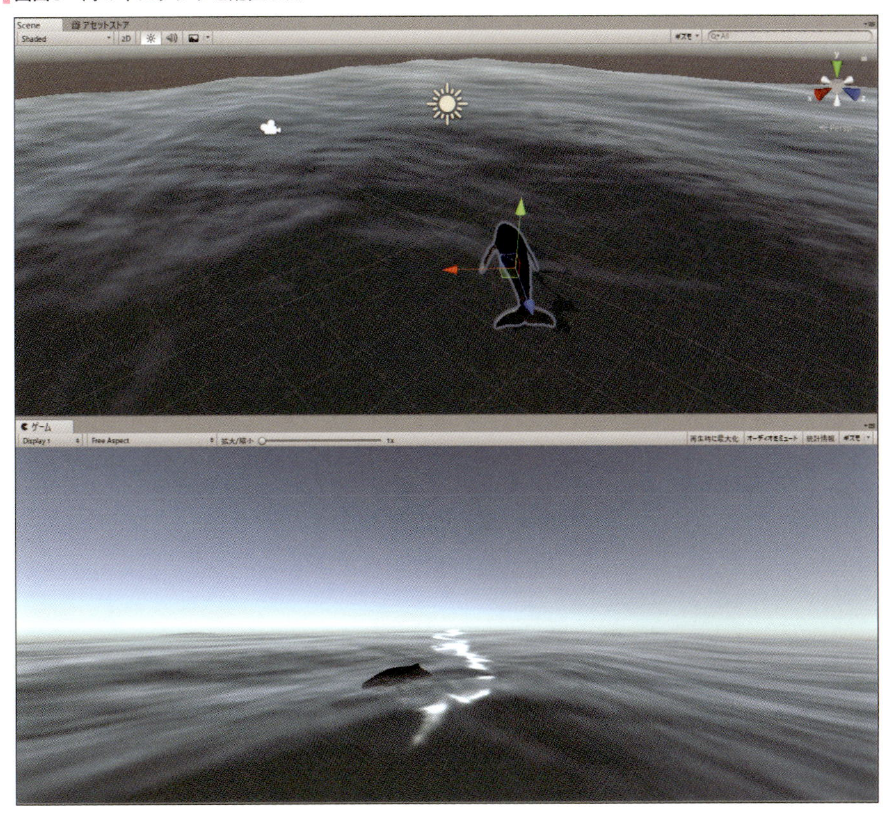

これで再生すると、海の揺れる波の間をクジラが悠々と泳いでいますが、一カ所にとどまっているだけになります。

このクジラをキーボードで操作できるようにプログラムを書いてみましょう。

ここのプログラムは、6章の**リスト1**(124ページ)のコードとほとんど同じになります。

スクリプトを書く

プログラムは、「humpback_whale_model23」の中に書きます。

ヒエラルキーから、「humpback_whale_model23」を選んでインスペクターを表示します。

[コンポーネントを追加]ボタンから「新しいスクリプト」を選んで、**[名前]**に「WhaleMoveScript（ホエールムーブスクリプト）」と指定し、**[作成して追加]**ボタンをクリックしてください。

インスペクターに「WhaleMoveScript（ホエールムーブスクリプト）」が追加されますので、これをダブルクリックしてVisual Studio（ビジュアルスタジオ）を起動します。

そして**リスト1**のコードを記述してください。

リスト1　WhaleMoveScript（ホエールムーブスクリプト）

```
using System.Collections;
using System.Collections.Generic;
using UnityEngine;

public class WhaleMoveScript : MonoBehaviour
{
    void Update()
    {
        if (Input.GetKey("up"))
        {
            transform.position += transform.forward * -0.01f;
        }
        if (Input.GetKey("right"))
        {
            transform.Rotate(0, 2, 0);
        }
        if (Input.GetKey("left"))
        {
            transform.Rotate(0, -2, 0);
        }
    }
}
```

①　②　③

ここからはvoid Update()（ヴォイドアップデート）関数の中にコードを書いていきます。

以前にも説明はしていますが、Update()（アップデート）関数は1フレームごとに呼び出される関数なんです。

こういってもよくわからないですよね。

何度も処理を実行させたい場合にはUpdate()（アップデート）関数内に書く！とおぼえておけばい

いと思います。

正確な説明ではないんですが、間違ってはいませんので、ご心配なく。

今はUnityの操作に慣れて、コードを見よう見まねで書くことが先決だと、筆者は思います。

このコードは5章で説明した、条件分岐の処理です。

①キーボードの↑キーが押されたときの処理になります。
そのときは、クジラの位置を「前方向(forward)」に「-0.01f」掛けた速度で移動させています。
「-0.01f」を掛けないと、クジラの進む速度がめっちゃ速くなるので、「-0.01f」を掛けて移動速度を遅くしています。
「f」というのは、第6章の「スクリプトを書こう」(124ページ)で説明したように「float」の略で「32ビット浮動小数点値を格納する型」です。そして、「-0.01f」と負の値を指定しているのは、正の値の「0.01f」ではクジラがバックしてしまうんです。
このクジラのアセット名前が「Humpback Whale」といって「back」という名前が含まれているので、正の値ではバックするのかな？って勝手に思っているのですが、とにかく負の値の「-0.01f」を指定しないと前に進まないんです。

②キーボードの→キーが押されたときの処理です。
Y軸を中心に「2」だけ時計回りに回転させることになります。
「Rotate」とは「回転する」という意味です。
引数にはX、Y、Zを指定します。
ですから、Y軸を中心に時計回りに「2」だけ回転するという意味になります。

③キーボードの←キーが押されたときの処理です。
Y軸を中心に「-2」だけ反時計回りに回転することになります。

Visual Studioメニューの**[ビルド]→[ソリューションのビルド]**を実行しておきましょう。

エラーが出なかったら、Visual Studioを終了させてください。

Unityの画面に戻って再生してみましょう。

↑キーで前に進み、←→キーでクジラが向きを変えるのがわかると思います(画面6)。

画面6　キーボードの操作でクジラが向きを変えて海間を泳いでいる

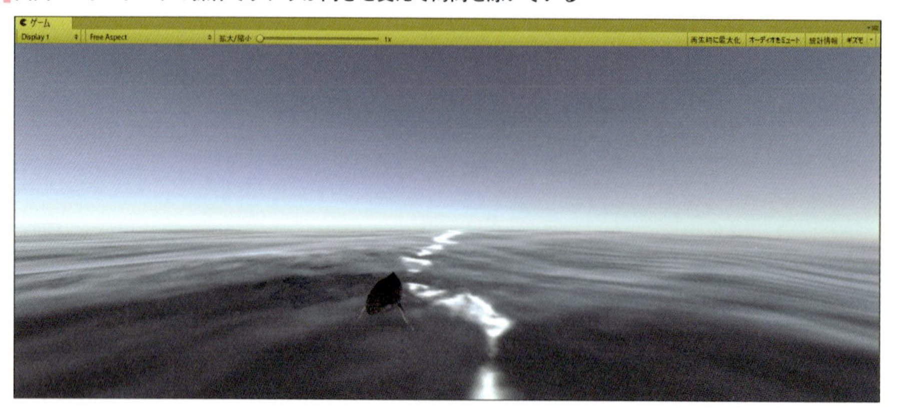

保存!　「UnitySample8-1」として別名で保存しておきましょう。

次の第9章では、空の背景を変える方法について説明します。

空と背景を変える

この章では、空に関するアセットの入手方法、その入手した空のアセットをどのように使うのか、について説明していきます。この章の内容は大変に簡単で、プログラムも出てきません。単に空の風景を変えただけでは面白くないので、何か自然でも配置して、見栄えをよくしてみます。自然の作りかたはのちの章で説明しますので、ここではすでにできあがった山のアセットを使ってみましょう。

1 ▶▶ プロジェクトを作ろう

最初にプロジェクトを作ります。

デスクトップ上に表示されているUnity Hubのアイコンをダブルクリックしてください。

Unity Hubが起動するので、**[新規]**から「UnitySample_9」というプロジェクトを作成します。

[Create project]ボタンをクリックするとUnityが起動します。

2 ▶▶ 必要なものを入手しよう

まずは山のアセットを入手しましょう。

◉ Mountain Terrain + Rock + Treeを入手する

アセットストアの検索欄に、「Mountain Terrain」と入力し、表示される「Mountain Terrain + Rock + Tree」を選びます(**画面1**)。

画面1　「Mountain Terrain + Rock + Tree」を選ぶ

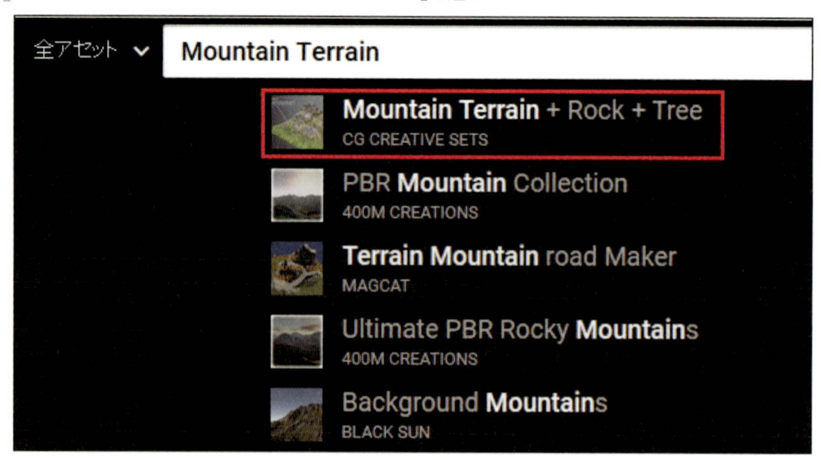

ダウンロードの画面が表示されます。

筆者もこのアセットは初めて使いますので、**[ダウンロード]**と表示されています(**画面2**)。

画面2　ダウンロード画面が表示された

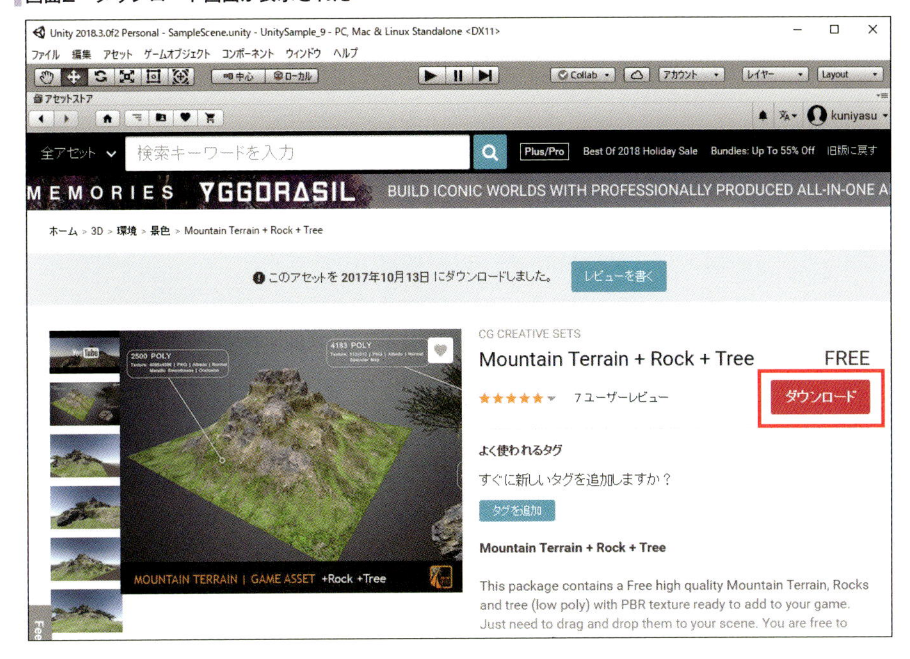

[ダウンロード]→[インポート]と進みます。

すると「Import Unity Package（インポート パッケージ）」の画面が表示されますので、**[インポート]**ボタンをクリックします（**画面3**）。

画面3　[インポート]ボタンをクリックする

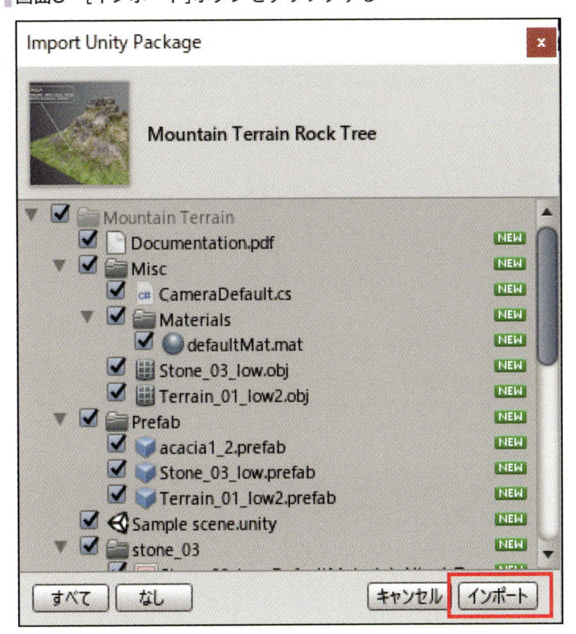

空のアセットもダウンロードしておく

空のアセットもダウンロードします。

検索欄に、「Sky5X One」と入力すると、「Sky5X One」が表示されますので、これをクリックします。

画面4のようにダウンロードの画面が表示されます。

画面4 Sky5X Oneのダウンロード画面

筆者は、このアセットを何度も使っておりダウンロードは完了していますので、**[インポート]**と表示されていますが、初めてこのアセットを使う読者は**[ダウンロード]**になっていると思います。

皆さんは**[ダウンロード]→[インポート]**と進んでください。

筆者は**[インポート]**をクリックします。

すると「Import Unity Package」の画面が表示されるので、**[インポート]**ボタンをクリックします(**画面5**)。

画面5 「Import Unity Package」の画面が表示された

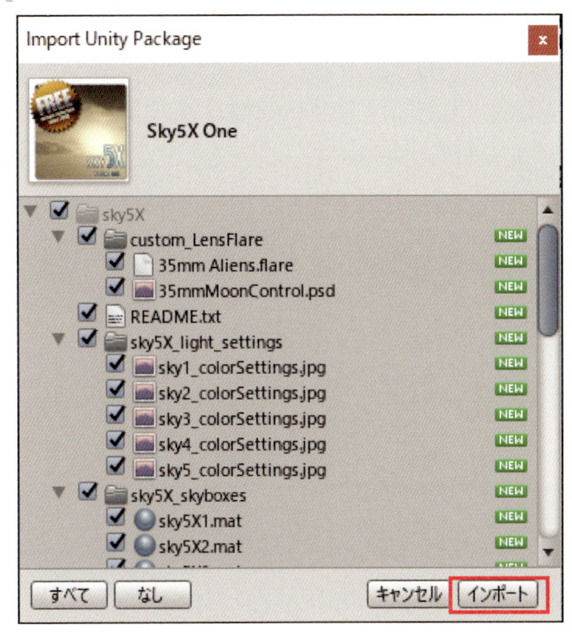

これで必要なアセットのインポートは終わりましたので、アセットストアの最大化を外して、シーン画面を表示させてください。

いま取り込んだアセットは、プロジェクトの中に取り込まれています(画面6)。

画面6 インポートしたアセットがプロジェクトの中に取り込まれた

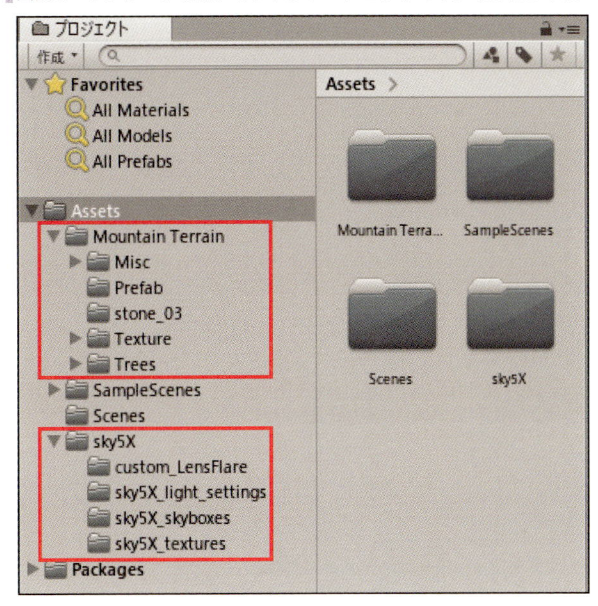

3 ▶▶ 山を作ろう

プロジェクトの中に取り込まれた「Mountain Terrain」のPrefabフォルダの中にある、「Terrain_01_low2」をシーン画面にドラッグ＆ドロップします。

しかしシーン画面では何も表示されません。

それで、シーン画面上でマウスのホイールを回して、シーン画面を縮小してください。

すると**画面7**のように山の地形が表示されます。

しかし、ゲーム画面では何も表示されていません。

画面7　シーン画面に表示された山の地形。ゲーム画面には表示されていない

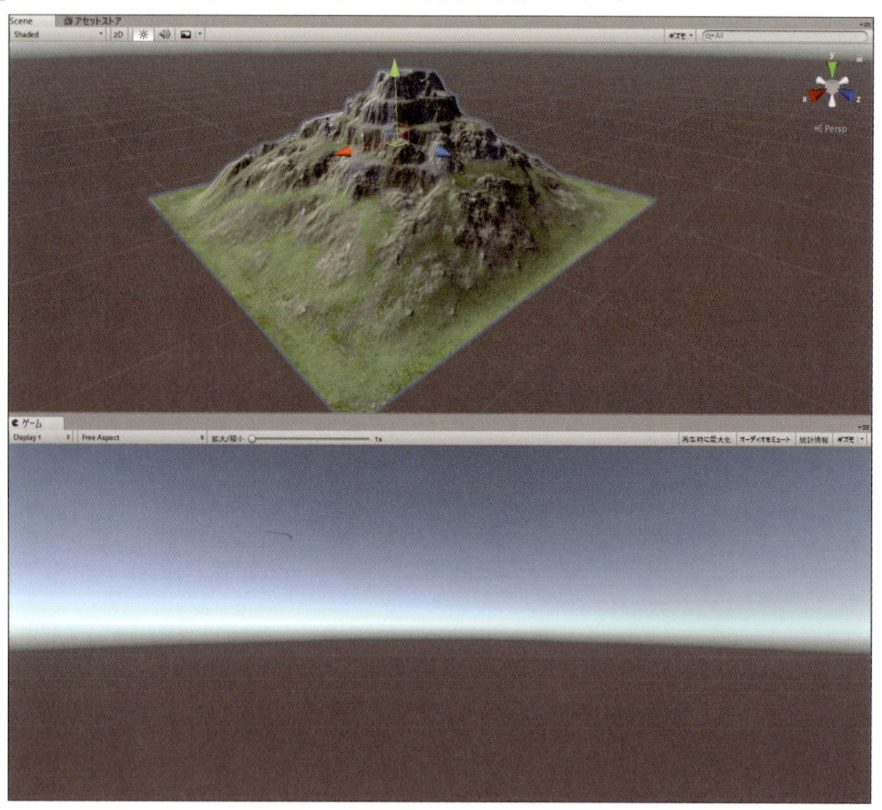

なぜ、ゲーム画面に表示されていないのでしょう？

わかりますか？

これは「Main Camera」の位置が悪いんです。

ヒエラルキーから「Main Camera」を選ぶと、「Main Camera」に「移動ツール」の

3方向の矢印が表示されます。

この矢印を操作して、「Main Camera」のX、Y、Z軸を調整していくと、**画面8**のようにゲーム画面にも山の地形が表示されます。

画面8　ゲーム画面にも山の地形が表示された

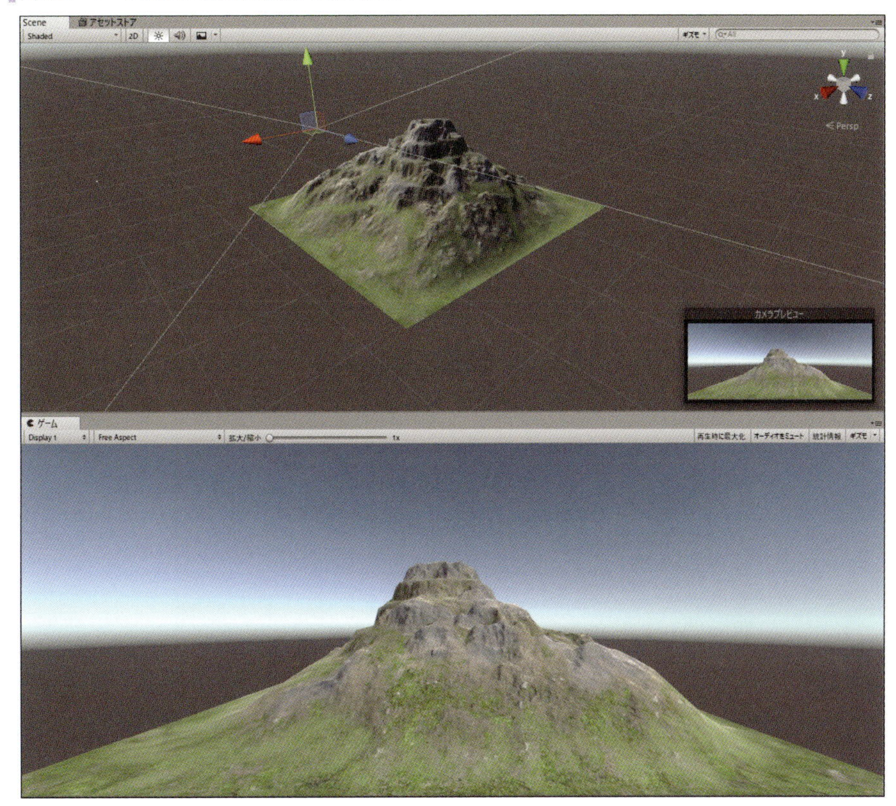

4 ▶ 空の風景を設定してみよう

空に、アセットストアからインポートした「Sky5X One」のアセットを指定するには、Unityメニューの**[ウインドウ]→[レンダリング]→[ライティング設定]**と選ぶ必要があります(**画面9**)。

画面9　[ウインドウ]→[レンダリング]→[ライティング設定]と選ぶ

すると、ライティングの画面が表示されます(**画面10**)。

画面10の赤い枠で囲った「スカイボックスマテリアル」の右隅にある◉アイコンをクリックします。

最初に指定されているのは、「Default-Skybox」で、この空は、**画面8**のゲーム画面のような空の風景になります。

この空の風景を変えてみましょう。

すると、**画面11**のように、「Select Material」の画面が表示され、その中に「Sky5X One」の画像が表示されます。

画面11から「Sky5X One」の画像ならどれでもいいので、選んでみてください。

例えば、「sky5X2」を選んでみましょう。

すると、すぐに、この空の画像がシーン画面とゲーム画面に適用されて表示されます(**画面12**)。

画面10　ライティングの画面

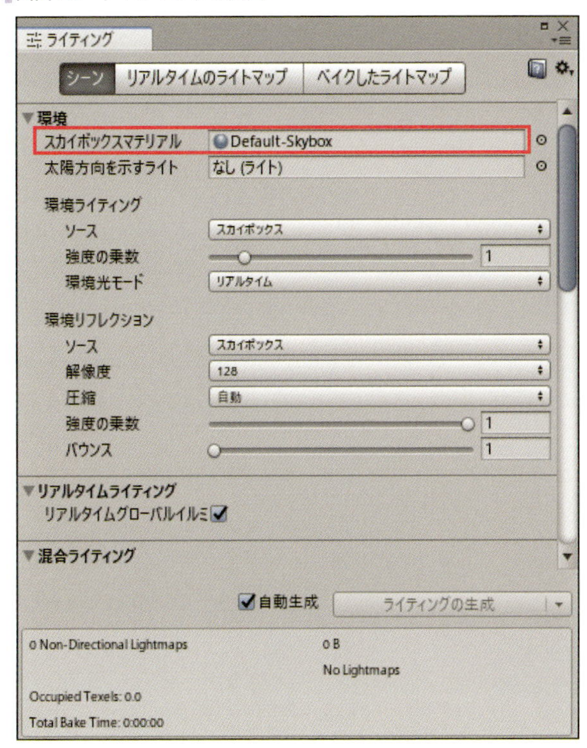

画面11　Ｓｋｙ５Ｘ Oneの画像が一覧で表示されている

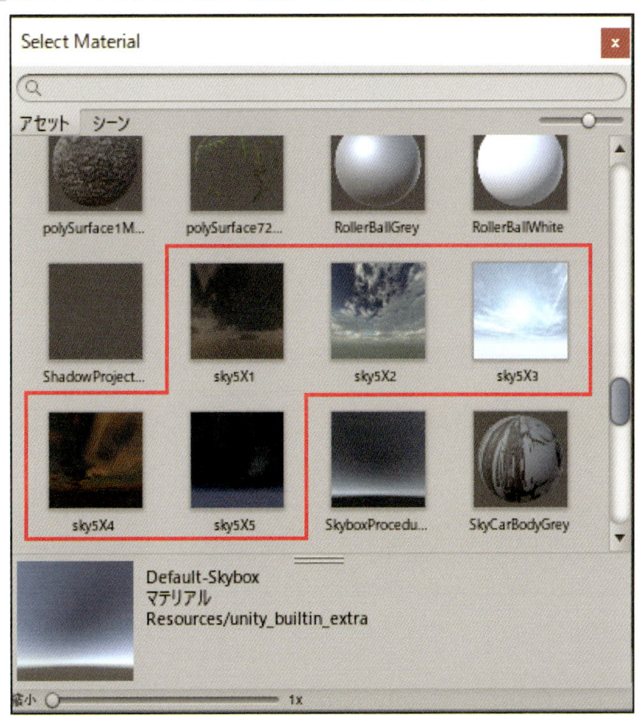

画面12　ｓｋｙ５Ｘ２の空の風景が適用された

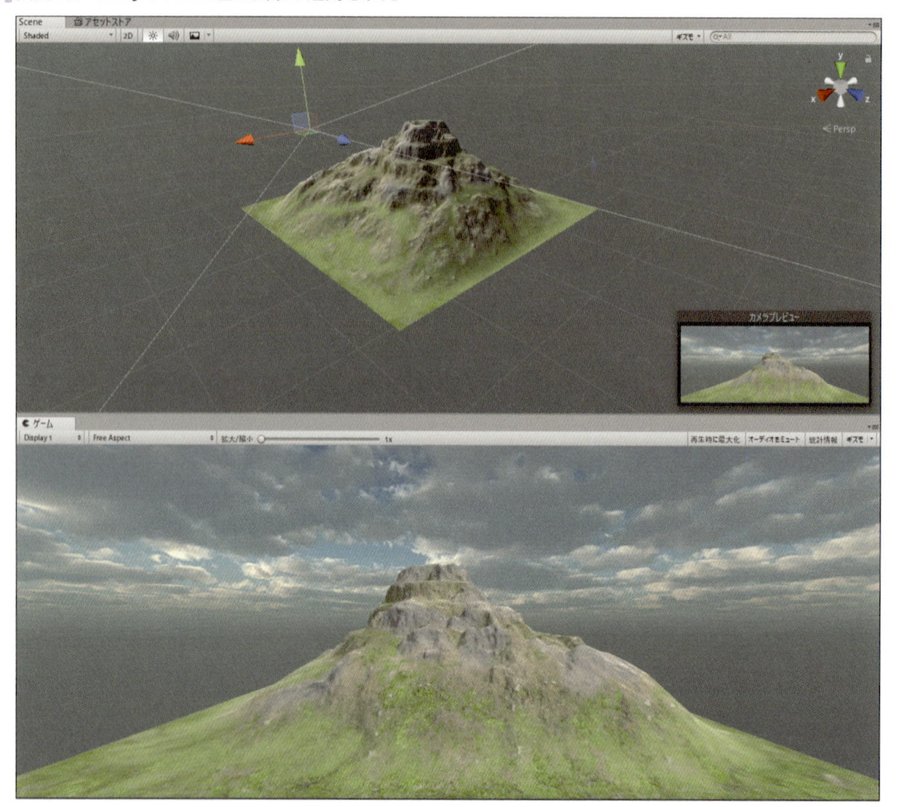

それでは**画面11**から、「sky5X4」を選んでみましょう。

画面13のように夕暮れどきの感じで表示されます。

画面13　ｓｋｙ５Ｘ４（スカイファイブエックスフォー）の空の風景が適用された

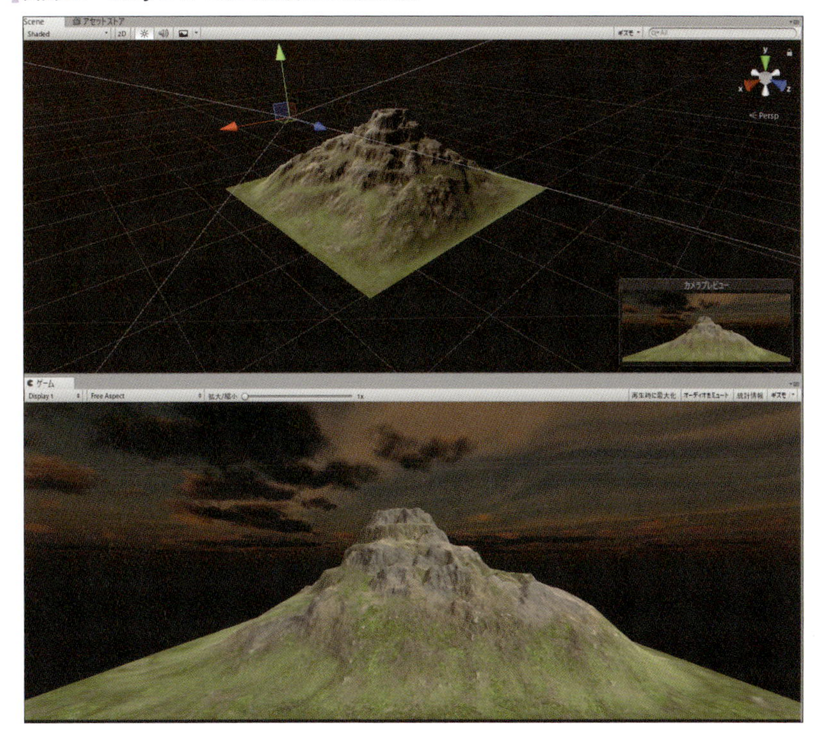

ただ、これで再生すると**画面14**のようなエラーが表示されてしまいます。

このエラーは100％発生するというものではないようです。

筆者が再度新しくプロジェクトを作成して、同じものを作って再生したときは、エラーは表示されませんでした。

原因はよくわかりません。

その後、エラーは発生していません。

エラーが発生しないときはOKです。

もしエラーが発生したときは、ここで説明している手順でエラーを解消して下さい。

画面14　エラーが表示された

ゲーム画面の下を見ると赤い文字でエラーの原因が表示されています(**画面15**)。

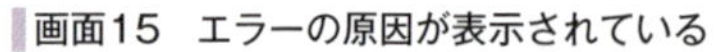

画面15　エラーの原因が表示されている

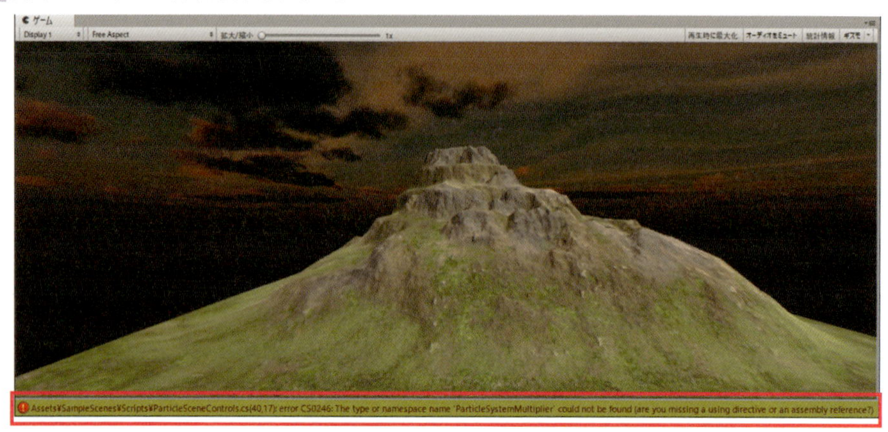

このエラーの原因を読んでも英語なので、よくわかりませんよね。

それで、この赤い文字のエラーの箇所をダブルクリックしてください。

するとVisual Studio(ビジュアル スタジオ)が起動してエラーの箇所を波線で表示してくれます(**画面16**)。

画面16　Visual Studio(ビジュアル スタジオ)でエラーの箇所が表示された

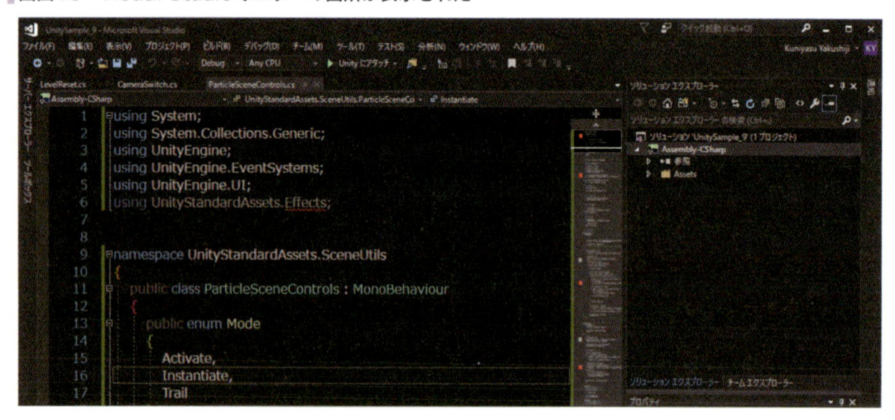

画面16の赤い波線で表示されている箇所がエラーの箇所ですが、ここを修正してもエラーは解消されませんでした。

それで、このスクリプト(ParticleSceneControls.cs)は、このサンプルではとこにも使用していませんので、すべてコメントアウトして実行をさせないようにしておきましょう。

「コメントアウト」とは？

コメントアウトとは、コードの先頭に「//」(ダブルスラッシュ)を付けて、コードを無効にすることです。

コメントアウトすると言っても、すべてのコードにひとつひとつ手で//を付けていたのでは日が暮れてしまいます。

Visual Studioには、このための便利な機能があります。

Visual Studioメニューの**[編集]→[すべて選択]**と選んで、すべてのコードを選んだ状態にします(**画面17**)。

画面17　Visual Studioメニューの[編集]→[すべて選択]と選ぶ

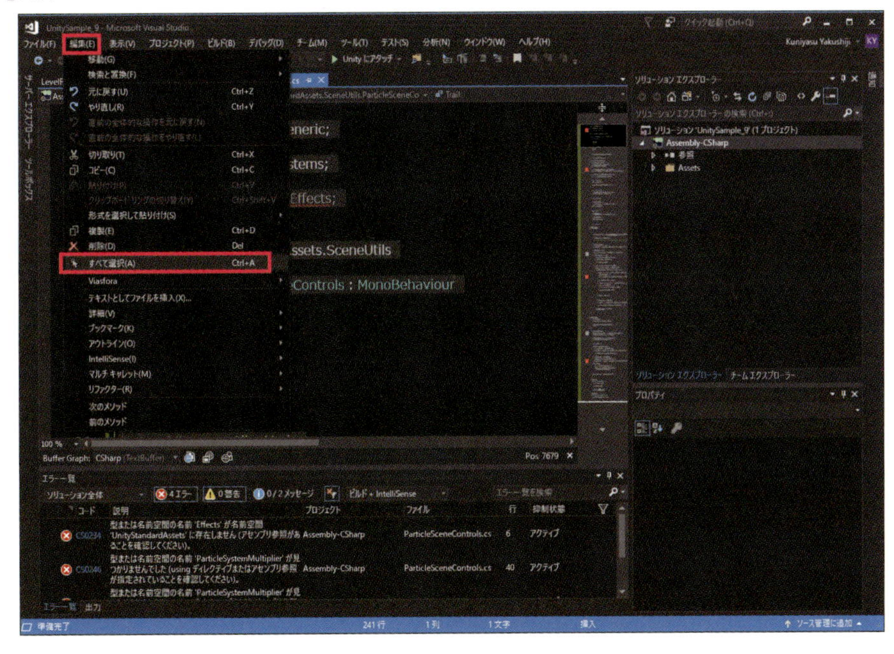

次に**画面18**の赤い枠で囲ったアイコン(選択された行をコメントアウトします。)をクリックします。

すると、一気にすべてのコードの先頭に//が追加され、コメントアウトされます(**画面19**)。

これで、Visual Studioメニューの**[ビルド]→[ソリューションのビルド]**を実行して、Visual Studioを閉じてください。

画面18　赤い枠で囲ったアイコン（選択された行をコメントアウトします）をクリックする

画面19　すべての行がコメントアウトされた

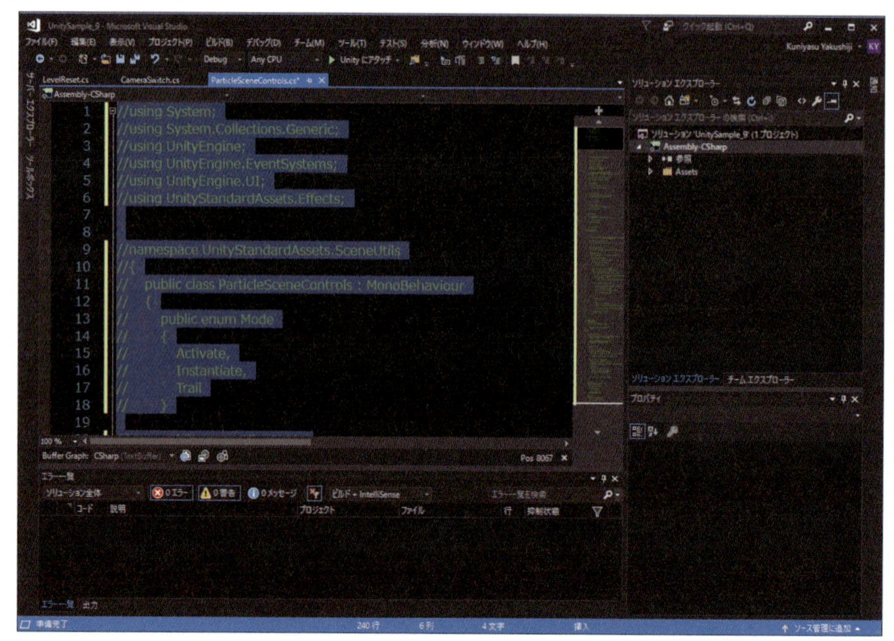

今度はUnityから再生しても何もエラーは表示されません。

ゲーム画面を最大化して表示すると迫力があるかもしれませんので、試してみてください。

実際にUnityの中で最大化してみないとその迫力はわかりません。

画像で掲載しても、単に**画面13**のゲーム画面が表示されるだけですからね。

空を変化させるだけで、現実味のあるコンテンツになったと思います。

空というのは、Unityにとって重要な役割をもっていると筆者は思っています。

アセットストアでは有料の空のアセットを購入すると、もっと美しくて神秘的な空を実現できますが、有料ですから、なかなか手を出しにくいですよね。

このサンプルを別名で「UnitySample_9-1」として保存しておきましょう。

次の第10章では、mixamoから人のキャラクタを入手してダンスをさせてみます。

キャラクタにダンスをさせる

この章では、mixamoとは何か？ mixamoのキャラクタをどこから入手するのか？入手したmixamoのキャラクタをUnityの中でどのように利用するのか？ mixamoのキャラクタを集団でダンスをさせてみる方法、ダンスに使う音楽を入手する方法、ダンスに音楽を追加する方法などについて説明していきましょう。

1 ▶ プロジェクトを作ろう

最初にプロジェクトを作ります。

デスクトップ上に表示されているUnity Hubのアイコンをダブルクリックしてください。

Unity Hubが起動するので、**[新規]**から「UnitySample_10」というプロジェクトを作成します。

[Create project]ボタンをクリックするとUnityが起動します。

2 ▶ 必要なものを入手しよう

mixamoとはなに？

mixamoとは、キャラクタや、そのキャラクタに自分の好みのアニメーションを追加してダウンロードできるサイトのことです。

もちろん、自分の好みのキャラクタを逆にアップロードして、アニメーションを追加し、それをダウンロードしてUnityの中で使うこともできます(この本では、アップロードについては触れていません)。

mixamoのキャラクタを入手する

mixamoのキャラクタはアセットストアからはダウンロードしません。

下記のサイトにアクセスしてください。

https://www.mixamo.com/

ブラウザは、ChromeまたはMicrosoft Edgeを使ってください。

今回はChromeを使っています。

ではChromeのアドレス欄に、

https://www.mixamo.com/

と入力して Enter キーを叩いてください。

すると、画面1の画面が表示されます。

画面1　mixamoのトップページ

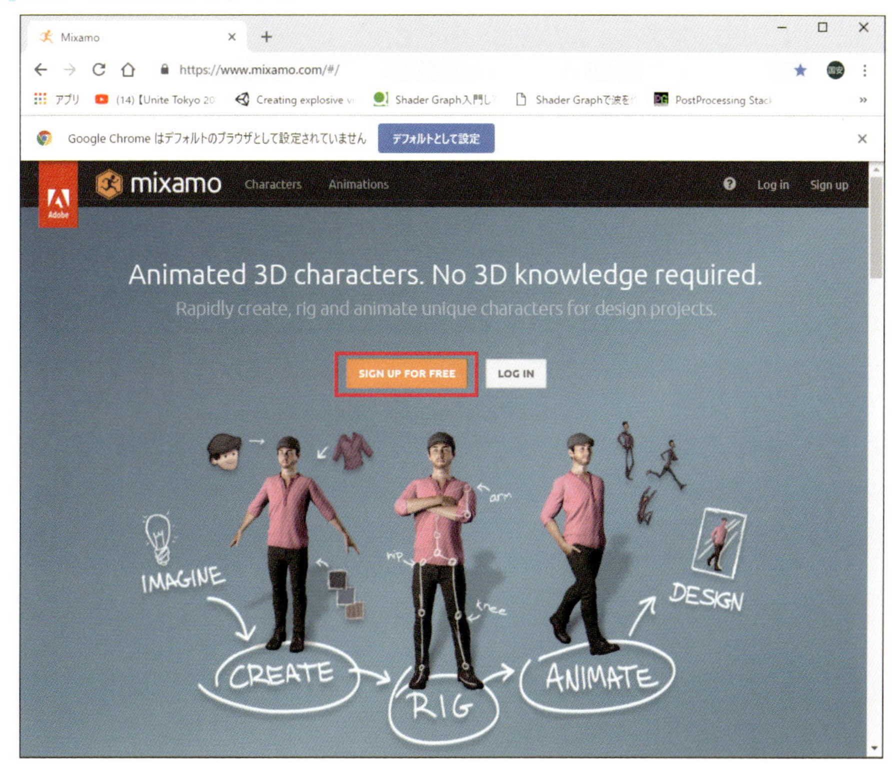

最初は、画面1の赤い枠で囲った[SIGN UP FOR FREE]をクリックします。

すると画面2のようにSign Upの画面が表示されますので、必要事項を入力してください。

英語だから、わからない場合は、近くの大人の人にでもやってもらうといいです。

最後に、[Sign up]ボタンをクリックして登録は終わりです。

画面2　Sign upの画面

Adobe ID

Sign up

First name
Last name
Email address
Password
Japan
Date of birth
Month　Day　Year

By clicking "Sign up" I agree that:

- I have read and accepted the Terms of Use.
- The Adobe family of companies may keep me informed with personalized emails about products and services.

See our Privacy Policy for more details or to opt-out at any time.

Sign up

Already have an Adobe ID? Sign In

Sign upが終われば、画面1の画面から、[LOG IN]をクリックします。

「Sign in」の画面が表示されますので、いま登録した「Email Address」と「Password」を入力して[Sign in]ボタンをクリックしてください(画面3)。

画面3　Sign in画面

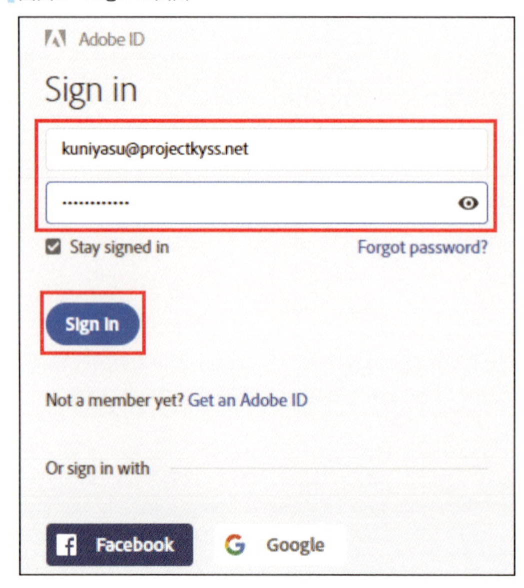

すると、**画面4**の画面が表示されます。
ここでは、まずは「Characters」を選びましょう。

画面4　Charactersを選ぶ

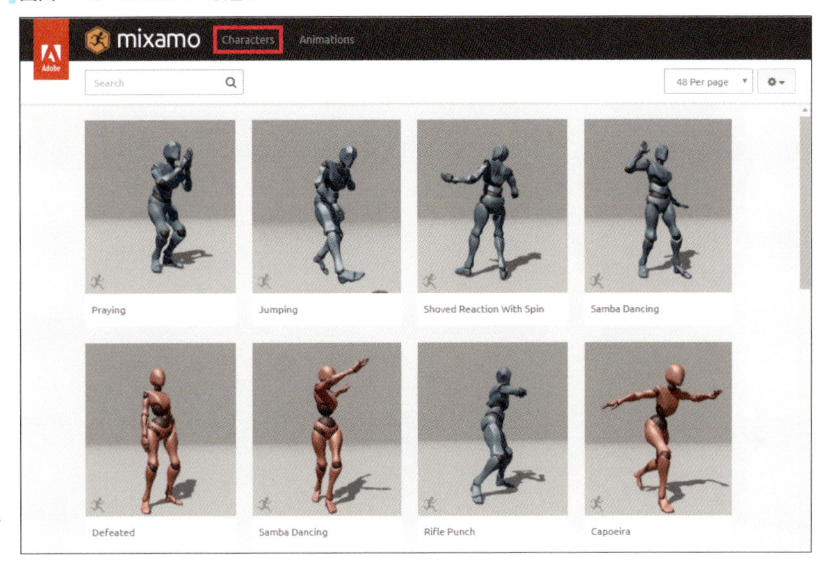

すると**画面5**のように、いろいろなキャラクタが表示されます。

画面5　いろいろなキャラクタが表示された

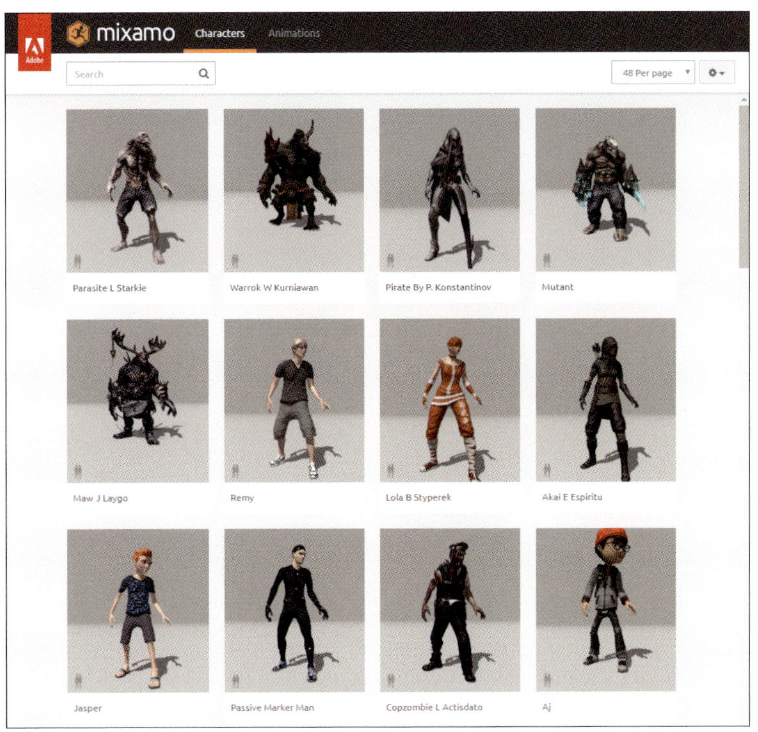

この中で、好きなキャラクタを選んでください。

筆者は2ページ目にある「Ganfaul M Aure」というキャラクタを選びました。

すると、**画面6**のようなメッセージが表示されますので、赤い枠で囲った「USE THIS CHARACTER」(このキャラクタを使う)をクリックしてください。

画面6 「Ganfaul M Aure」を選んでメッセージが表示された

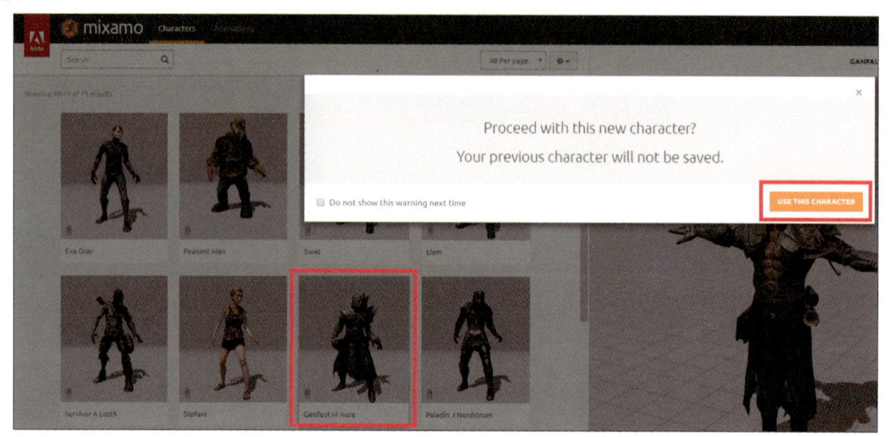

すると、キャラクター覧の、右横の枠の中に選んだキャラクタが表示されます(画面7)。

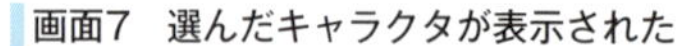
画面7 選んだキャラクタが表示された

次に画面4の「Characters」の横にある「Animations」をクリックします。

すると、いろいろなアニメーションが表示されますので、好きなアニメーションを選ぶといいです。

筆者は「Hip Hop Dancing」を選びました。

すると、右の枠に表示されていたキャラクタが「Hip Hop Dancing」を踊り始めます（画面8）。

画面8　「Hip Hop Dancing」を選んで、選んだキャラクタが踊り始めた

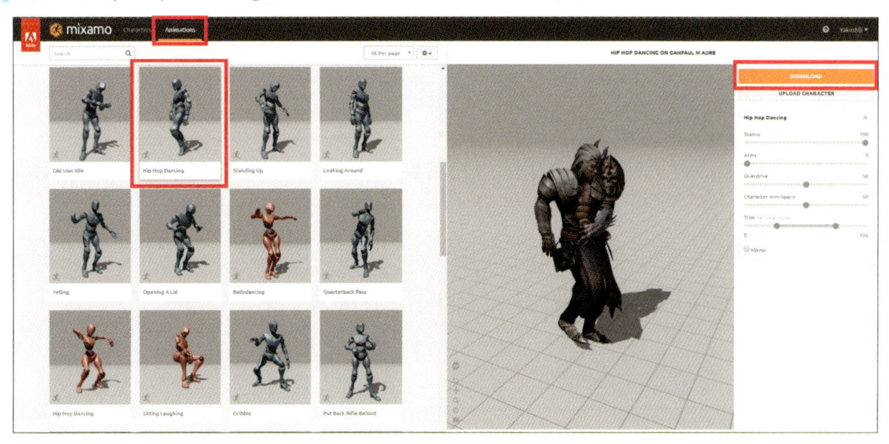

このアニメーションでよければ、画面8の右端にある、[DOWNLOAD]をクリックします。

すると画面9のように「DOWNLOAD SETTINGS」の画面が表示されますので、「Format」に「FBX.for Unity(.fbx)」を選んでください。

画面9　「DOWNLOAD SETTINGS」の画面が表示された

DOWNLOAD SETTINGS

Format
FBX for Unity(.fbx)
FBX(.Fbx)
FBX For Unity(.Fbx)
Collada(.Dae)
30

Skin
With Skin

Keyframe Reduction
none

CANCEL
DOWNLOAD

設定が終わったら右隅下の[DOWNLOAD]をクリックしましょう。

ダウンロードがはじまります。

ダウンロードが終わるとChrome（クローム）の場合は左隅下に**画面10**のように表示されるので、⌄アイコンをクリックして、**[フォルダを開く]**をクリックし、保存されているフォルダを開いてください。

画面10　Chrome（クローム）でダウンロードが完了した

すると、筆者が選んだアニメーション付きのキャラクタが「ganfaul_m_aure@Hip Hop Dancing（ヒップホップダンシング）.fbx」という名前で保存されています。

ここに置いておいてもいいのですが、筆者は別なフォルダにmixamo（ミグザモ）というフォルダを作成して、このファイルを保存し直しました。

以上の手順で、あと2つほどアニメ―ション付きのキャラクタをダウンロードしておきましょう。

皆さんで好きなものを選んでください。

筆者は**画面11**のようなファイル名のアニメーション付きキャラクタをダウンロードしておきました。

画面11　筆者がダウンロードしたアニメーション付きキャラクタ

Chrome（クローム）を閉じて、Unityの画面に戻りましょう。

3 ダウンロードしたファイルを取り込もう 

　ダウンロードしたファイルをUnityに取り込むには、Unityメニューの**[アセット]→[新しいアセットをインポート]**と選びます(**画面12**)。

画面12　[アセット]→[新しいアセットをインポート]と選ぶ

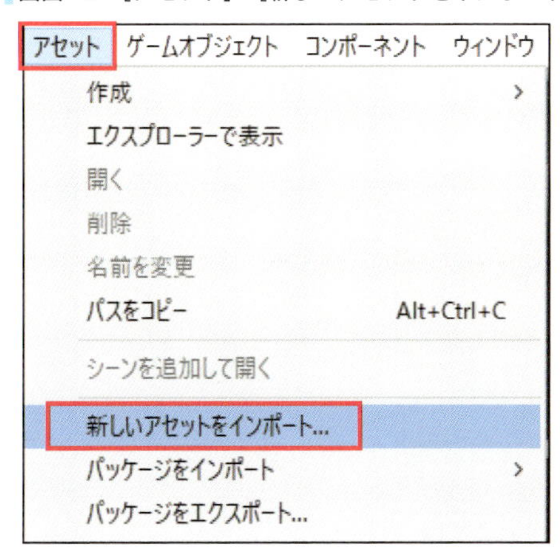

　mixamo(ミグザモ)からダウンロードして保存しておいたフォルダに入って、皆さんも3個の「.fbx」のファイルをダンロードしていると思うので、この3つを一度に全部選んで**[インポート]**ボタンをクリックしてください。

　すると、**画面13**のようにプロジェクトのAssets(アセッツ)フォルダに、「.fbx」ファイルが3個取り込まれます。

画面13　mixamo(ミグザモ)のファイルが取り込まれた

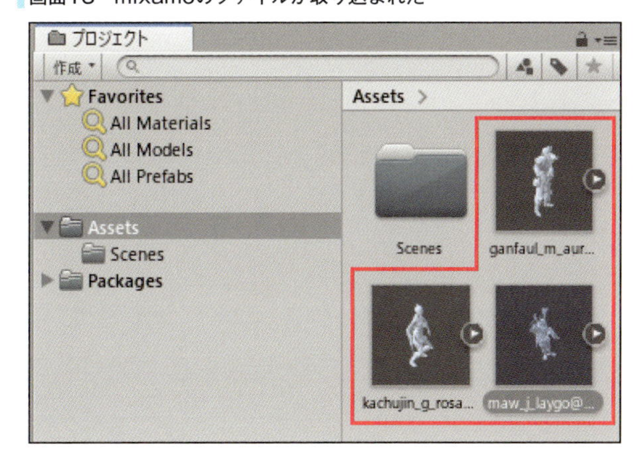

　画面13を見ると取り込んだキャラクタに色が適用されていません。

それで、これから一つずつ、取り込んだキャラクタの設定を行う必要があります。

まずは、最初の「ganfaul_m_aure@Hip Hop Dancing（ヒップ ホップ ダンシング）」の設定から行っていきましょう。

あとの2つも設定手順は同じですので、最初の手順に従って設定するといいと思います。

「ganfaul_m_aure@Hip Hop Dancing（ヒップ ホップ ダンシング）」を選んでインスペクターを表示させます。

[Rig（リグ）]ボタンをクリックして表示される画面から、**[アニメーションタイプ]**に「古い機能」を選んで、**[適用する]**ボタンをクリックしてください(**画面14**)。

画面14　[アニメーションタイプ]に「古い機能」を選ぶ

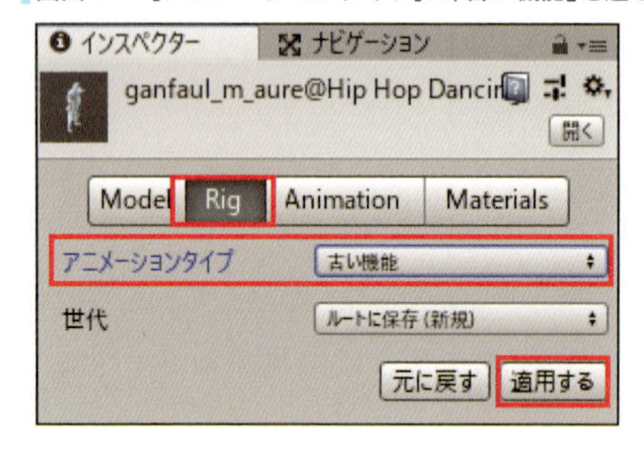

次に**[Animation（アニメーション）]**ボタンをクリックします。

すると**画面15**の画面が表示されます。

[ラップモード]という項目があるので、ここに「ループ」を指定してください。

[ラップモード]は、もう一個下の方にもあるので、これにも「ループ」を指定して、**[適用する]**ボタンをクリックしておきましょう。

画面15　Animation画面の設定

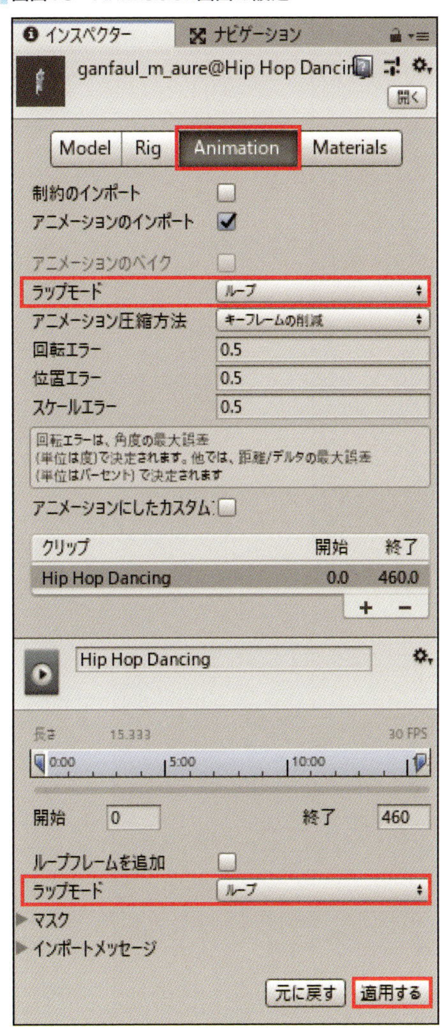

次に、[Materials]の設定を行います。

ここの設定で、色が適用されていないキャラクタに色が表示されるようになります。

[Materials]をクリックすると**画面16**の画面が表示されます。

ここでテクスチャの[**テクスチャを抽出**]ボタンをクリックしてください。

するとフォルダを選ぶ画面が表示されますので、そのまま[**フォルダの選択**]をクリックするだけで構いません。

何か処理がはじまり、終了すると**画面17**の画面が表示されますので、[Fix now]をクリックしておくといいです。

画面16 [テクスチャ抽出]ボタンをクリックする

画面17 [Fix now]をクリックする

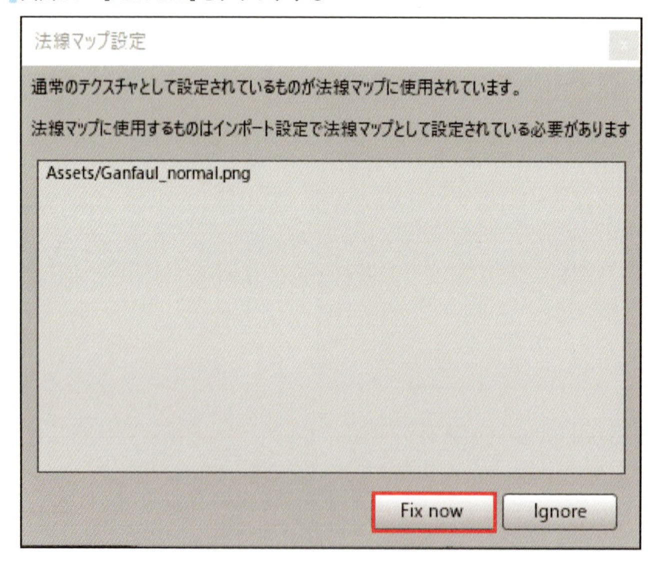

すると、「ganfaul_m_aure@Hip Hop Dancing（ヒップ ホップ ダンシング）」のキャラクタにテクスチャが適用されたのがわかります(**画面18**)。

画面18　「ganfaul_m_aure@Hip Hop Dancing（ヒップ ホップ ダンシング）」のキャラにテクスチャが適用された

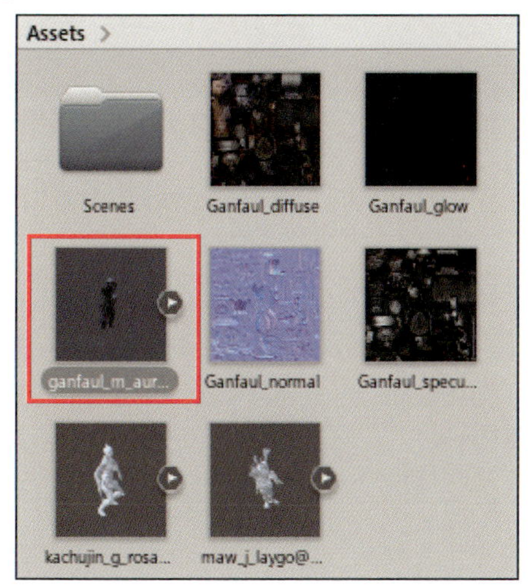

残り2つのキャラクタにも、**画面14**から**画面17**の手順を実行しておきましょう。

すると**画面19**のように、すべてのキャラクタにテクスチャが適用されるはずです。

画面19　すべてのキャラクタにテクスチャが適用された

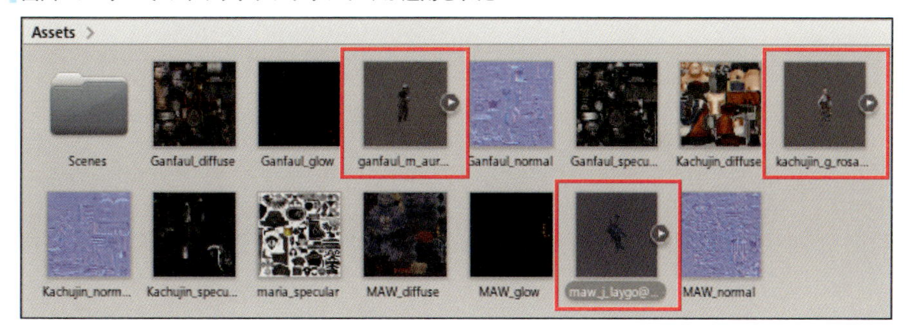

以上で、mixamo（ミグザモ）から取り込んだキャラクタの設定は完了です。

この3人のキャラクタをシーン画面に配置しておきましょう。

4 ▶▶ 3人のキャラクタをシーン画面に配置しよう

Unityメニューの[ゲームオブジェクト]→[3Dオブジェクト]→[平面]と選んで、「平面」をシーン画面に配置してください。

平面はゲーム画面を見ながら、下の方に配置します。

ここでは3人のキャラクタを配置しますので、平面のインスペクターの「トランスフォーム」の[拡大/縮小]のXとZに「2」を指定して、平面のサイズを少し大きくしておきましょう。

平面上に3人のキャラを配置します。

位置はどこでも構いません。

カメラに背を向けていると思いますので、ヒエラルキーから3人のキャラを一度に選んで、インスペクターの「トランスフォーム」の[回転]のYに「180」と指定して、カメラの方を向けておきましょう。

次にヒエラルキーから「Main Camera」も選んで、「トランスフォームツール」の「移動ツール」で、「Main Camera」を3人のキャラクタに近づけておいてください。

このへんは、皆さんが好きなように設定してください。

筆者は**画面20**のような配置にしました。

画面20　3人のキャラクタを平面に配置した

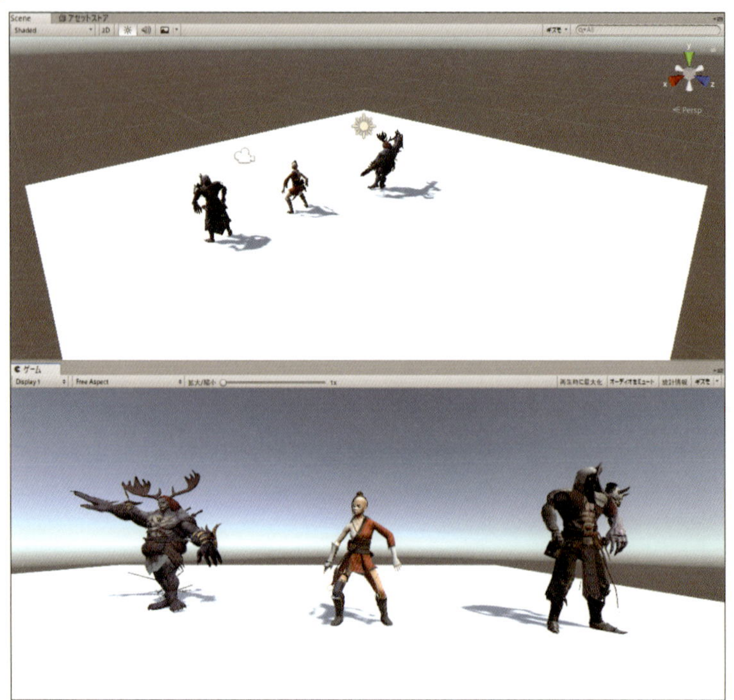

画面20を見ると真ん中の「kachujin_g_rosales@Hip Hop Dancing」の頭髪が少しおかしいですね。

「ズル剥け？」になっているように見えますね。

mixamoの問題か、Unity側の問題かは原因が不明です。

動作には問題がないので、このまま進めましょう。

一度再生してみましょう。

画面21のように3人のキャラがいろいろなダンスを踊り始めます。

画面21　3人のキャラがダンスを始めた

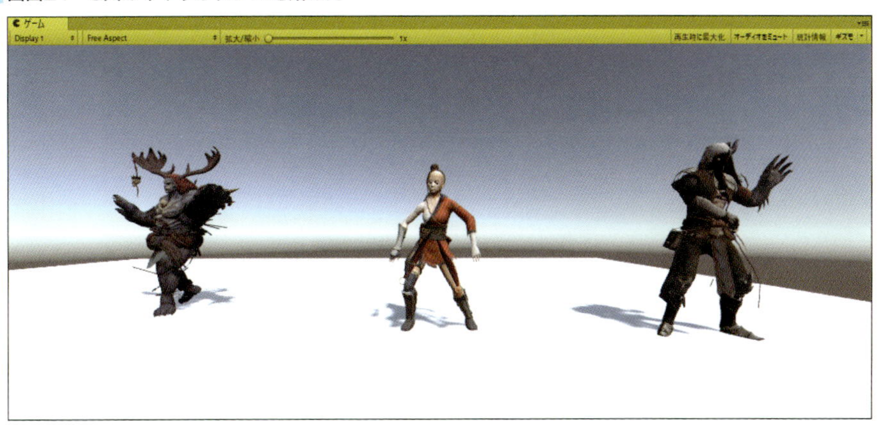

5 ▶▶ ダンスに音をつけよう

これでダンスはできるようになりました。

でも何か、これだけでは寂しいですね。

無音でダンスをしているから寂しいですよね。

何か音を追加してみましょう。

音ファイルを入手しよう

「音」のアセットを、アセットストアからダウンロードしますが、「音」アセットはほとんどが有料なんです。

無料の音アセットを探すのはなかなか大変ですが、何とか無料の音アセットを見つけました。

アセットストアの検索欄に「Dance Music」と入力して、表示される一覧から「Loop & Music Free」を選んでください(**画面22**)。

10

「音」ファイルは、多くの場合にダウンロードやインポートに時間がかかるので、そのつもりでいてくださいね。

画面22 「Loop & Music Free(ループ & ミュージック フリー)」を選ぶ

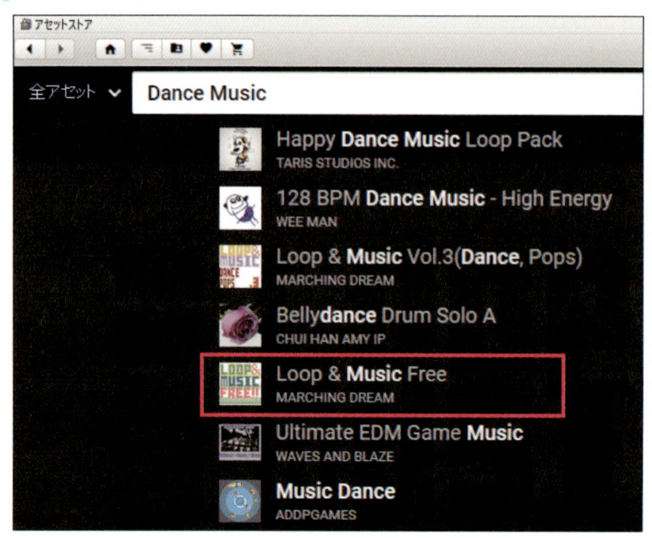

「ダウンロード」のページが表示されます。

筆者もこのアセットはここで初めて使いますので**[ダウンロード]**と表示されています(画面23)。

[ダウンロード]→[インポート]と進んでください。

画面23 「Loop & Music Free(ループ & ミュージック フリー)」のダウンロード画面

「Import Unity Package」の画面が表示されますので、**[インポート]**ボタンをクリックしてください(**画面24**)。

画面24　インポートボタンをクリックする

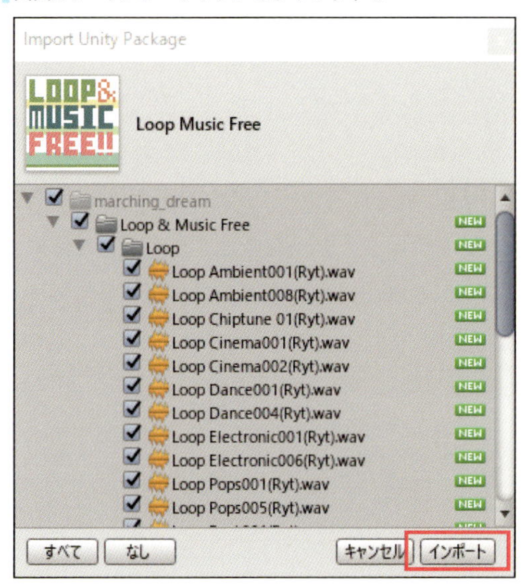

インポートが完了したら、アセットストアの最大化を外してシーン画面を表示しておきましょう。

いま取り込んだ、「音」ファイルは「プロジェクト」内に取り込まれています(**画面25**)。

画面25　「marching_dream」というフォルダの[Loop & Music Free]→[Music]フォルダ内にwavファイルが取り込まれている

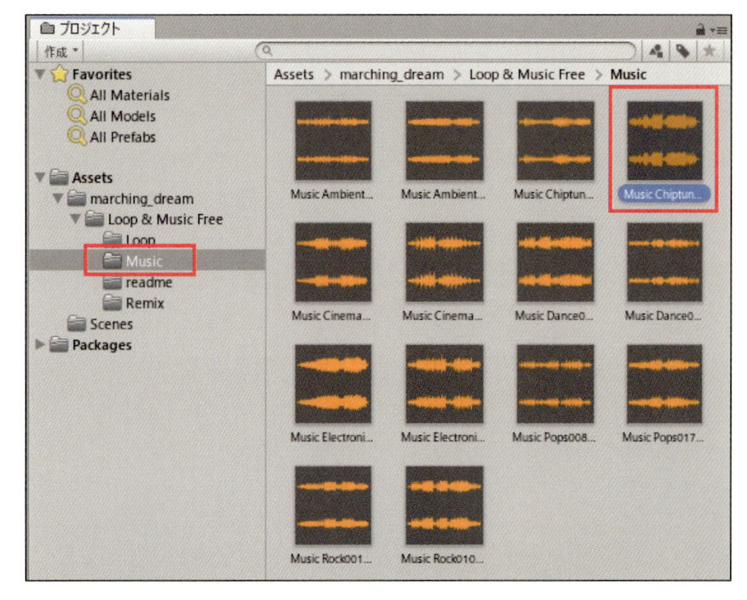

音ファイルがどんな曲なのかは、**画面25**で表示されている音ファイルをダブルクリックすると、再生されて確認することができます。

ここでは、赤い枠で囲った、「Music Chiptune007(Mach080)」という音ファイルを使ってみましょう。

皆さんが好きな音ファイルを選んでいただいてかまいません。

Loopフォルダ内にも音ファイルは入っています。

ダンスに音ファイルを付ける

Unityメニューの**[ゲームオブジェクト]→[空のオブジェクトを作成]**を選びます。

すると、ヒエラルキー内に「GameObject」が作成されます。

この名前を変更しておきましょう。

今までは、「GameObject」を選んで、マウスの右クリックで表示される**[名前を変更]**で変更していましたが、実は、名前を変更する方法はほかにもあります。

インスペクターを表示して、**画面26**の赤い枠で囲ったところを変更すると、ヒエラルキー内の名前も変更されます。

画面26　GameObjectのインスペクター

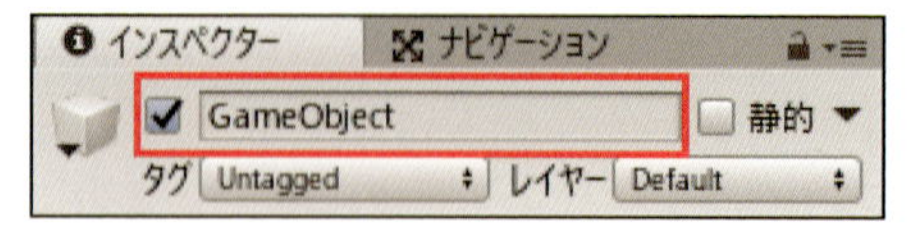

画面26の赤い枠で囲ったところを「Music」という名前に変更しました(**画面27**)。

これでヒエラルキーを見ると「GameObject」が「Music」に変更されているのがわかります(**画面28**)。

画面27　名前を「Music」に変更した

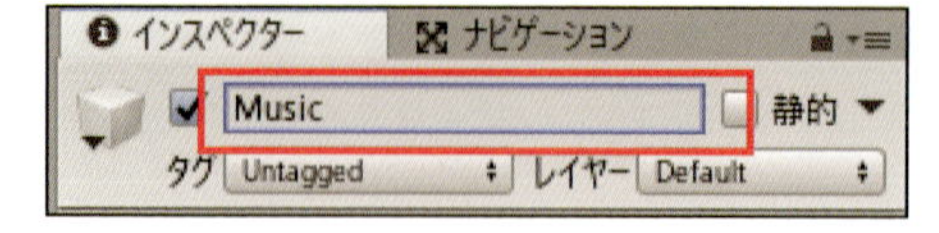

画面28　ヒエラルキー内の「GameObject」も「Music」に変わった

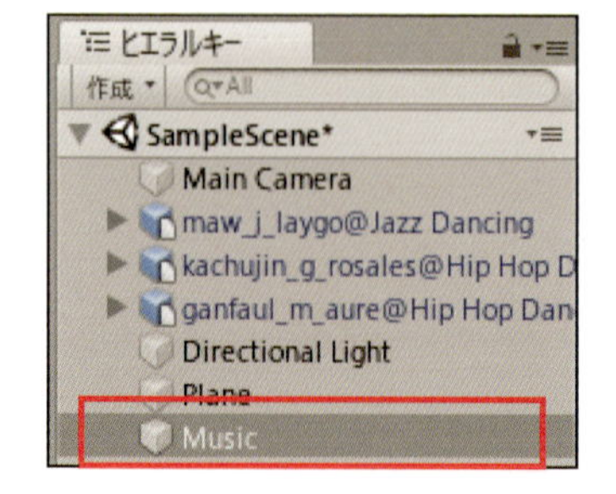

ヒエラルキーから「Music」を選んでインスペクターを表示し、**[コンポーネントを追加]**ボタンをクリックします。

[オーディオ]→[オーディオソース]と選んでください(**画面29**)。

すると、**画面30**のようにインスペクターに「オーディオソース」が追加されます。

画面29　[オーディオ]→[オーディオソース]と選んだ

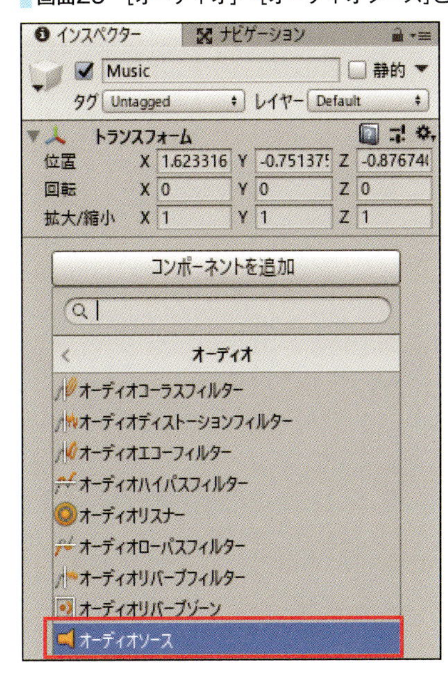

画面30　オーディオソースが追加された

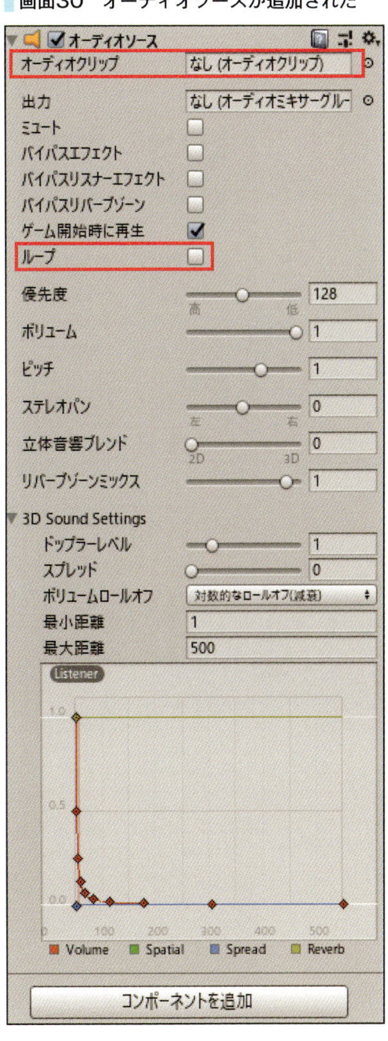

画面30の**[オーディオクリップ]**の右隅にある⊙アイコンをクリックして表示される「Select AudioClip」の画面から「Music Chiptune007(Mach080)」を指定してください。

そして、**[ループ]**という項目がありますので、これにチェックを入れておいてください。

また、これは最初からチェックは付いていますが、**[ゲーム開始時に再生]**に、チェックがついているかを必ず確認しておいてください。

ここのチェックが外れていると、再生しても音楽が流れないので注意してください(**画面31**)。

画面31　オーディオクリップの内容を設定した

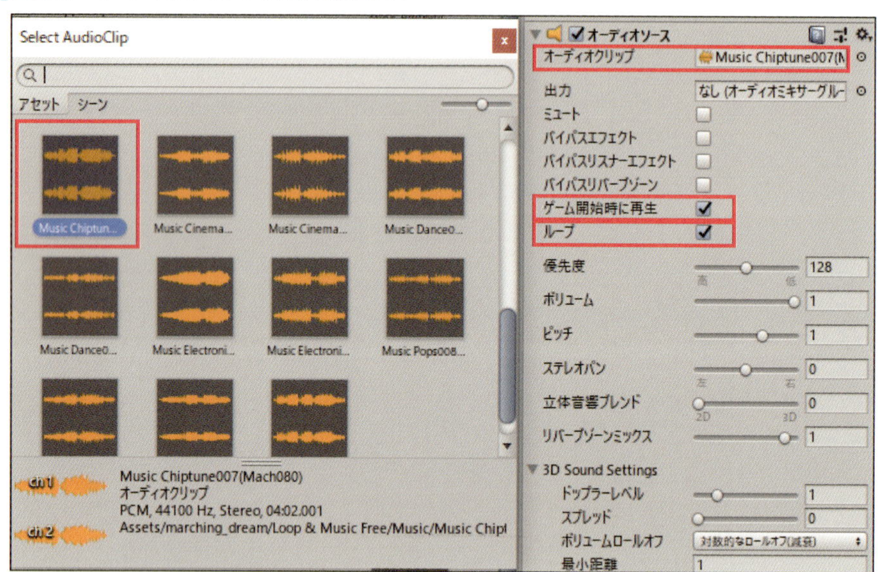

これで、すべての設定は完了しました。

では再生してみましょう。

画像なので音は聞こえませんが、音楽が鳴る中を、3人のキャラがそれぞれのダンスを踊っていいます(**画面32**)。

画面32　音楽と一緒に3人のキャラクタがダンスをしている

6 ▶▶ 舞台にマテリアルを貼り付けよう

画面32を見ると、舞台が白ではなんか味気ないですよね。

アセットストアからマテリアルをダウンロードして、何か貼り付けてみましょう。

アセットストアに入って、検索欄に「Yughues Free Metal Materials」と入力して、表示される「Yughues Free Metal Materials」をクリックして「ダウンロード」ページに入ります(画面33)。

画面33　「Yughues Free Metal Materials」のダウンロードページ

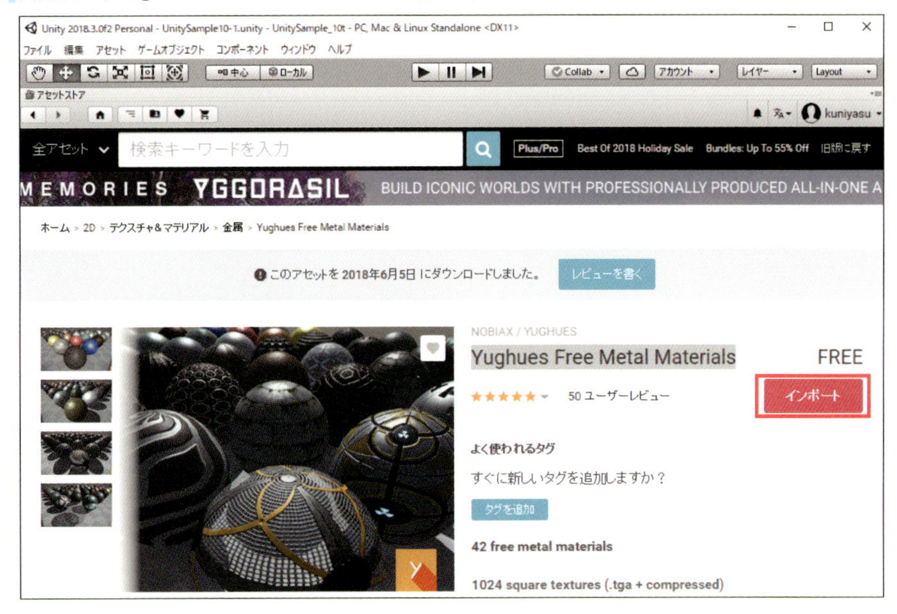

筆者はこのアセットを何度も使っておりダウンロードは終わっていますので、**[インポート]**と表示されていますが、読者は初めてなので**[ダウンロード]**と表示されているはずです。

筆者は**[インポート]**をクリックします。

すると「Import Unity Package」の画面が表示されますので、**[インポート]**をクリックします(画面34)。

画面34　[インポート]をクリックする

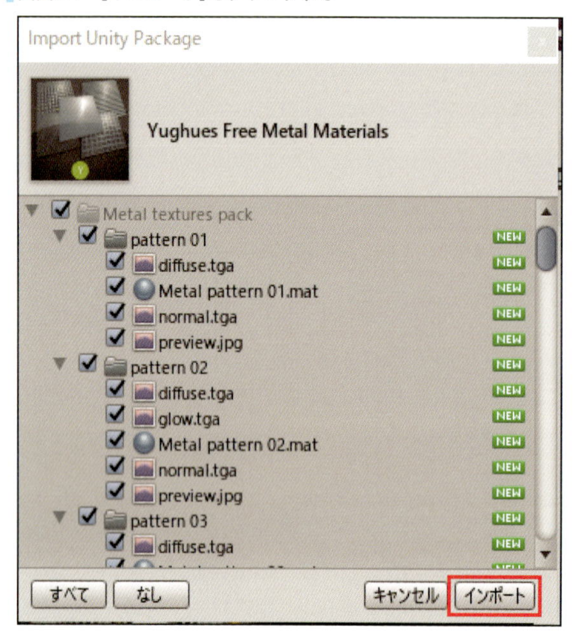

インポートが完了したらアセットストアの最大化を外して、シーン画面を表示させておきましょう。

いま取り込んだアセットは、プロジェクト内の「Metal textures pack」フォルダ内に取り込まれています。

全部で42個ものマテリアルが入っています(**画面35**)。

画面35　全部で42個のテクスチャが取り込まれた

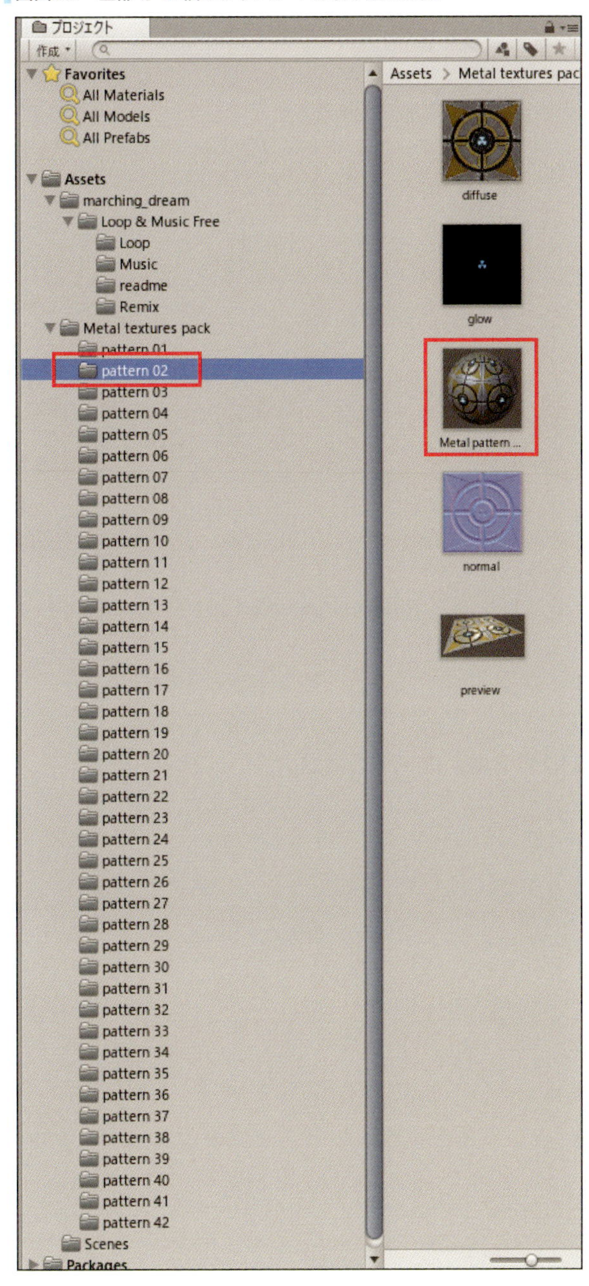

ここでは、「pattern2」の中にある、赤い枠（わく）で囲ったマテリアルを、シーン画面の平面の上にドラッグ&ドロップするといいです。

必ず「球体」で表示されているものをドラッグ&ドロップしてください。

この球体のものは、拡張子が「.mat」という拡張子で、マテリアルを表しています。

他のものでは、マテリアルが適用されませんので、注意してください。

画面36のような表示になります。

画面36 「pattern2」のマテリアルを適用して再生した

このサンプルを別名で「UnitySample10-1」として保存しておきましょう。

次の第11章では、カメラの種類について説明します。

カメラを使いこなす

この章では、カメラのアセットはどこから入手するのか？カメラにはどんな種類のカメラがあるのか？ということと、各種カメラを使ったサンプルについて説明していきます。

1 ▶▶ プロジェクトを作ろう

最初にプロジェクトを作ります。

デスクトップ上に表示されているUnity Hubのアイコンをダブルクリックしてください。

Unity Hubが起動するので、**[新規]**から「UnitySample_11」というプロジェクトを作成します。

[Create project]ボタンをクリックするとUnityが起動します。

2 ▶▶ カメラのアセットを入手しよう

カメラのアセットは、5章でも説明はしていますが、アセットストアからダウンロードする「Standard Assets」の中に含まれています。

第5章では「FreeLookCameraRig」を使ったサンプルを紹介していますが、これもカメラの一種なんです。

ですので、アセットストアから「Standard Assets」をインポートしておいてください。

一度インポートしていますから、インポートの方法については、わかりますよね。

わからなければ5章を読んでください。

◉ Standard Assetsに含まれるカメラの種類について

Standard Assetsをインポートすると、プロジェクトの中にフォルダが作成されて、必要なアセットが取り込まれることは、もうわかりましたね。

「Standard Assets」の**[Cameras]**→**[Prefabs]**というフォルダに4種類のカメラが含まれています（画面1）。

画面1　4種類のカメラが入っている

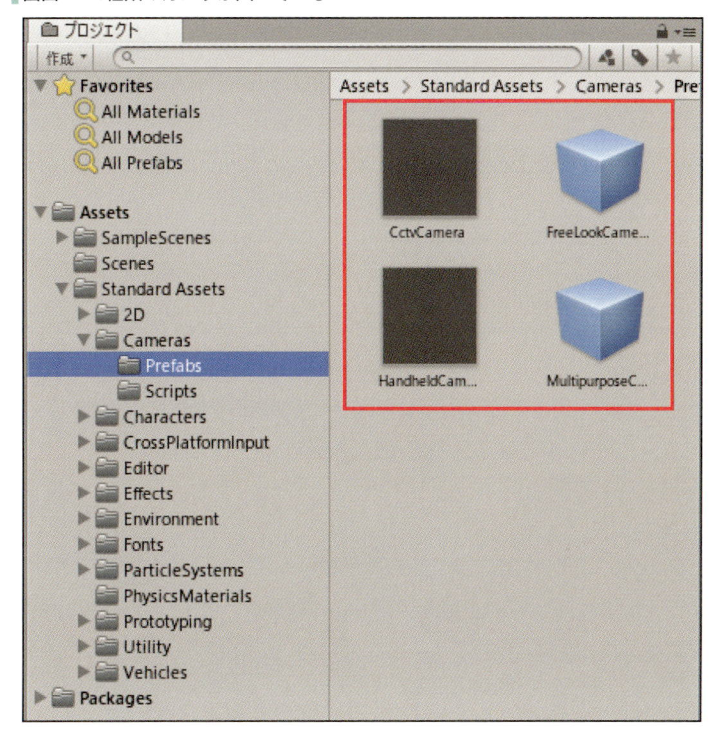

CctvCamera、FreeLookCameraRig、HandheldCamera、MultipurposeCameraRigの4つが含まれています。

まずは、5章で使ったことのある「FreeLookCameraRig」から見ていきましょう。

3 ▶▶ FreeLookCameraRigとはなんだろう？

FreeLookCameraRigとは、マウスの移動で視点を自由に変えることのできるカメラです。

言葉で説明してもなかなかわからないと思いますので、実際にサンプルを作って説明しましょう。

FreeLookCameraRigを使ったサンプルを作る

まず、この章のカメラのサンプルで使うキャラクタを取り込んでおきましょう。

ここではアセットストアからではなくて、5章と同じ方法で下記のURLの「UNITY-CHAN! OFFICIAL WEBSITE」サイトから取り込みます。

http://unity-chan.com/

ブラウザ(Microsoft Edge)のアドレス欄に上記のURLを打ち込んで Enter キーを叩いてください。

すると、**画面2**の画面が表示されます。

画面2　Unity-Chan ! Official Webサイト

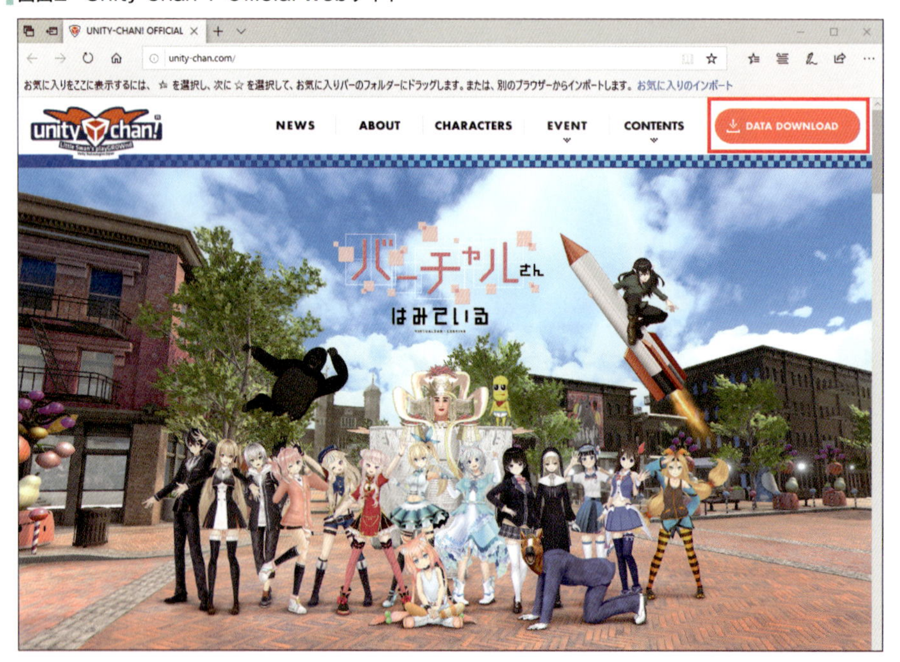

右隅上にある**[DATA DOWNLOAD]**をクリックします。

すると「ユニティちゃんライセンス条項」が表示されますので、この内容をよく読んで、一番下にある**[ユニティちゃんライセンスに同意しました。]**にチェックを入れてください。

すると、**[データをダウンロードする]**というボタンが使えるようになります(**画面3**)。

画面3 「ライセンス条項」に同意して、[データをダウンロードする]が使えるようになった

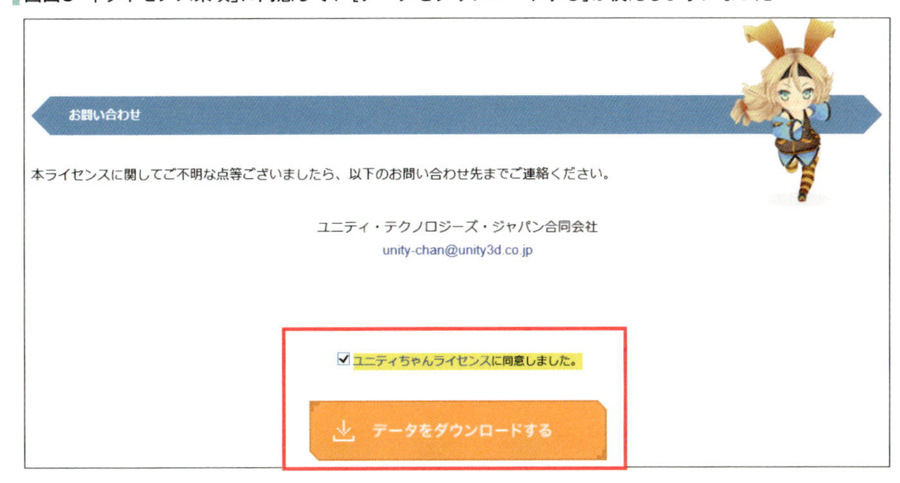

すると各種データがダウンロードできるページが表示されます。

ここでは画面4の赤い枠で囲った「Battle Costume Kohaku Otori」をダウンロードします。

画面4 「Battle Costume Kohaku Otori」をダウンロードする

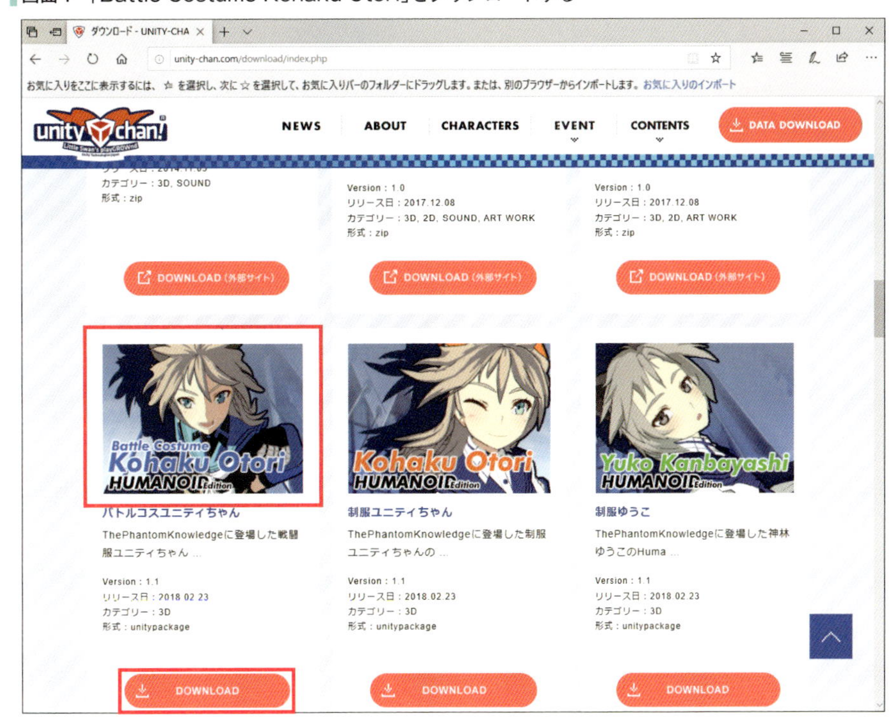

画面4の赤い枠で囲った[DOWNLOAD]をクリックすると、**画面5**のような画面が表示されますので、**[名前を付けて保存]**を選び、任意のフォルダに保存しておきましょう。

画面5 「01_kohaku_A.Unitypackage」の保存を聞いてきた

名前を付けて任意のフォルダに保存したら、右隅上の×アイコンで、Microsoft Edgeを終了してください。

◎ 保存した01_kohaku_A.UnitypackageをUnityに取り込むには

Unityメニューの**[アセット]→[パッケージをインポート]→[カスタムパッケージ]**と選びます(**画面6**)。

画面6 [アセット]→[パッケージをインポート]→[カスタムパッケージ]と選ぶ

アセット ゲームオブジェクト コンポーネント Mobile Input ウィンドウ ヘルプ
作成
エクスプローラーで表示
開く
削除
名前を変更
パスをコピー Alt+Ctrl+C
シーンを追加して開く
新しいアセットをインポート...
パッケージをインポート カスタムパッケージ...
パッケージをエクスポート...
シーン内の参照を検索
依存するアセットを選択
リフレッシュ Ctrl+R
再インポート
すべてを再インポート
プレハブから抽出
APIアップデータを実行...
UIElements スキーマ更新
C# プロジェクトを開く

これで、**画面4**でダウンロードして、任意のフォルダに保存している「01_kohaku_A.Unitypackage」を指定します。

するとインポートがはじまります。

「Import Unity Package」が表示されるので、**[インポート]**ボタンをクリックしてください(**画面7**)。

画面7　[インポート]ボタンをクリックする

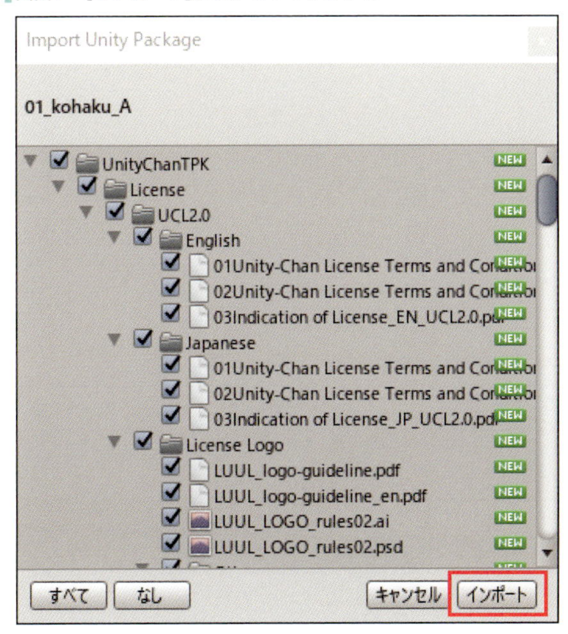

プロジェクトの中に「UnityChanTPK」のフォルダが作成され、「Prefabs」フォルダの中に、「01_kohaku_A」のアセットが入っていますので、ここではこれを使います(**画面8**)。

画面8　Prefabsの中に「01_kohaku_A」が存在する

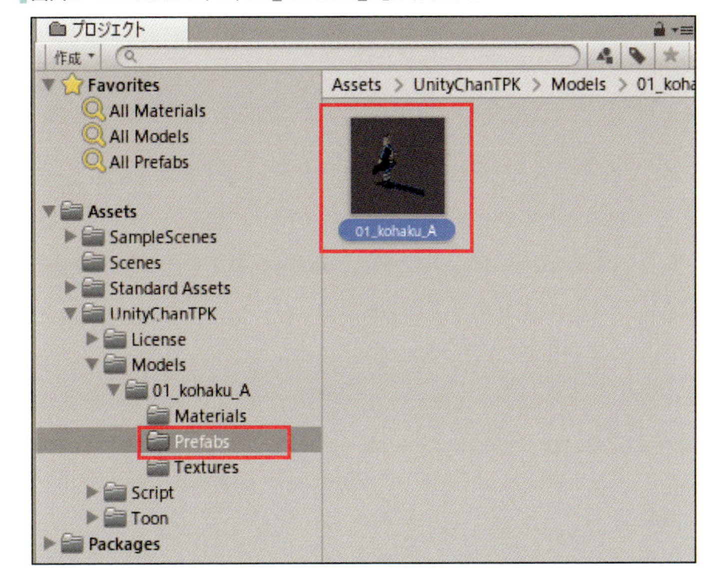

◉01_kohaku_Aを配置する舞台を作成しよう

ここでは、配置した平面に木々を配置してみます。

「平面」はUnityメニューの**[ゲームオブジェクト]**→**[3Dオブジェクト]**→**[平面]**と選びます。

配置した「平面」は、「移動ツール」でゲーム画面を見ながら下の方に下げておきましょう。

平面の上に配置する「木」をインポートします。

アセットストアに入り検索欄に「Tree」と入力すると「Tree Creator Tutorial Assets」が表示されますので、これを選びます。

「ダウンロード」画面が表示されます（**画面9**）。

画面9　「Tree Creator Tutorial Assets」のダウンロード画面

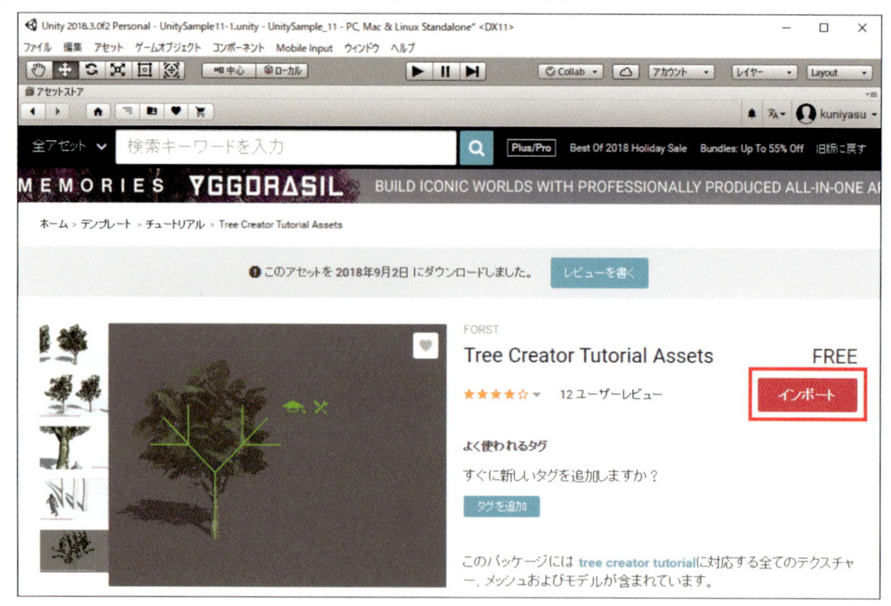

筆者はこのアセットは何度も使っておりダウンロードは完了していますので、**[インポート]**と表示されています。

初めて使う読者には、**[ダウンロード]**と表示されているはずです。

[ダウンロード]→**[インポート]**と進んでください。

筆者は**[インポート]**をクリックします。

すると、「Unity Import Package」の画面が表示されます（**画面10**）ので、**[インポート]**ボタンをクリックします。

画面10　Import Unity Packageが表示される

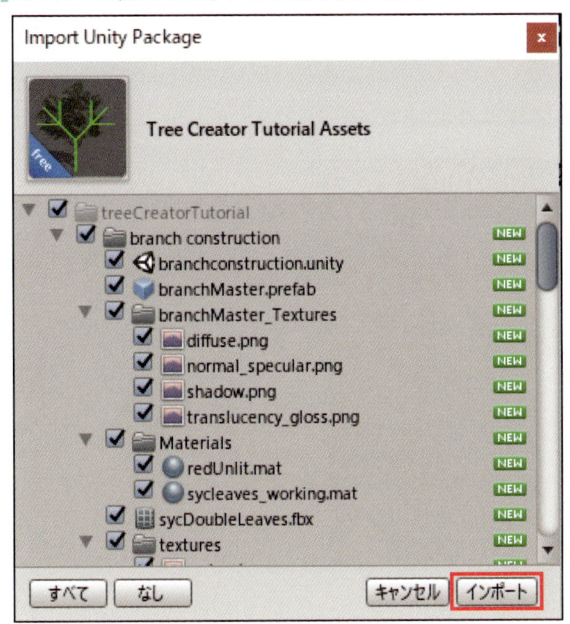

このアセット以外に、5章でインポートした「Mecanim Locomotion Stater Kit」もインポートしておいてください。

画面付きの説明が必要な人は5章を読んでください。

次に、検索欄に「Yughues Free Ground Materials」と入力して、「Yughues Free Ground Materials」を選んでください。

「Yughues Free Ground Materials」」のダウンロード画面が表示されます（**画面11**）。

これは平面に適用するマテリアルになります。

画面11　「Yughues Free Ground Materials」のダウンロード画面

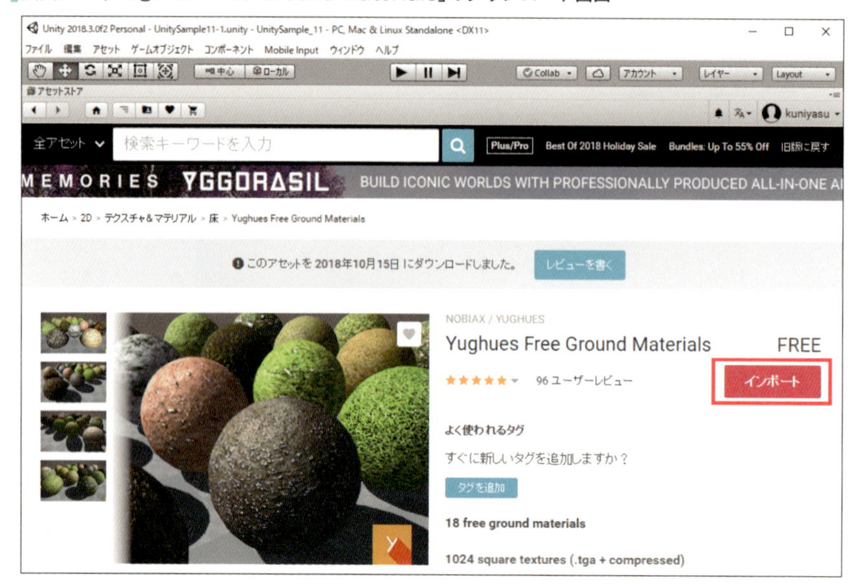

筆者はこのアセットは何度も使っておりダウンロードは完了していますので、**[インポート]**と表示されています。

初めて使う読者には、**[ダウンロード]**と表示されているはずです。

[ダウンロード]→[インポート]と進んでください。

筆者は**[インポート]**をクリックします。

すると、「Unity Import Package」の画面が表示されます(**画面12**)ので、**[インポート]**ボタンをクリックします。

画面12　Import Unity Packageが表示される

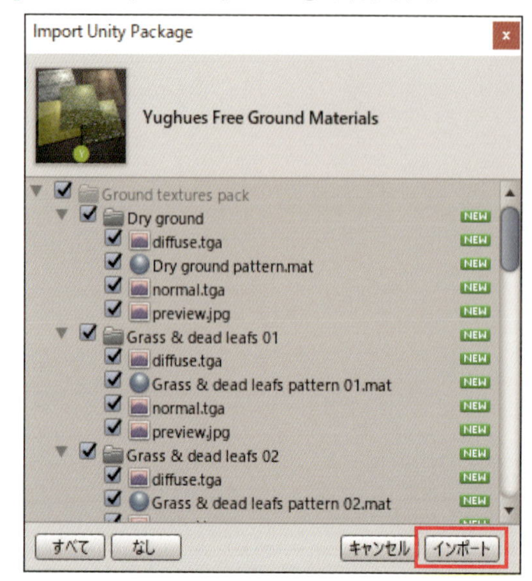

必要なアセットのインポートが完了したら、アセットストアの最大化を外してシーン画面を表示しておきましょう。

いま取り込んだアセットは「プロジェクト」の中に取り込まれています(**画面13**)。

画面13　取り込んだアセットがプロジェクトの中に表示されている

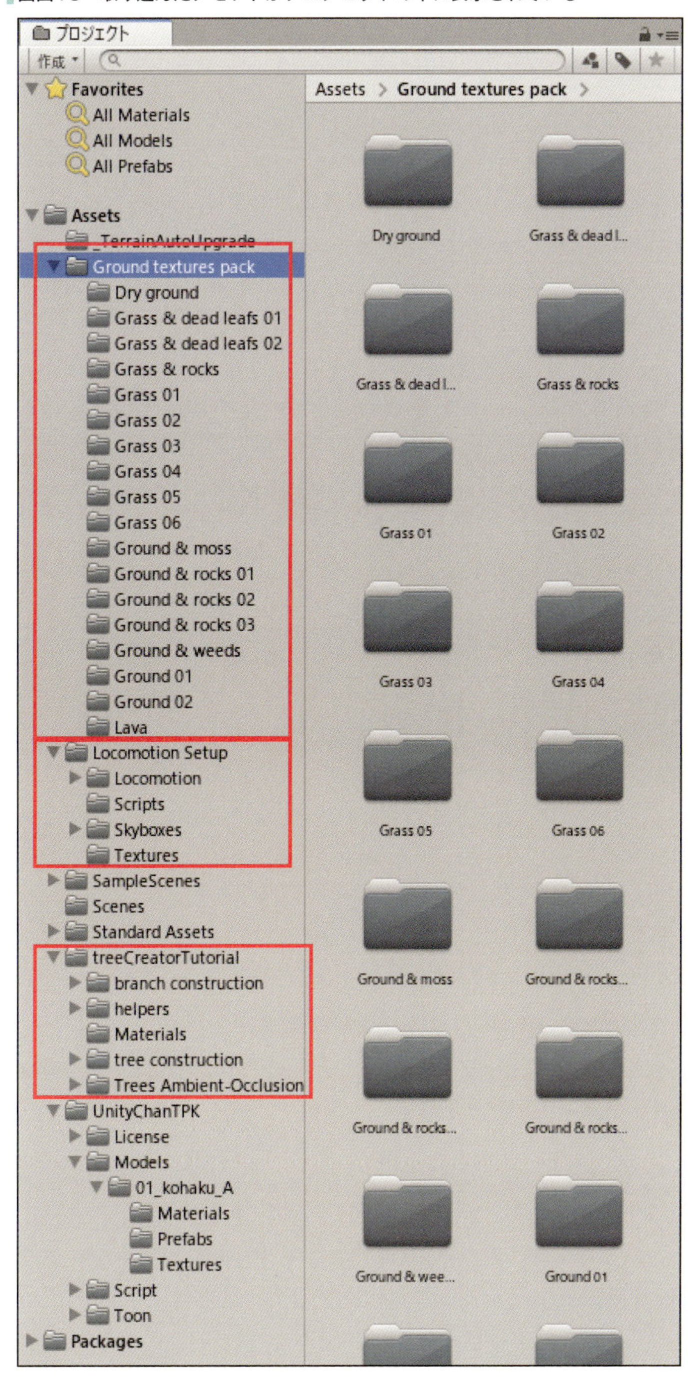

◉ 木々の設定を行う

まず、プロジェクト内の**[treeCreatorTutorial]**→**[tree construction]**→[00 sycamore trees procedural]フォルダにあるファイルを表示させます。

ほかの、「01 sycamore trees finalized」や、「02 highPolyGeometry trees」のフォルダの中のものに対しても同様の処理を適用してください。

ここでは、「00 sycamore trees procedural」フォルダ内にある木々を使いますので、この中の物に対してのみ設定を行います。

「00 sycamore trees procedural」のフォルダ内を見ると、**画面14**の赤い枠で囲った木々のprefabファイルに画像が表示されておりません。

このまま、平面上に配置しても何も表示はされません。

まず、「syc_01 procedural working item」を選んでインスペクターを表示させ、**[プレファブを開く]**ボタンをクリックします。

画面14　「syc_01 procedural working item」を選んでインスペクターを表示する

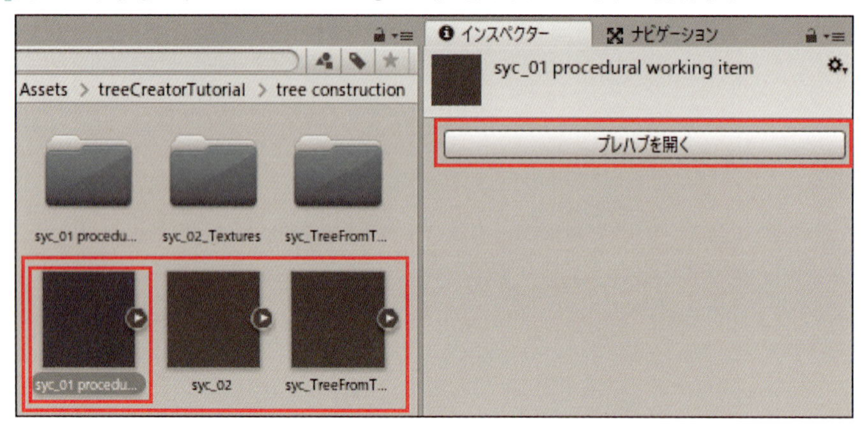

するとプレファブのインスペクターが表示されます。

よく見ると、「syc_01 procedural working item」の先頭にチェックがついておりません（なぜチェックが付いていないのかはわかりません）。

これでは使えないので、チェックを付けます。

すると、**画面14**の「syc_01 procedural working item」に木の画像が表示されます（**画面15**）。

画面15　プレファブのインスペクターから「syc_01 procedural working item」の先頭にチェックを入れる

他の、「syc_02、syc_TreeFromTutorial」などに対しても同じ処理を行います。すると、**画面16**のように、すべてに木の画像が表示されます。

画面16　すべてに木の画像が表示された

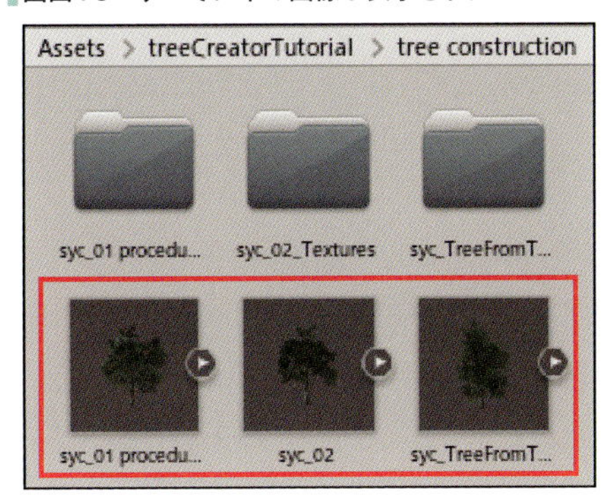

シーン画面にも木のアセットが表示され、ヒエラルキー内が**画面17**のようになっています。

もとのシーン画面に戻すには赤い枠で囲った‹のアイコンをクリックしてください。

画面17 < アイコンをクリックしてもとのシーン画面を表示する

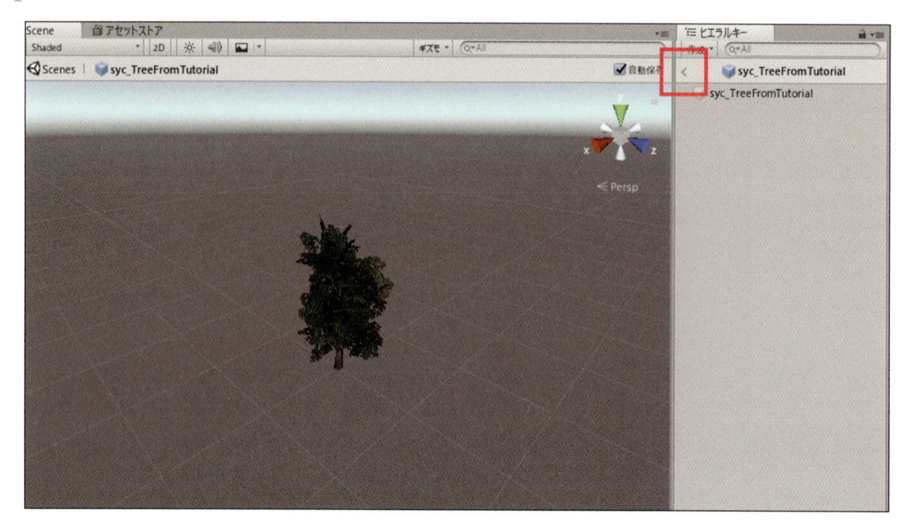

平面に木々を配置する

シーン画面が表示されたところで、**画面16**の中の好きな木を選んで、平面上にドラッグ＆ドロップしてください。

筆者は**画面18**のように配置しました。

木々のサイズが少し大きいので、配置した木々のインスペクターを表示して「トランスフォーム」の**[拡大/縮小]**のX、Y、Zに「0.5」を指定してサイズを小さくしました。

また平面には、「プロジェクト」内の「Ground textures pack」フォルダの「Grass & rocks」フォルダ内にある、「Grass & rocks pattern」を適用させておきました。

画面18 「Grass & rocks pattern」を適用させた平面上に、木々を配置した

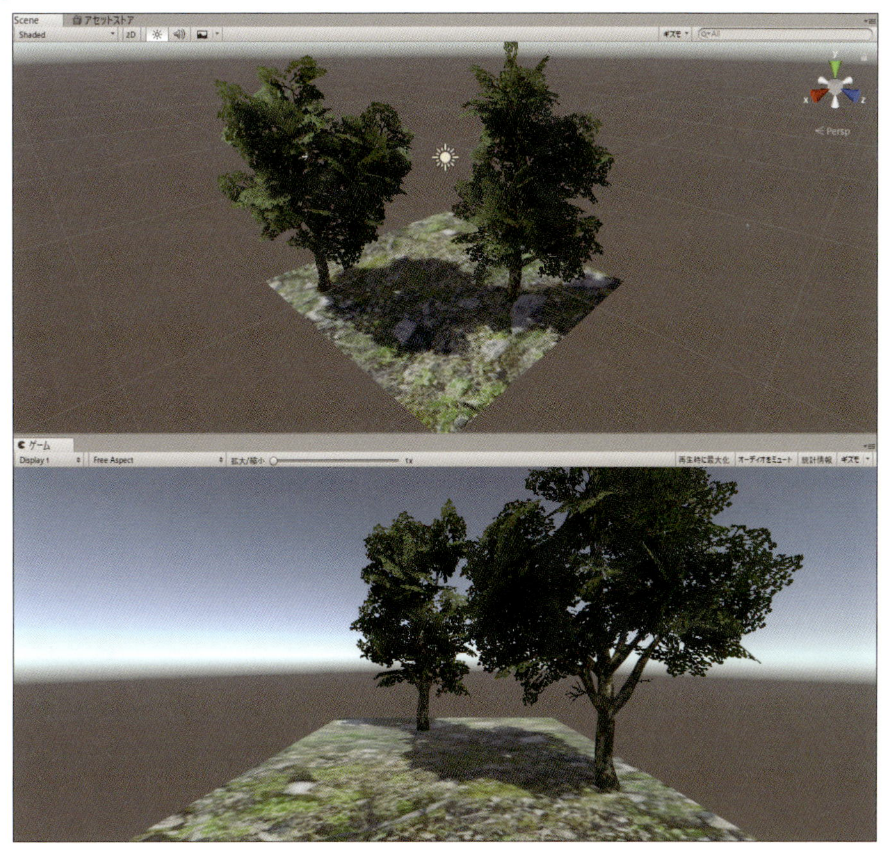

01_kohaku_Aを平面上に配置しよう

画面18の平面の上に、「プロジェクト」のUnityChanTPKフォルダの［Models］→［01_kohaku_A］→［Prefabs］フォルダ何にある、「01_kohaku_A」をドラッグ＆ドロップします（画面19）。

画面19　01_kohaku_Aを配置した

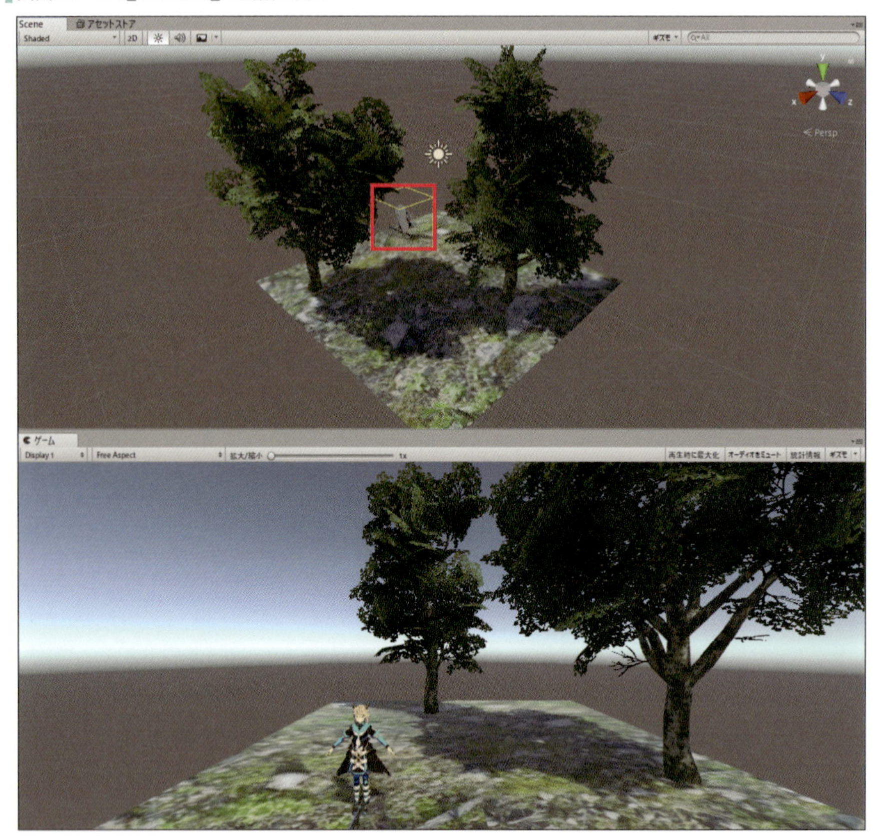

「01_kohaku_A」は「Main Camera」に背を向けていますので、「01_kohaku_A」のインスペクターの「トランスフォーム」の**[回転]**のYに「180」を指定してカメラの方を向けます。

また「Main Camera」も少し調整して、「01_kohaku_A」の方に近づけています。

しかし、この「Main Camera」の処理は、特にする必要はありません。

後ほど、「FreeLookCameraRig」を配置した場合に、「Main Camera」は削除してしまうからです。

一応ここで「Main Camera」を設定したのは、「01_kohaku_A」がどのように表示されるかを確認したかったからです。

01_kohaku_Aをキーボードの↑↓←→キーで操作可能にする

まずは、アセットストアから「Mecanim Locomotion Starter Kit」をインポートしておいてください。

この処理は5章で説明していますので、簡単に説明しておきましょう。

わからない人は画面付きの5章を読んでください。

シーン画面に配置した「01_kohaku_A」か、ヒエラルキー内の「01_kohaku_A」を選んでインスペクターを表示させます。

まず、このインスペクターの中で重要なのは、**[アニメーター]**の「Controller」のところです。

右端にある⊙アイコンをクリックしてください。

そうすると、「Select RuntimeAnimatorController」の画面が表示されます。

この中から「Locomotion」を選ぶと、「Controller」の中に「Locomotion」が指定されます。

この「Locomotion」は「Mecanim Locomotion Stater Kit」の中に含まれているコントローラーです。

次に、インスペクターの**[コンポーネントを追加]**ボタンをクリックして、**[物理]**→**[キャラクターコントローラー]**と選んでください。

すると、インスペクター内に「キャラクターコントローラー」が追加されます。

この中の**[中心]**のYの値に「1」を必ず指定しておきます。

ここに「1」を指定しておかないと、再生した場合に、「01_kohaku_A」がほんのすこし平面から浮いた状態になってしまいます。

だから必ず「1」を指定しておきます。

最後に、もう1つ追加するものがあります。

インスペクターの**[コンポーネントを追加]**ボタンをクリックして、**[スクリプト]**→**[Locomotion Player]**と選びます。

すると、インスペクター内に「Locomotion Player(Script)」が追加されます。

これで、設定は完了です。

理屈は抜きで、設定手順をおぼえてください。

これで再生してみます。すると**画面20**のように表示されます。

画面20 「01_kohaku_A」がキーボードで操作されている

キーボードでちゃんと操作はされているんですが、「01_kohaku_A」の足もとに何かついています。

足元に付いているものが何を意味するかはわかりません。

この「何か」は、ここでは不要なので削除しておきましょう。

ヒエラルキーから、「01_kohaku_A」を展開します。

すると「Wep」が表示されます。

これをマウスの右クリックで表示される、**[削除]**をクリックします。

すると**画面21**のような警告が表示されます。

画面21　警告が表示された

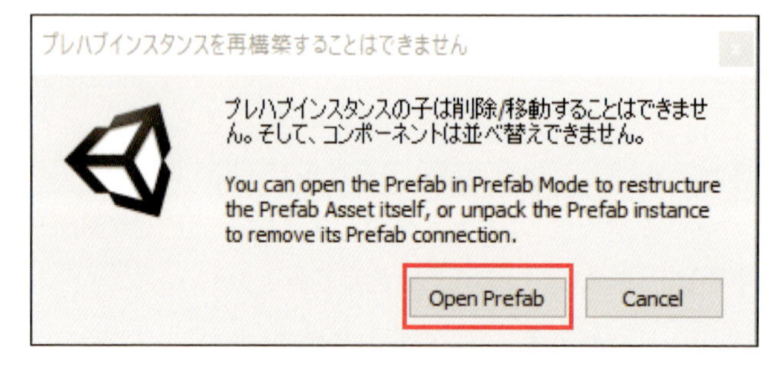

画面21で**[Open Prefab]**をクリックします。

するとシーン画面に**画面22**のように、「01_kohaku_A」が表示されます。

この状態から、足もとにくっついている何かを選んでください。

画面22　01_kohaku_Aから足元にくっついている何かを選んだ

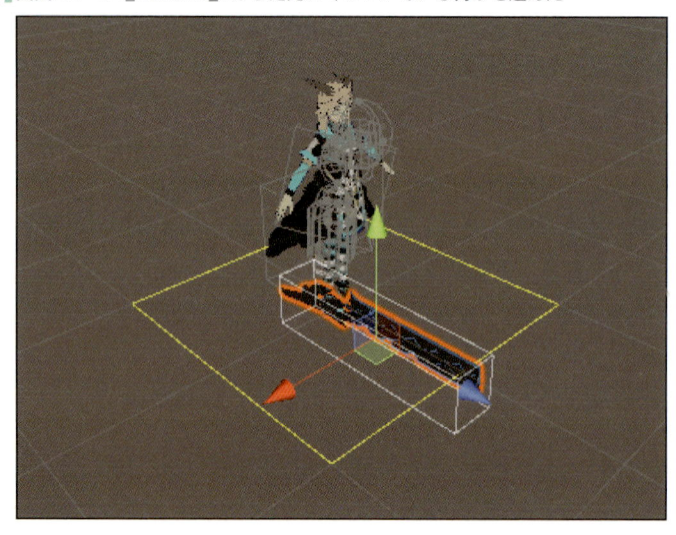

この「何か」を選んだ状態で、インスペクターを見ます。

「kwep_exebreaker」と表示されている先頭のチェックを外します。

足元にくっついてた何かとは、「kwep_exebreaker」というもののようですが、これが何を意味するかはわかりません。

すると「kwep_exebreaker」が非表示になります（**画面23**）。

画面23　「kwep_exebreaker」と表示されている先頭のチェックを外す

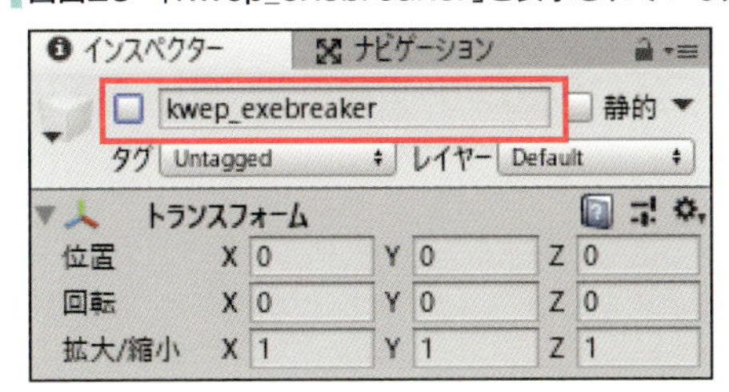

「01_kohaku_A（ゼロワンコハクエー）」から「kwep_exebreaker」が消えています（**画面24**）。

画面24　「剣」が消えた

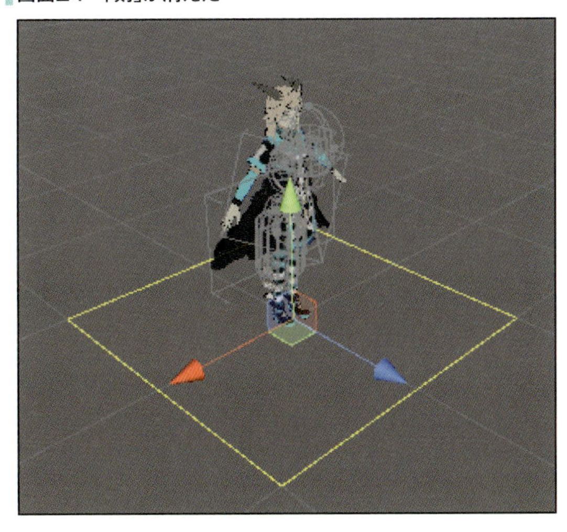

もとのシーン画面に戻りましょう。

ヒエラルキーの < アイコンをクリックすると戻ります（**画面25**）。

画面25　ヒエラルキーの < アイコンをクリックしてもとのシーン画面に戻る

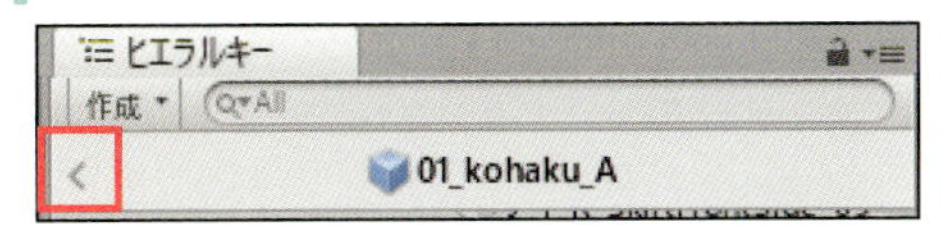

次に「FreeLookCameraRig（フリールックカメラリグ）」を配置して、マウスで視点を変えたり、カメラが

「01_kohaku_A」をついていくよう設定しましょう。

◉ FreeLookCameraRigを追加する

「プロジェクト」の「Standard Assets」フォルダの **[Cameras]**→**[Prefabs]**フォルダ内にある「FreeLookCameraRig」をシーン画面の平面上にドラッグドロップします。

場所はどこでも構いません。

そして、ヒエラルキー内にある「Main Camera」は削除してください。

ヒエラルキーから「FreeLookCameraRig」を選んでインスペクターを表示させます。

この「FreeLookCameraRig」の設定方法は6章でも説明していますが、簡単に説明しておきます。

設定するのは「Free Look Cam(Script)」内の「ターゲット」とあるところに、ヒエラルキーから「01_kohaku_A」をドラッグ&ドロップしてもいいのですが、「Auto Target Player」にチェックがついていますね。

これは、「自動的に追いかけるターゲットはPlayerとする」という意味なんです。

どういうことか簡単に説明します。

ヒエラルキーから「01_kohaku_A」を選んでインスペクターをまずは表示しください。

インスペクターの「タグ」が「Untagged」になっています。

右端のアイコンをクリックして、表示される項目から「Player」を選びます。

「タグ」はアセットを分類するものだと思っておいてください。

これで、「01_kohaku_A」のタグはPlayerに分類されたことになります。

これで、「自動的に追いかけるターゲットはPlayerとする」が設定できました。

次に、再度「FreeLookCameraRig」のインスペクターを表示させて、「Free Look Cam(Script)」内の**[Move Speed]**に「5」、**[Turn Speed]**に「4」程度を指定しておきましょう。

このへんの数値は、皆さんがいろいろ触って一番適している値を設定してください。

これで再生してみましょう。

マウスの移動で視点が変わり、「FreeLookCameraRig」が「01_kohaku_A」を追いかけているのがわかります(**画面26**)。

画面26　マウスの移動で視点が変わり、「FreeLookCameraRig」が「01_kohaku_A」を追いかけている

保存!　このサンプルを、別名で「UnitySample11-1」として保存しておきましょう。

4 ▶▶ MultipurposeCameraRigとは何だろう?

この舞台を使って、「MultipurposeCameraRig」のサンプルを作ってみましょう。

「MultipurposeCameraRig」とは、マウスの動きで視点が自由に変わるカメラではなく、キャラクタの動きに合わせてカメラが自動的に視点を変更するカメラです。

ですので、マウスを動かしても視点は変わりません。

保存!　それではこれから作るサンプルを、別名で「UnitySample11-2」として保存しておきましょう。

◎ ヒエラルキーからFreeLookCameraRigを削除しておく

ヒエラルキーから先に配置しておいた「FreeLookCameraRig」を削除してください。

代わりに、「プロジェクト」の「Standard Assets」フォルダの［Cameras］→［Prefabs］フォルダ内にある「MultipurposeCameraRig」をシーン画面の平面上にドラッグドロップします。

場所はどこでも構いません。

◉ MultipurposeCameraRigの設定をする

ヒエラルキーから、いま配置した「MultipurposeCameraRig」を選んで、インスペクターを表示します。設定するのは「Auto Cam (Script)」内の「ターゲット」とあるところに、「01_kohaku_A」が設定されているのを確認しておいてください。

ついでに、[Move Speed]に「5」、[Turn Speed]に「4」を指定しておきましょう(画面27)。

画面27 「MultipurposeCameraRig」のインスペクターを設定した

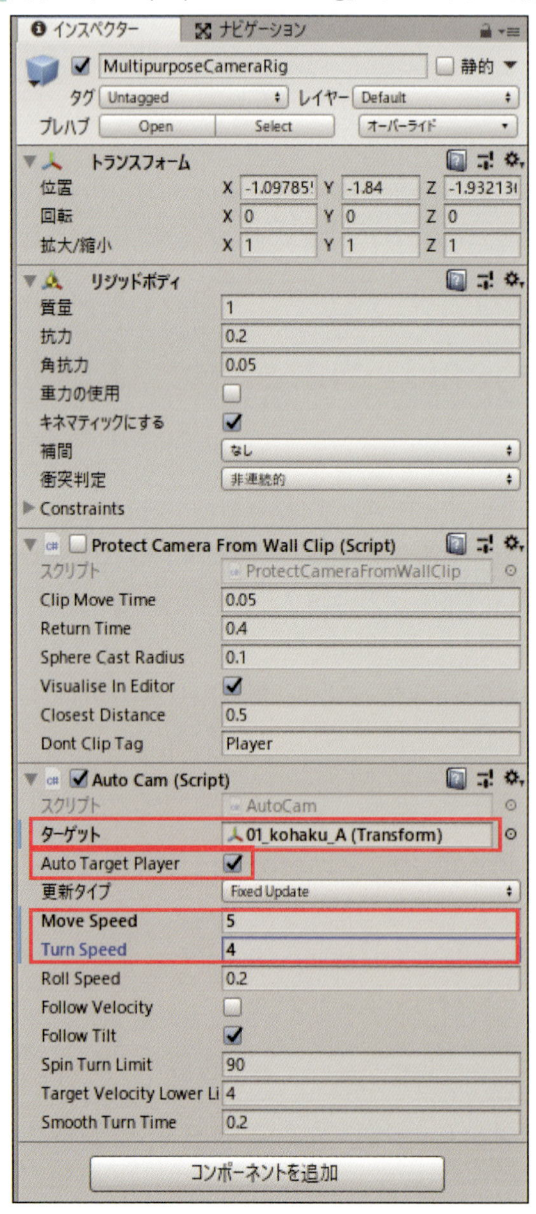

「ターゲット」に自動的に「01_kohaku_A（ゼロワンコハクエー）」が指定されているように見えますが、これは先のサンプルで、「01_kohaku_A（ゼロワンコハクエー）」のタグを「Player（プレイヤー）」に設定をしておいたためです。

この「MultipurposeCameraRig（マルチパーパスカメラリグ）」にも、「Auto Cam (Script)（オートカムスクリプト）」の中に、「Auto Target Player（オートターゲットプレイヤー）」の項目があってチェックがついています。

それで、先のサンプルで「01_kohaku_A（ゼロワンコハクエー）」のタグを「Player（プレイヤー）」に設定しておいたのが適用されたのです。

設定はこれだけです。

再生してみましょう(画面28)。

画面28 「MultipurposeCameraRig（マルチパーパスカメラリグ）」が「01_kohaku_A（ゼロワンコハクエー）」を追いかけているが、マウスでの視点の移動はできない

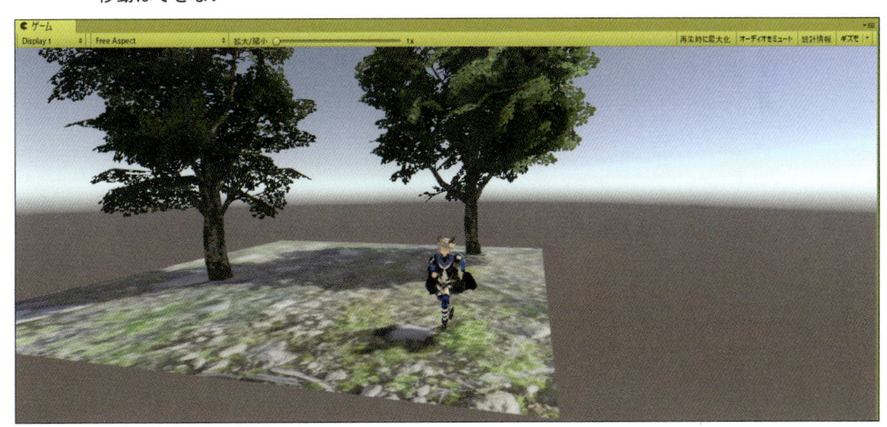

保存! このサンプルを[保存]から上書き保存しておきましょう。

5 CctvCamera（シーシーティーブイカメラ）とは何だろう? 

この舞台（ぶたい）を使って、「CctvCamera（シーシーティーブイカメラ）」のサンプルを作ってみましょう。

CctvCamera（シーシーティーブイカメラ）とは、インスペクターで設定したターゲットを追いかける機能を持ったカメラです。

保存! これから作るサンプルを、別名で「UnitySample11-3」として保存しておきましょう。

◎ヒエラルキーからMultipurposeCameraRigを削除しておく

ヒエラルキーから先に配置しておいた「MultipurposeCameraRig」を削除してください。

代わりに、「プロジェクト」の「Standard Assets」フォルダの**[Cameras]**→**[Prefabs]**フォルダ内にある「CctvCamera」をシーン画面の平面上にドラッグ＆ドロップします。

場所はどこでも構いません。

「CctvCamera」を配置すると、ゲーム画面が**画面29**のように表示されると思います。

画面29　カメラがないとゲーム画面に表示された

Display 1
No cameras rendering

これは、ヒエラルキーに配置した「CctvCamera」のインスペクターを表示させるとわかりますが、**画面30**のように、一番上の「CctvCamera」と表示されている場所にチェックが入っていません(なぜチェックが付いていないのか、これもわかりません)。

ここにチェックを入れると、ゲーム画面が表示されます(**画面31**)。

ゲーム画面がうまく表示されないときは、Main Cameraの位置を3方向の矢印で操作してみてください。

画面30　のCctvCameraと表示されている場所にチェックが入っていない

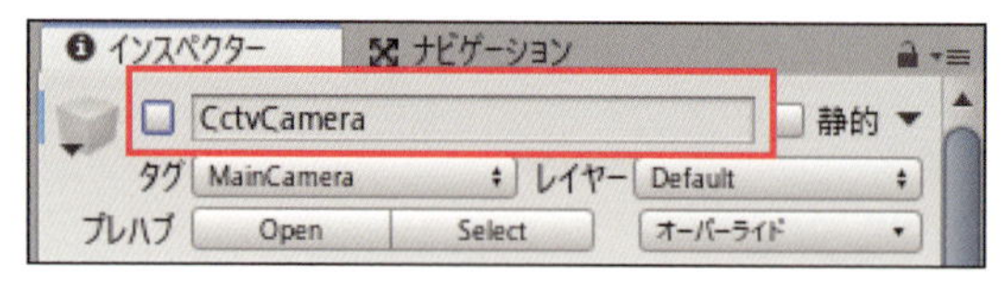

画面31　画面30の赤い枠で囲った先頭にチェックを入れてゲーム画面が表示された

CctvCameraの設定をする

ヒエラルキーから、「CctvCamera」を選んで、インスペクターを表示します。

設定するのは「Lookat Target(Script)」内の「ターゲット」とあるところです。

ここには、何も指定はされていませんが、その下の **[Auto Target Player]** にチェックがついているため、何も指定する必要はないのです。

最初のサンプルで「01_kohaku_A」のタグにPlayerを指定していましたからね。

ですので、ここではCctvCameraを配置して**画面30**にチェックを入れるだけで構いません。

では再生をしてみましょう(**画面32**)。

画面32　CctvCameraが01_kohaku_Aを追跡している

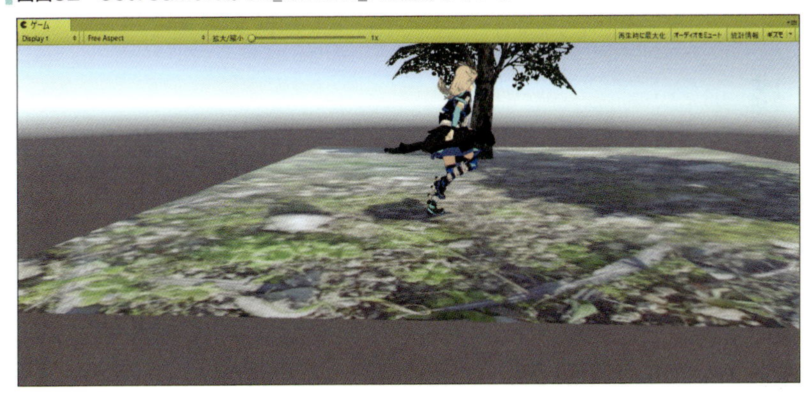

保存! このサンプルを[保存]から上書き保存しておきましょう。

6 ▶▶ HandheldCameraとは何だろう?

この舞台を使って、「HandheldCamera」のサンプルを作ってみましょう。

「HandheldCamera」とは、カメラを手で持って撮影しているような「手ぶれ感」を発生させるカメラです。

保存! これから作るサンプルを、別名で「UnitySample11-4」として保存しておきましょう。

◉ ヒエラルキーからCctvCameraを削除しておく

ヒエラルキーから、先に配置しておいた「CctvCamera」を削除してください。

代わりに、「プロジェクト」の「Standard Assets」フォルダの**[Cameras]**→**[Prefabs]**フォルダ内にある「HandheldCamera」をシーン画面の平面上にドラッグ＆ドロップします。

場所はどこでも構いません。

しかし「HandheldCamera」を配置すると、ゲーム画面が先の**画面29**と同じように表示されると思います。

これは、ヒエラルキーに配置した「HandheldCamera」のインスペクターを表示させるとわかりますが、**画面33**のように、一番上の「HandheldCamera」と表示されている場所にチェックが入っていません。

ここにチェックを入れると、ゲーム画面が表示されます。

「CctvCamera」と同じ作業ですね。

ゲーム画面が表示されるとカメラの位置の都合で何も表示されていない可能性があります。

その場合は、「HandheldCamera」をヒエラルキーから選んでインスペクターを表示させ、「トランスフォーム」の「位置」の右隅上にある⚙アイコンをクリックして、一度、位置をリセットしてください(**画面34**)。

それから、トランスフォームツールの「移動ツール」で**画面35**のように映るよう「HandheldCamera」を調整してください。

この調整は慣れるまで少し難しいかもしれません。

画面33　HandheldCameraと表示されている場所にチェックが入っていない

画面34　HandheldCameraの位置をリセットする

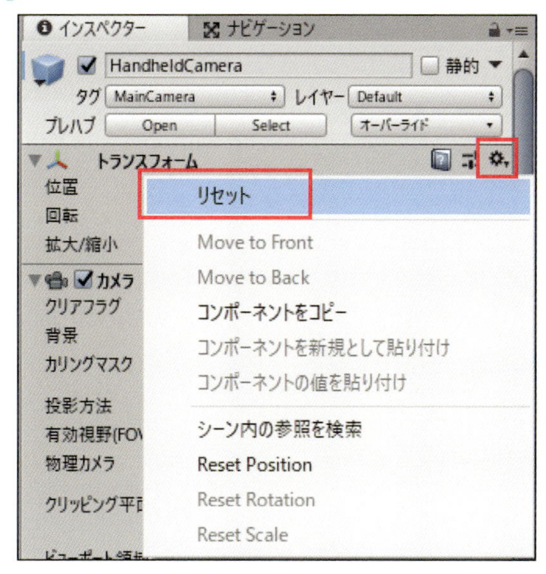

画面35　最終的にゲーム画面が表示された

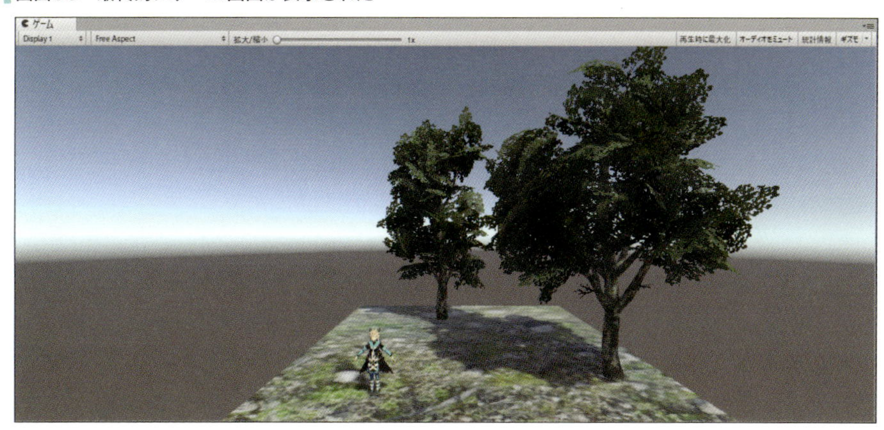

HandheldCameraの設定をする

ヒエラルキーから、「HandheldCamera」を選んで、インスペクターを表示します。

設定するのは「Hand Held Cam (Script)」内の「ターゲット」とあるところです（画面36）。

しかし何も指定はされていませんが、その下の［Auto Target Player］にチェックがついているため、何も指定する必要はないのです。

最初のサンプルで「01_kohaku_A」のタグに「Player」を指定していましたからね。

ですので、ここでは「HandheldCamera」を配置して画面33にチェックを入れるだけで構いません。

画面36　HandheldCameraのインスペクターの「Hand Held Cam(Script)」

Hand Held Cam (Script)	
スクリプト	HandHeldCam
ターゲット	なし (トランスフォーム)
Auto Target Player	✓
更新タイプ	Fixed Update
Rotation Range	X 90　Y 360
Follow Speed	0.02
Sway Speed	0.5
Base Sway Amount	0.7
Tracking Sway Amount	0.4
Tracking Bias	0.3

では再生してみましょう。

画面37のように画面に「手ぶれ感」がでて表示されます。

しかし静止画ではわかりませんね。

もし、01_kohaku_Aの姿がゲーム画面から見切れている場合は、HandheldCameraのインスペクターの一番下にある、「Target Field Of View(Script)」内にある、「Zoom Amount Multiplier」の値を「4」程度の大きさにしてください。

画面37　「手ぶれ感」が出て表示されている

保存!　このサンプルを[保存]から上書き保存しておきましょう。

次の第12章では、物を布のようにひらひらさせる方法について説明します。

物を布のように ひらひらさせる

この章では、物を布のようにひらひらさせる方法や、その下を猫(ねこ)がくぐるサンプルなどについて説明します。

1 ▶ プロジェクトを作ろう

最初にプロジェクトを作りましょう。

デスクトップ上に表示されているUnity Hubのアイコンをダブルクリックしましょう。

Unity Hubが起動しますので、**[新規]**から「UnitySample_12」というプロジェクトを作成します。

[Create project]ボタンをクリックするとUnityが起動します。

2 ▶ 物を布化するとはどういうことだろう?

物を布のようにひらひらさせることを、この本では「布化」と呼ぶことにします。

物を布化するとは、例えば「平面」に、布のような動きをもたすことを意味します。

布化するには「Cloth」というコンポーネントを使います。

Clothとは日本語で「布」という意味です。

「コンポーネント」とは、オブジェクト動作の基礎となるもので、すべてのゲームオブジェクトの機能的部品です。

「ゲームオブジェクト」とは、これまでにも何度かこの言葉は出てきていますが、簡単に説明すると、ゲーム中のすべてのオブジェクトがゲームオブジェクトになります。

Unityにおいてオブジェクトとはアセット(部品)と同じ意味だと考えていいでしょう。

◉ 布化する方法

Unityメニューの**[ゲームオブジェクト]**→**[3Dオブジェクト]**→**[平面]**と選んで、シーン画面に平面を配置しましょう(**画面1**)。

画面1　平面を配置した

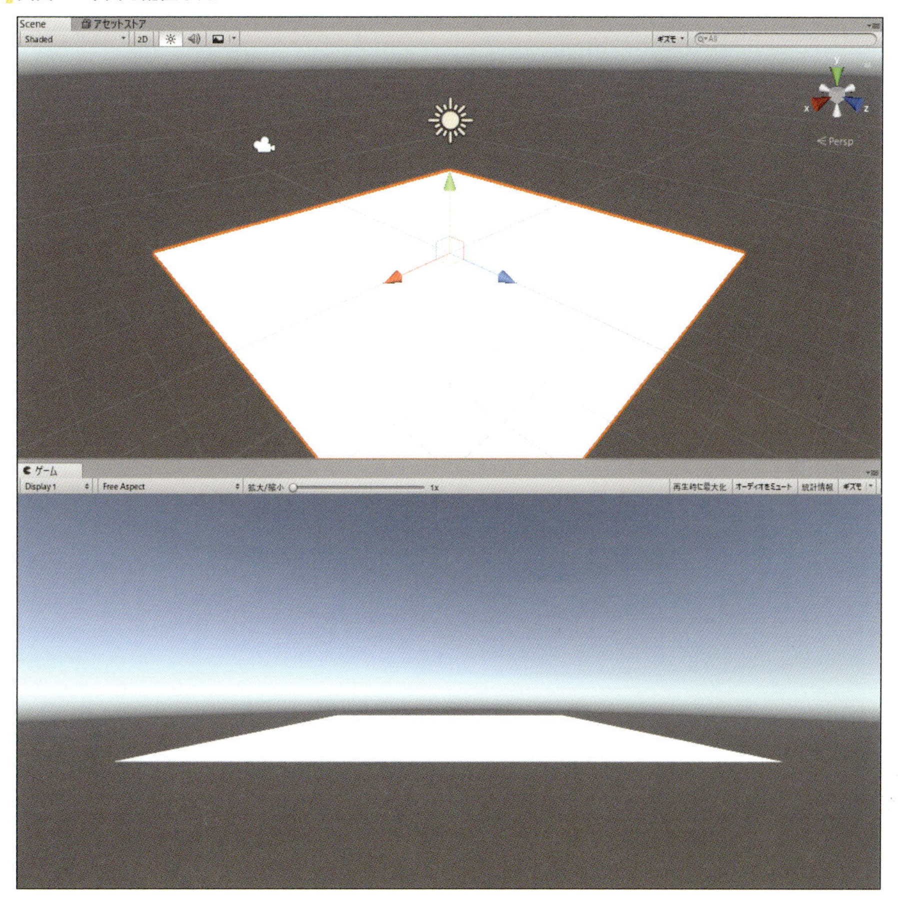

トランスフォームツールの「回転ツール」を選び、ゲーム画面を見ながら**画面2**のように回転して「平面」を立ててください。

「回転ツール」を選ぶと表示される「赤い線」を回転させると立ちます。

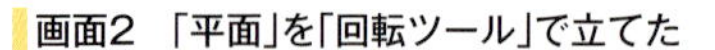
画面2　「平面」を「回転ツール」で立てた

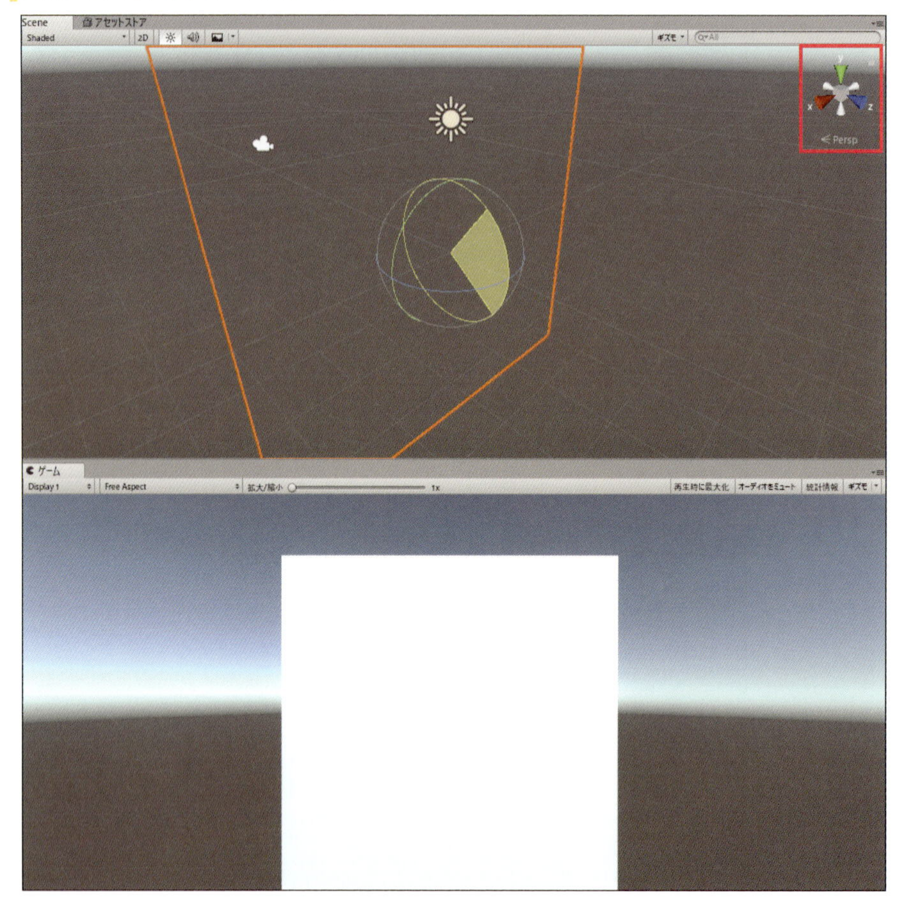

画面2のシーン画面を見ると、ゲーム画面とは見えかたが違いますね。

シーン画面では私たちは「平面」の裏を見ています。

平面の裏は透けているんです。

透けている裏面を透けないようにする方法もあるのですが、ここでは触れておりません。

そこで、**画面2**の右隅上にある赤い枠(わく)で囲ったアイコン(ギズモアイコン)のZ座標をクリックしていくと、見えかたがいろいろ変化しますので、**画面3**のように見えるようにしてください。

画面3　シーン画面とゲーム画面が同じ見えかたになった

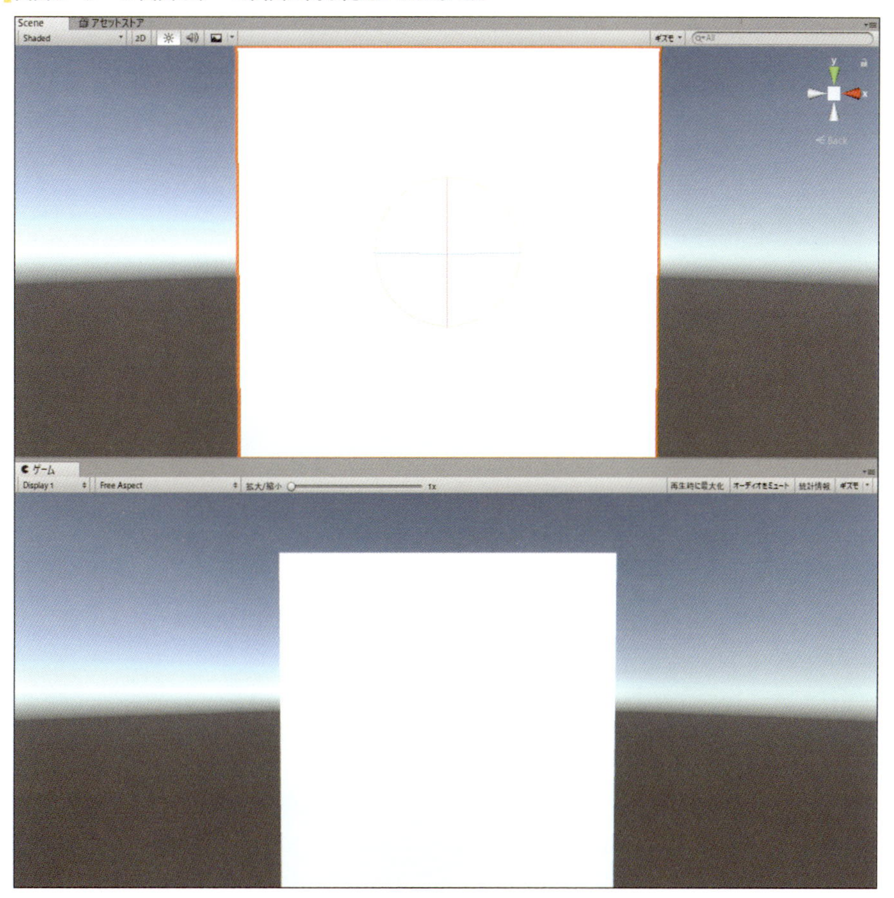

シーン画面の上でマウスホイールを回して、少し「平面」を縮小して表示しましょう。

そして、ヒエラルキーから「Main Camera」を選んでインスペクターを表示してください。

「トランスフォーム」の「位置」のZの上にマウスカーソルを乗せると、マウスカーソルが「<-->」の形に変化しますので（**画面4**）、この状態のままでZの上でマウスをドラッグするとZの値が変わっていきます。

平面が少し奥の方に表示されるようにしてください。

またYの値もドラッグして少し平面を上の方に上げておきましょう（**画面5**）。

画面4　Zの上でマウスカーソルが変化するのでドラッグしてZの値を変化させている

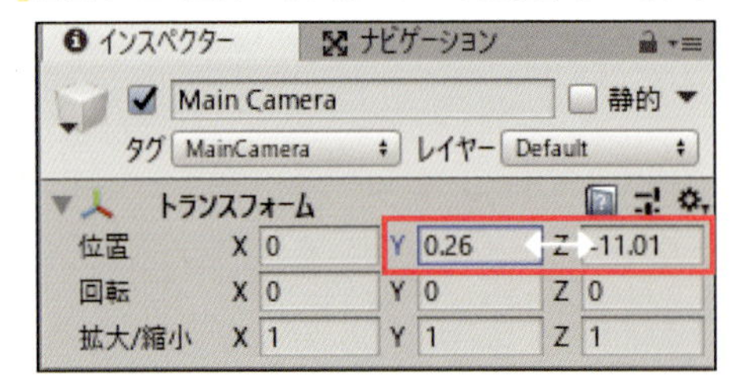

画面5　立っている平面のY座標とZ座標を調整した。ゲーム画面が変化している。シーン画面は画面を縮小表示している

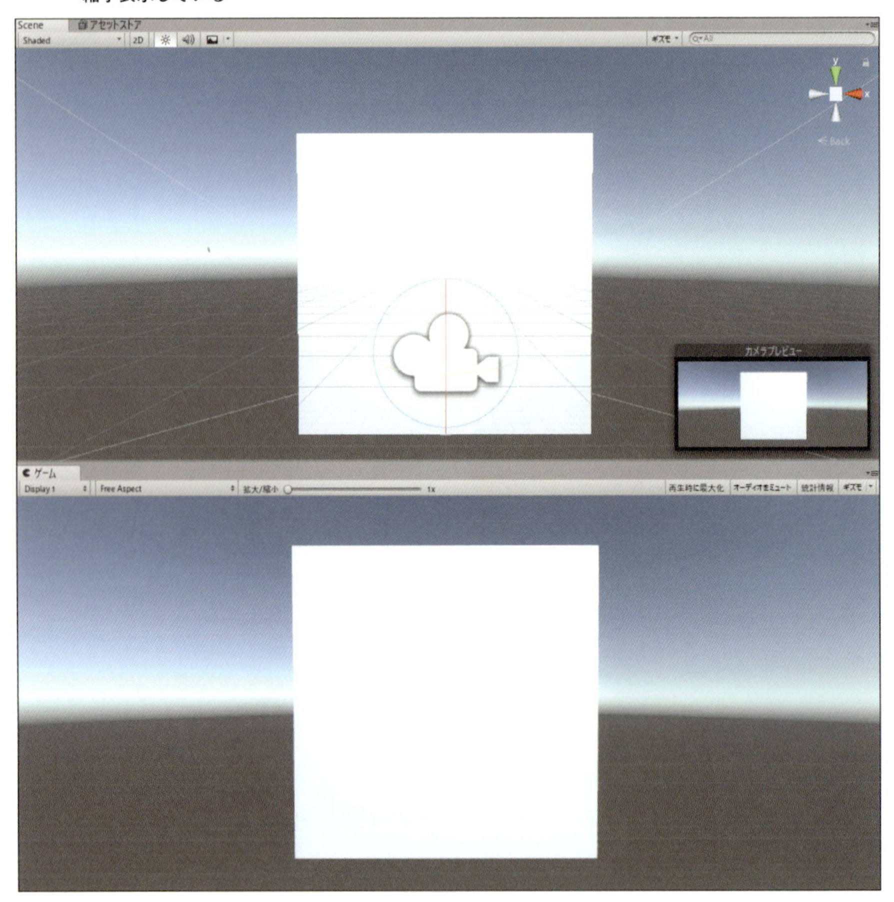

平面に色を適用させる

[プロジェクト]→[作成]→[マテリアル]と選んで「Yellow（イエロー）」という名前のマテリアルを作成します。

「Yellow（イエロー）」を選んでインスペクターを表示してアルベドの白い□をクリックして、「色」を表示させて「黄色」を指定してください。

「Yellow（イエロー）」のマテリアルが黄色に変化します（**画面6**）。

画面6　黄色のマテリアルを作成した

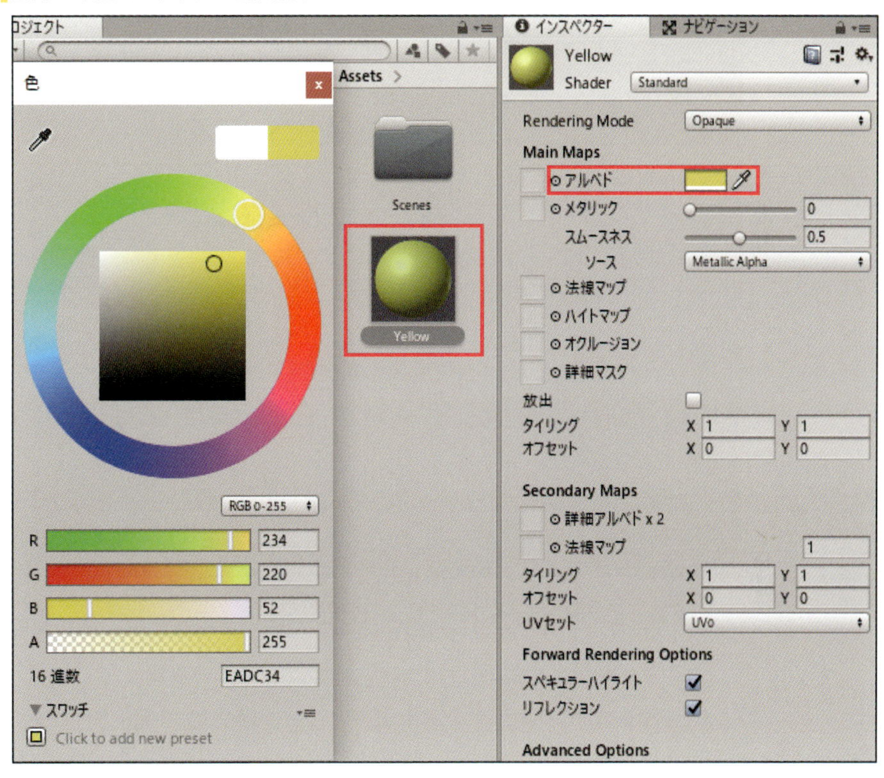

画面6の「Yellow（イエロー）」のマテリアルをシーン画面の「平面」の上にドラッグ＆ドロップします（**画面7**）。

画面7　平面の色が黄色に変化した

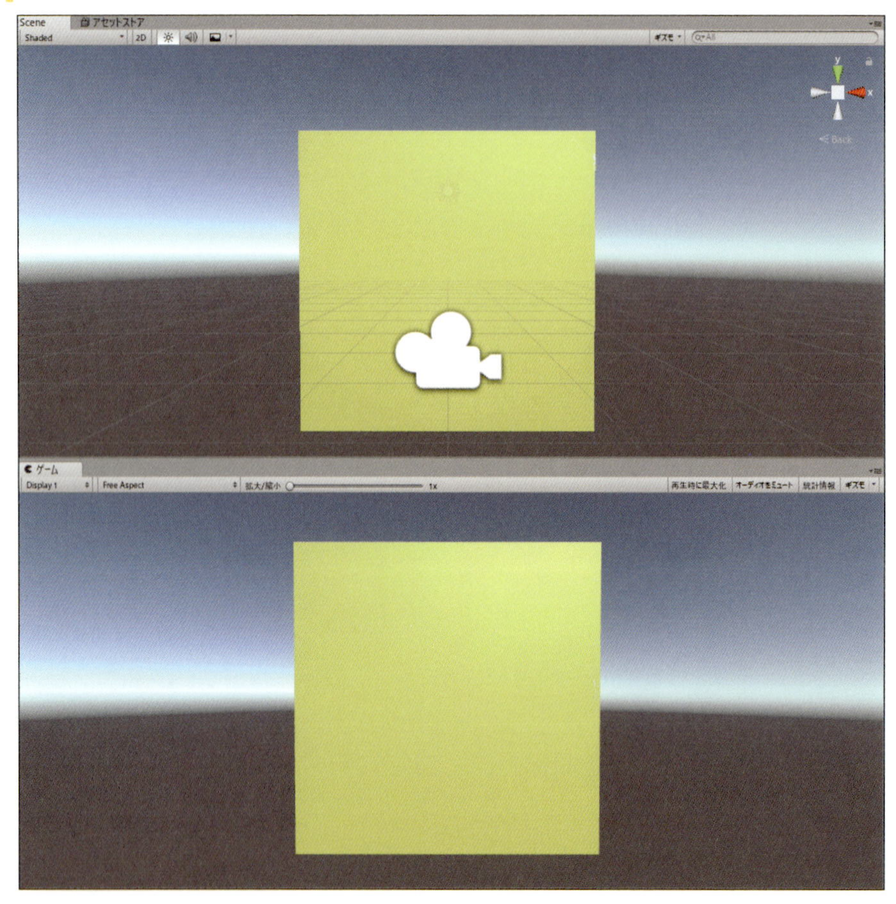

ヒエラルキーからPlane(平面)を選んで、インスペクターを表示させましょう。**[コンポーネントを追加]**ボタンをクリックして、検索欄に「Cloth」と入力します。すると「クロス」が表示されますので、これを選びます(**画面8**)。

画面8　[コンポーネントを追加]ボタンをから検索欄に「Cloth」と入力する。すると「クロス」が表示されるのでこれを選ぶ

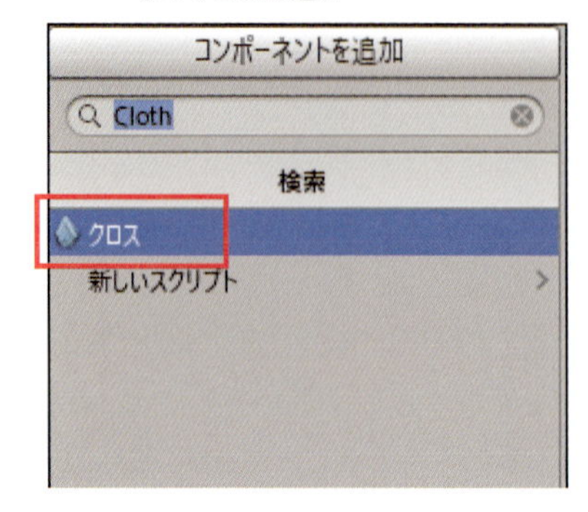

すると、Plane（平面）のインスペクターに「スキンドメッシュレンダラー」と「クロス」が追加されます（**画面9**）。

画面9　Planeに「スキンドメッシュレンダラー」と「クロス」が追加された

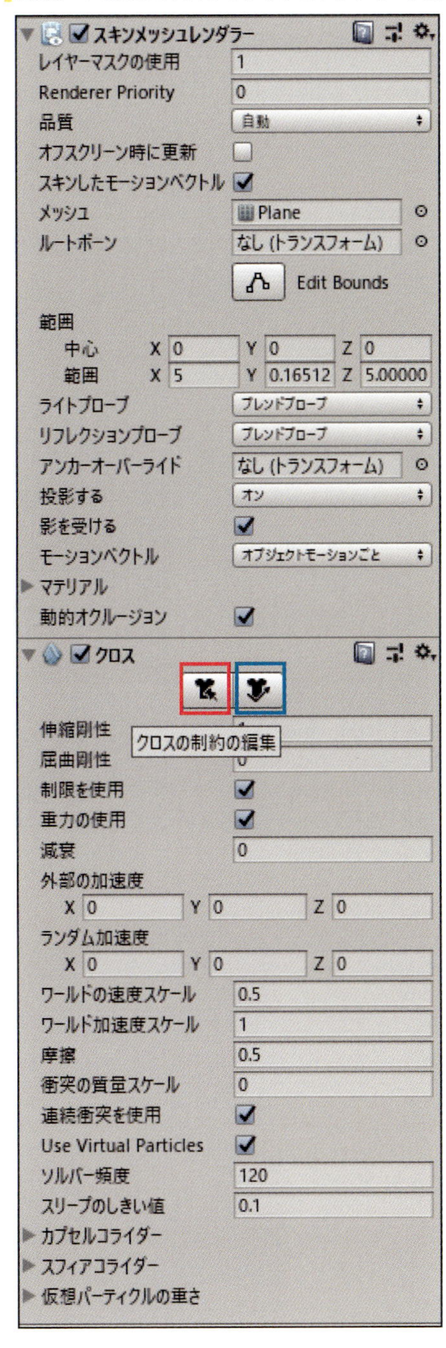

この中で重要なのは、赤い枠で囲った**[クロスの制約の編集]**アイコンボタンです。

この右側にある青い枠で囲ったアイコンは、「クロスのセルフコリジョン/インターンコリジョンを編集」というアイコンで、布どうしが衝突したときに、布どうしがすり抜けるのを防止するために設定するアイコンになります。

しかし、ここではこのアイコンは使いません。

赤い枠で囲ったボタンをクリックします。

すると、シーン画面が**画面10**のように変化します。

画面10 「クロスの制約」の画面が表示された

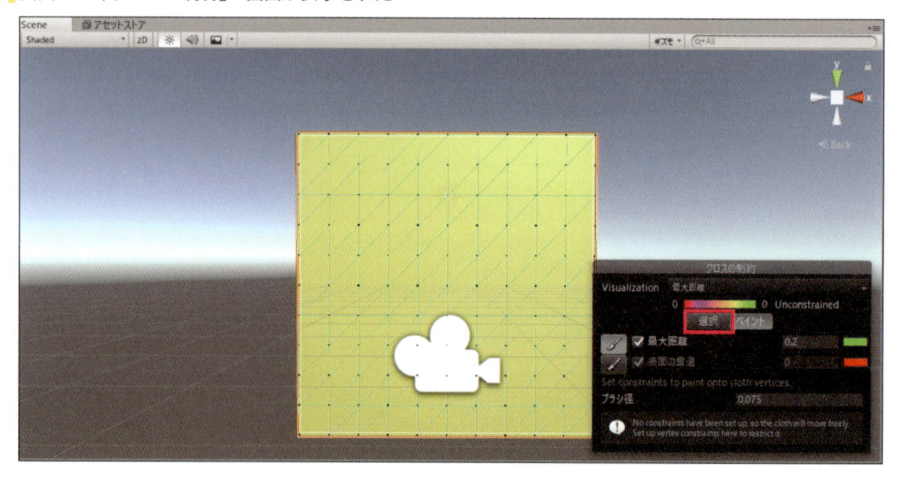

画面10の赤い枠で囲った**[選択]**ボタンをクリックし、平面の固定したい領域を四角で選びます。

ここでは平面の上部だけを固定したいので、**画面11**のように四角で選びます。

画面11 平面の上部を四角で選んだ

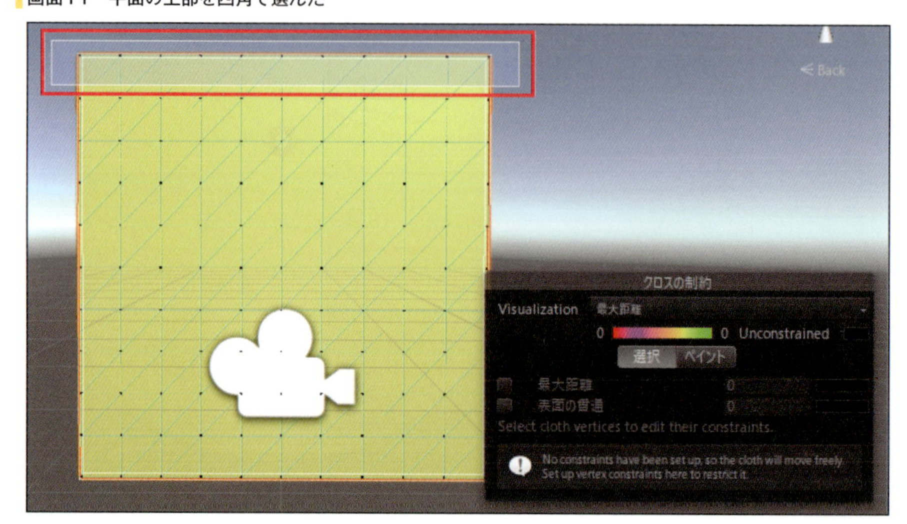

選んだあと、「クロスの制約」内の**[最大距離]**にチェックをいれます(**画面12**)。

画面12　「クロスの制約」内の[最大距離]にチェックをいれる

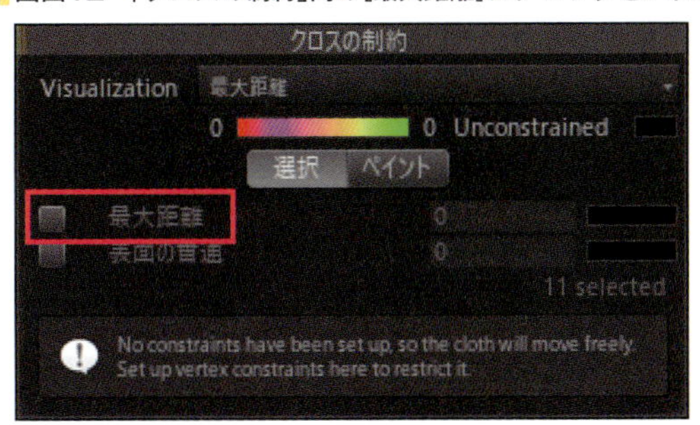

[最大距離]にチェックを入れると、「クロスの制約」が**画面13**のように変化します。

画面13　[最大距離]にチェックを入れて「クロスの制約」の内容が変化した

以上でクロスの設定は終わりです。

理屈は抜きで手順をおぼえましょう。

では再生してみましょう。

シーン画面では**画面14**のように表示されます。

画面14　布化された平面が表示された

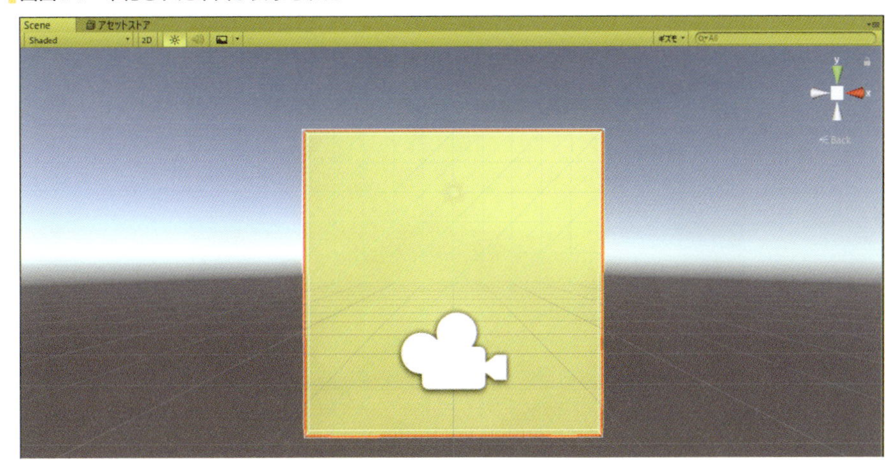

画面14を見ると、どこが布化されたのかまったくわからないと思います。

これは平面の上部が固定されて、下に垂れ下がっているだけなのです。

布化されているのを確認するには、再生した状態で、インスペクターの「トランスフォーム」の「位置」のX、Y、Zの各値をドラッグして変化させてみてください。

Xの値を変化させると**画面15**のように、Yの値を変化させると**画面16**のように、Zの値を変化させると**画面17**のように表示され、布化されているのがわかります。

ゲーム画面で確認してみましょう。

画面15　Xの値を変化させた

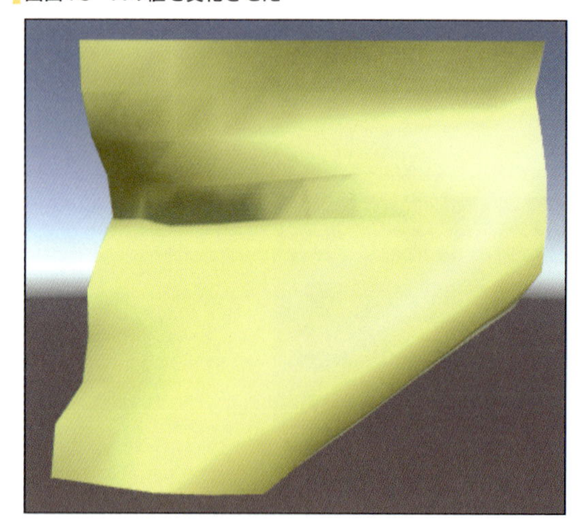

画面16　Yの値を変化させた

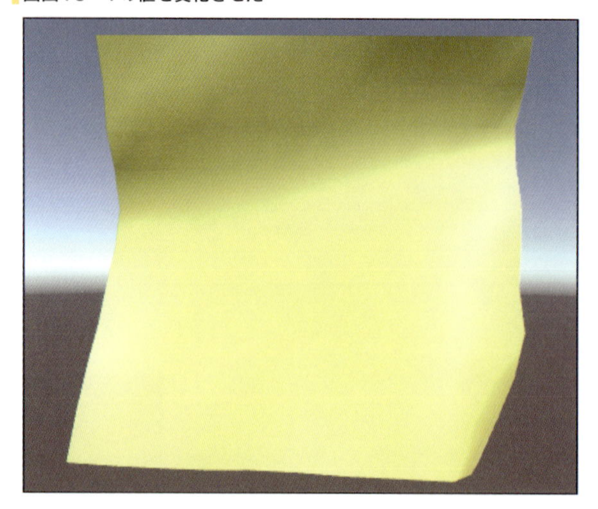

画面17　Zの値を変化させた

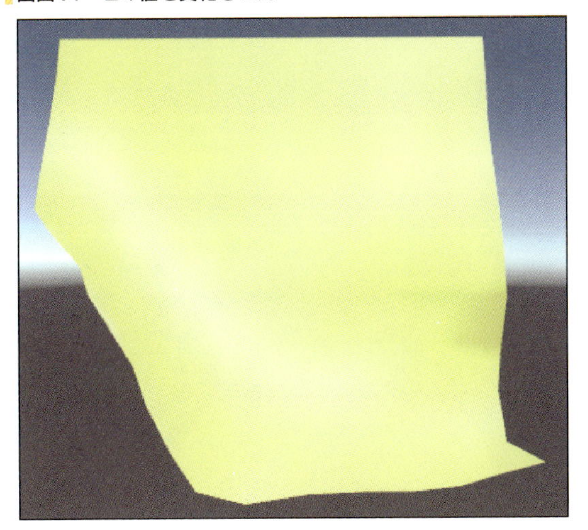

以上が平面を布化する手順です。

別名で「UnitySample12-1」として保存しておきましょう。

では次に、「布化された物の下を猫がくぐるサンプル」を作ってみましょう。

3 布化された物の下を猫にくぐらせよう

新しいシーンを作成してください。

Unityメニューの**[ゲームオブジェクト]**→**[3Dオブジェクト]**→**[平面]**と選びます。

しかし、シーン画面では「平面」が表示されないと思います。

シーン画面のギズモアイコンが**画面18**のようになっているのが原因です。

画面18　シーン画面のギズモアイコン

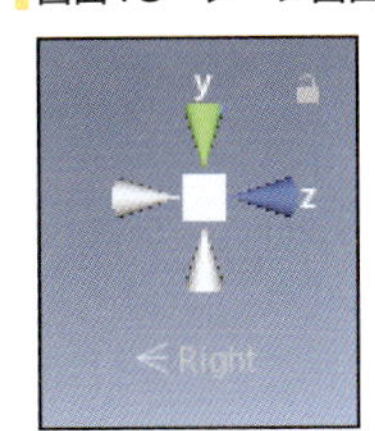

画面18のギズモアイコンの中心の□をキーボードの Shift キーを押しながらクリックしてください。

するとギズモアイコンが**画面19**のように変化して、平面が表示されます。

画面19　平面が表示された

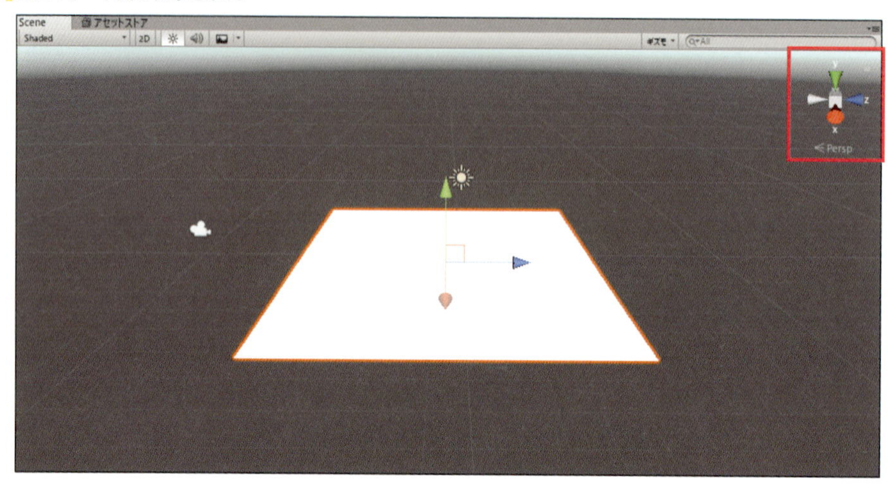

画面19のシーン画面では「平面」が表示されましたが、ゲーム画面ではうまく表示されていないと思います。

ヒエラルキーからPlane（プレーン）を選んでインスペクターを表示して、「トランスフォーム」の右隅にある✱アイコンをクリックして**[リセット]**を選んでください（**画面20**）。

画面20　リセットを選ぶ

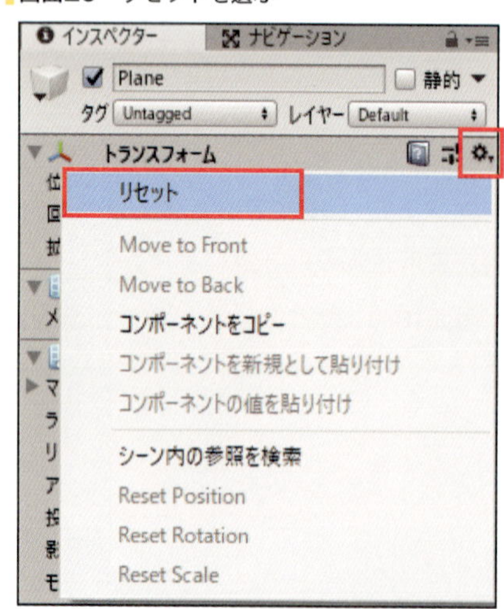

すると、ゲーム画面は**画面21**のような表示になります。

画面21　ゲーム画面にも「平面」が表示された

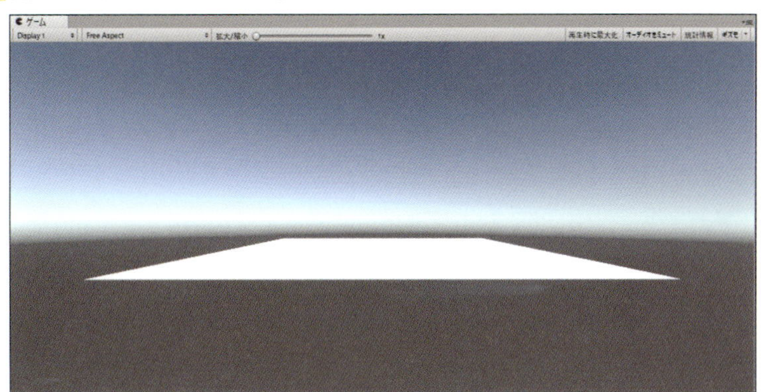

「Plane(平面)」のインスペクターから、「トランスフォーム」の **[拡大/縮小]** のX、Y、Zに「2」を指定してサイズを大きくしてください。

すると、**画面22**のように表示されます。

画面22　平面のサイズを変更した

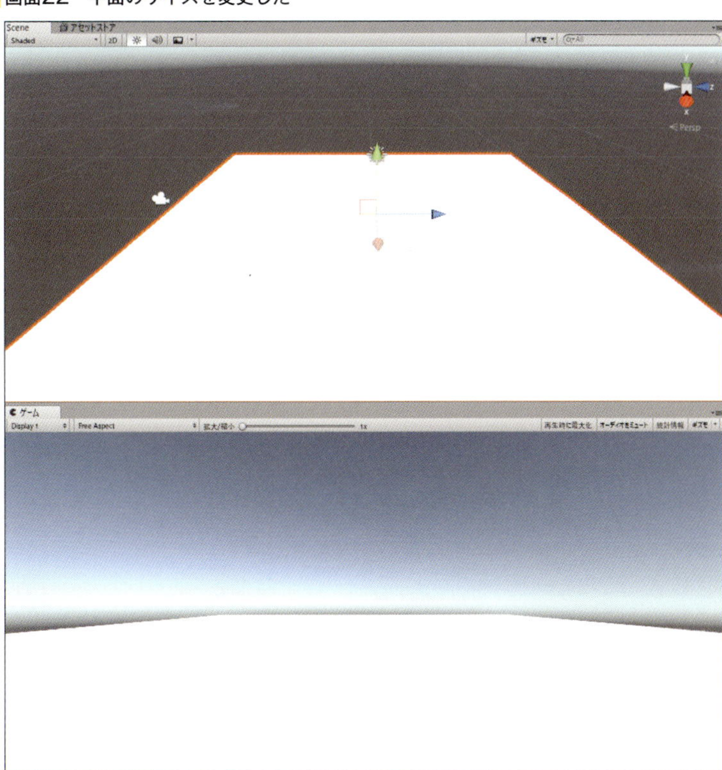

平面の上に、もう一つ布化する平面を作成してください。

配置した平面を「トランスフォームツール」の「回転ツール」で、**画面2**のように回転させて立ててください。

布化する平面のサイズはインスペクターの「トランスフォーム」の**[拡大/縮小]**で0.7程度に少し小さくしておきます。

また、先に作成しておいた、黄色のマテリアルも適用させておきましょう。

また布化する平面は、床となる平面からは少し浮かして配置してください。

ここでは、布化する平面を、**画面23**のような見栄えにするのですが、このような見栄えにするには、ヒエラルキーの「Main Camera（メインカメラ）」の移動や回転も行っています。

初めての人にはなかなか難しいとは思いますが、あきらめずにトライしてみてください。

画面23　布化する平面を垂直に立てた

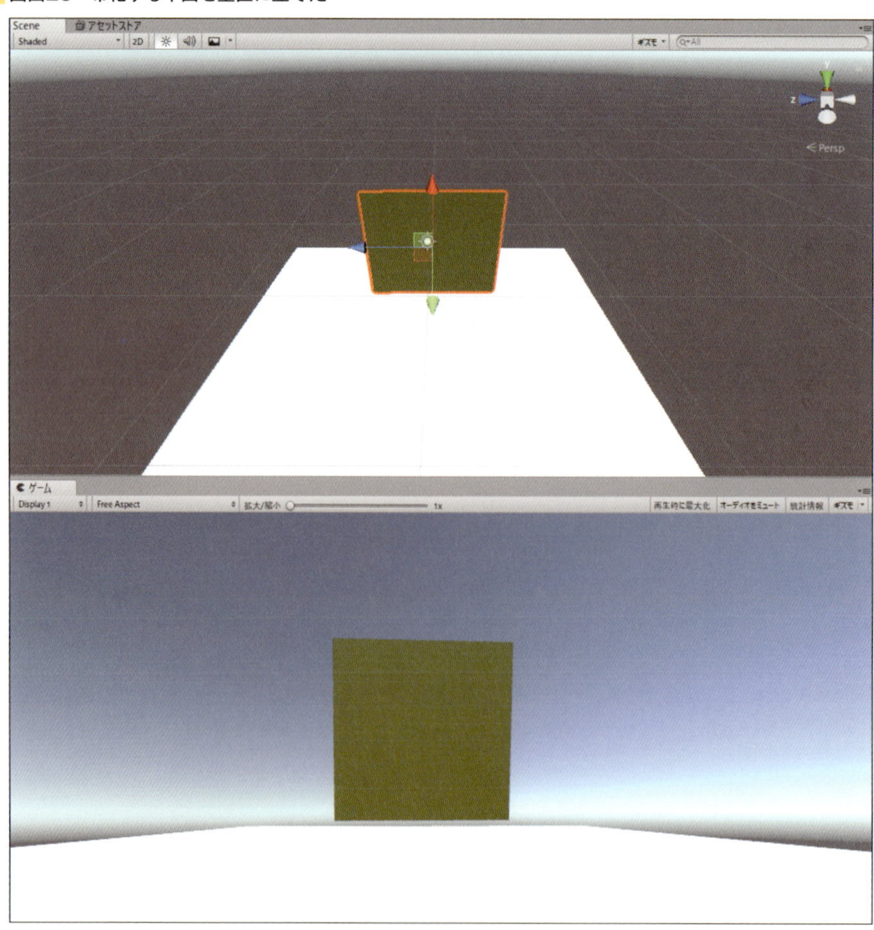

平面を布化する

ヒエラルキーから布化する「Plane(1)」を選んで、**画面8**から**画面13**の手順で「平面(Plane(1))」の布化を行ってください。

シーン画面は**画面24**のような表示になります。

画面24　布化を行った平面

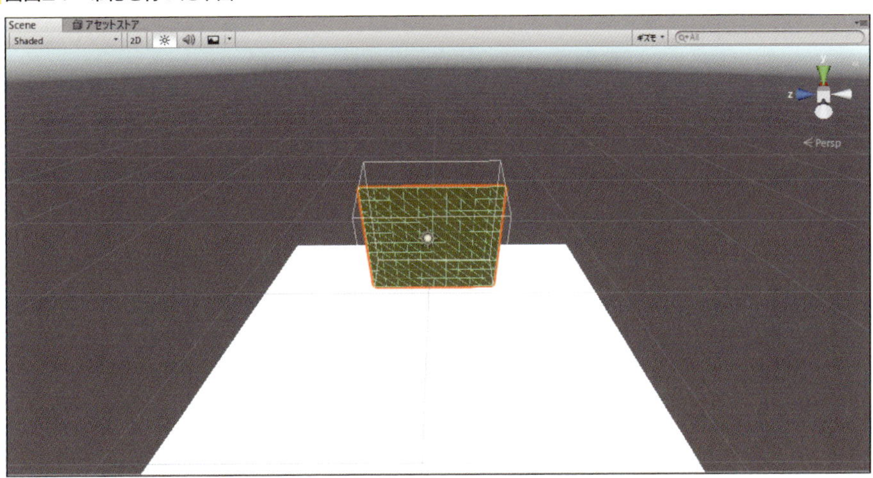

平面(Plane)のうえに猫を配置する

アセットストアに入り、6章でダウンロードしたことのある「Cartoon Cat」を入手してください。

検索欄に、「Cartoon Cat」と入力すると、インポート画面が表示されますので、インポートしてください。

この「Cartoon Cat」は6章ですでにダウンロードは終わっていると思いますので、**[インポート]**をクリックしてください。

Cartoon Catの設定

この設定も6章で説明していますので、簡単に説明しておきます。

「プロジェクト」のCartoon Catフォルダのfbxフォルダ内にある、cat_Walkを選んでインスペクターを表示します。

まず、「Rig」を選び、表示される画面から、**[アニメーションタイプ]**に「古い機能」を選んでください。

「古い機能」とは「Legacy」といいます。

これは4つ足の動物にアニメーションを追加するタイプです。

次に**[適用する]**ボタンをクリックしてください。

次に**[Animation]**ボタンをクリックします。

表示された画面に**[ラップモード]**があるので、をクリックして「ループ」を選んでおきます。

[ラップモード]は下の方にもう1個ありますので、これにも「ループ」を指定しておきます。

最後に**[適用する]**を必ずクリックしてください。

[ループ]を指定しておかないと猫は1回歩いたきりで止まってしまいます。

cat_Walkの設定は以上です。

よくわからない人は、画面付きの6章を読んでください。

cat_Walkを平面上に配置すると、猫の向きが、**画面25**のように表示されます。

布化された平面の方を向けたいので、インスペクターの「トランスフォーム」の**[回転]**のYに「90」を指定してください。

すると、布化した平面の方を向きます。

猫のサイズも**[拡大/縮小]**のX、Y、Zに1.5を指定して少し大きくしておきましょう（**画面26**）。

画面25　cat_Walkの向きが左を向いて表示される

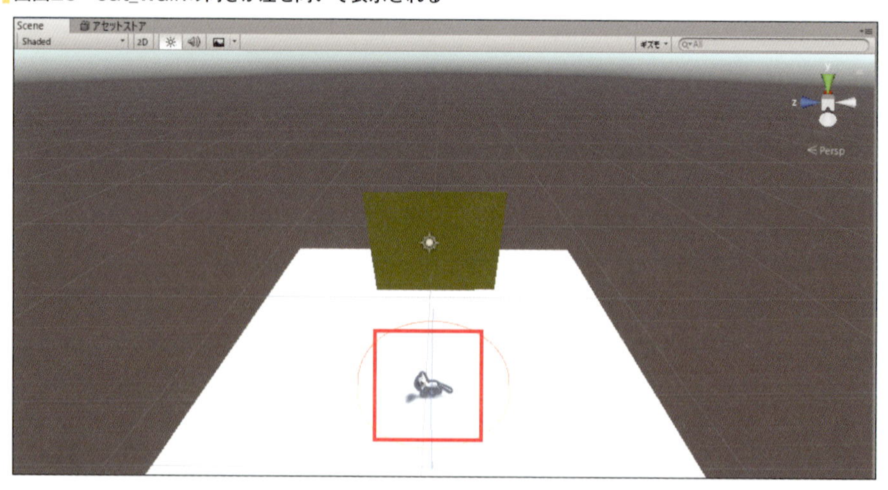

画面26　cat_Walkが布化された平面の方を向きサイズも大きくなった

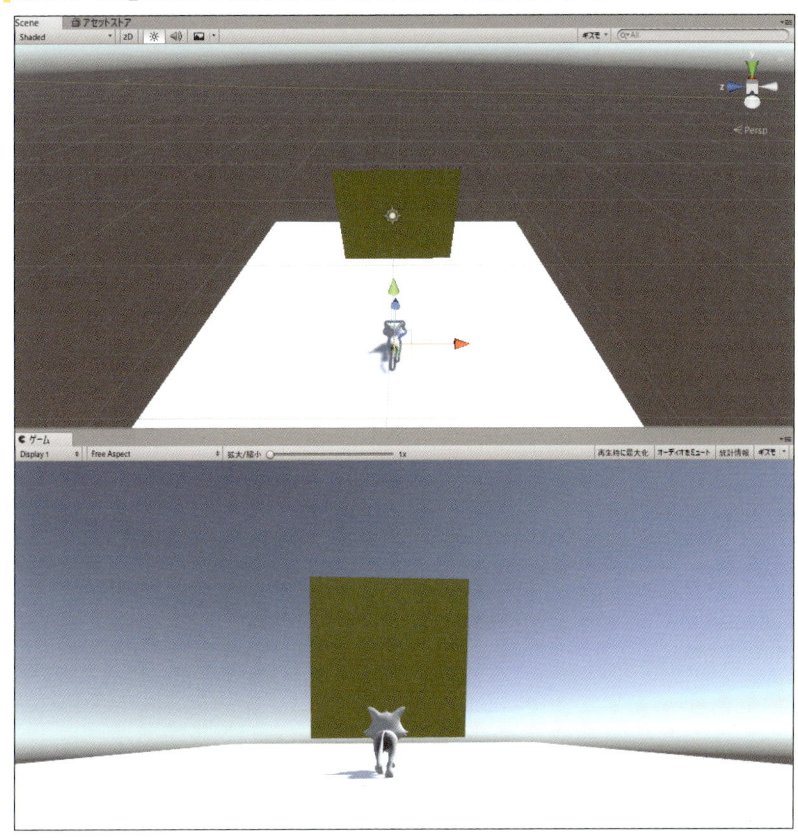

cat_Walkにカプセルコライダーを設定する

カプセルコライダー（Capsule Collider）とは、読んで字のごとく、薬のカプセルのような形をした**コライダー**です。

ではコライダーとはなんでしょう？

コライダーとは、「当たり判定」をしてくれる仕組みと理解しておきましょう。

ここでは、「cat_Walk」は歩いて前進して、布化された平面に衝突して、布化された平面がめくれて、その下を通っていきます。

このときに「当たり判定」が発生します。

布化された平面に猫が衝突したときに、布化された平面がめくれる、といった動作にこのカプセルコライダーの設定が必要なのです。

まず、ヒエラルキーから「cat_Walk」を選んで、インスペクターを表示して、**[コンポーネントを追加]**ボタンから、**[物理]→[カプセルコライダー]**と選んでください（画面27）。

画面27　[物理]→[カプセルコライダー]と選ぶ

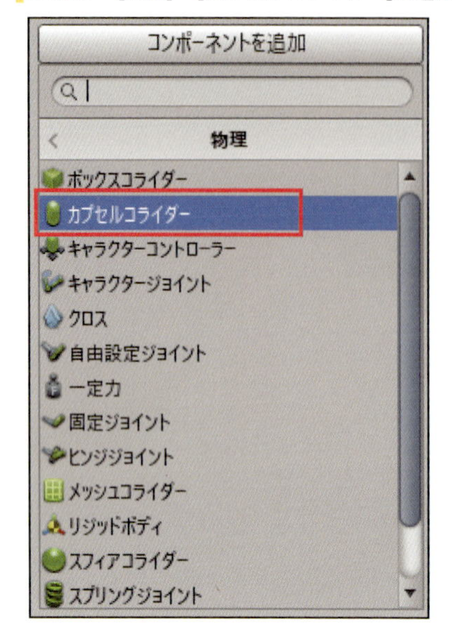

すると、「cat_Walk」のインスペクターに「カプセルコライダー」が追加されますので、**画面28**のように設定してください。

特に重要なのは、「向き」を必ず「Z軸」にしておくことです。

「Z軸」にすることで、猫全体がカプセルコライダーで囲まれます。

この場合、猫がカプセルコライダーでうまく囲まれていないと、猫が布と衝突したときに、布をすり抜けてしまう現象が発生します。

そのときは、カプセルコライダーできっちり猫を囲むように設定しなおしてください。

カプセルコライダーは少し大きめの方がいいようです。

シーン画面では、「cat_Walk」が「薄い緑の線」で猫全体を囲っているのがわかると思います。

これがカプセルコライダーです(**画面29**)。

画面28　カプセルコライダーの設定をした

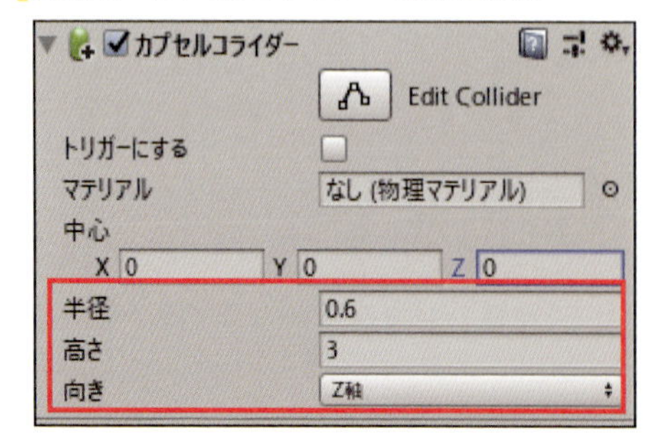

画面29　猫がカプセルコライダーで囲まれている

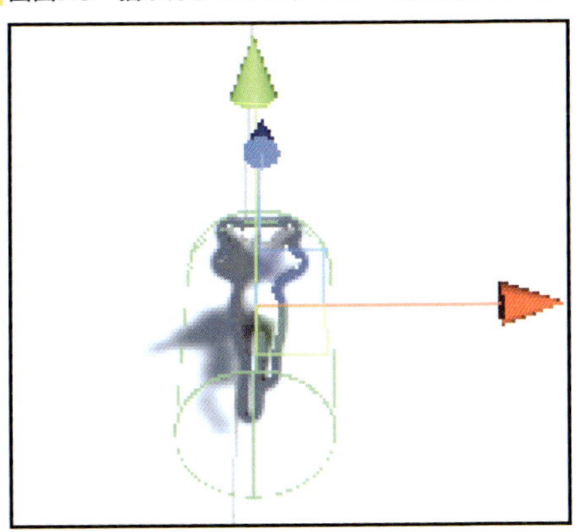

布化された平面とcat_Walkを関連付ける

ヒエラルキーから「Plane(1)」を選んで、インスペクターを表示させます。

「クロス」の中の下の方に「カプセルコライダー」という項目がありますので、**[横向きの▲]**をクリックして展開します。

すると、**[サイズ]**が表示され値に「0」が入っています(画面30)。

画面30　インスペクター内の「クロス」のカプセルコライダーを展開して[サイズ]を表示した

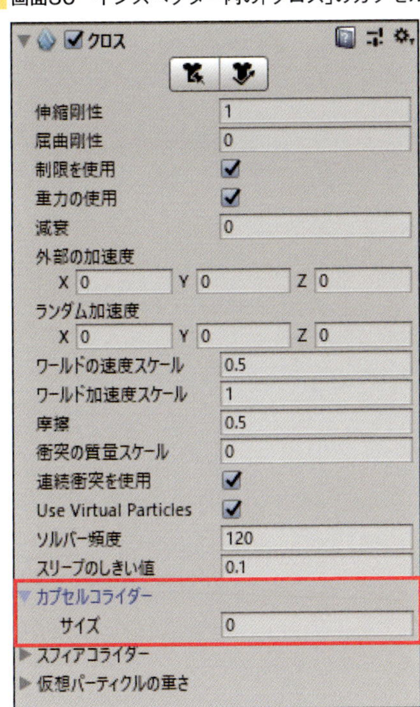

画面30の**[サイズ]**に「1」を入力すると、「要素0」が表示され「なし(カプセルコライダー)」と表示されています。

右端の◎アイコンをクリックすると、「Select CapuselCollider」の画面が表示されますので、**[シーン]**タブを選んで表示される「cat_Walk」を選んでください(**画面31**)。

[アセット]タブ内には何も表示されないです。

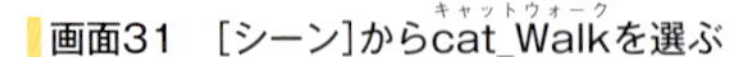
画面31 [シーン]からcat_Walkを選ぶ

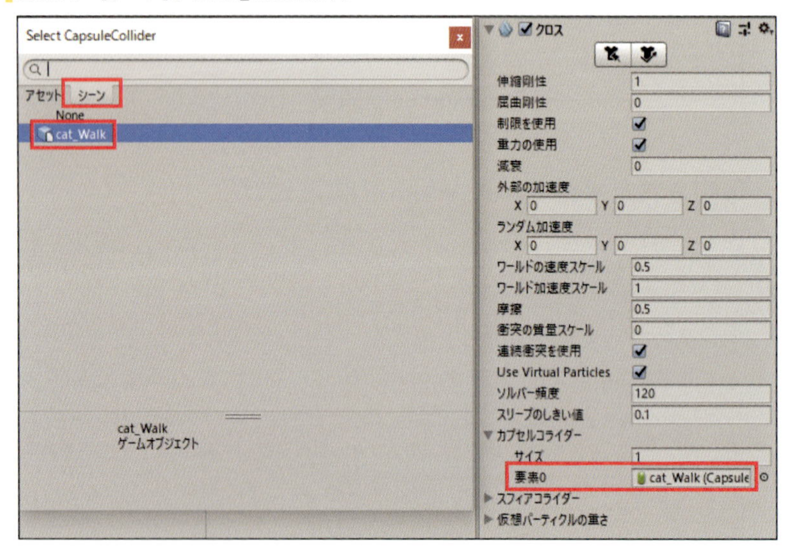

これで、「cat_Walk」と布化された平面が関連付けされました。

スクリプトを書く

スクリプトはヒエラルキー内のcat_Walkの中に書きます。

このスクリプトは6章の**リスト1**(124ページ)の「CatMoveScript」とまったく同じです。

コードを変更したところだけの説明にしておきますので、詳細な説明は6章を読んでください。

「cat_Walk」を選んでインスペクターを表示し、**[コンポーネントを追加]**から「新しいスクリプト」を選び、ここでも**[名前]**には「CatMoveScript」と指定しておきます。

[作成して追加]ボタンをクリックすると、インスペクターに「CatMoveScript」が追加されますので、これをダブルクリックしてVisual Studioを起動し、**リスト1**のコードを記述してください。

リスト1 CatMoveScript

```
using System.Collections;
using System.Collections.Generic;
using UnityEngine;

public class CatMoveScript : MonoBehaviour
{
    void Update()
    {
        if (Input.GetKey("up"))
        {
            transform.position += transform.forward * 0.05f;①
        }

        if (Input.GetKey("right"))
        {
            transform.Rotate(0, 2, 0);
        }

        if (Input.GetKey("left"))
        {
            transform.Rotate(0, -2, 0);
        }
    }
}
```

①キーボードの[↑]キーで前方に進ますときには、0.05fを掛けて、猫の歩くスピードをアップしています。

Visual Studioメニューの**[ビルド]→[ソリューションのビルド]**を実行してください。エラーが出なければ、Visual Studioを終了して、Unityの画面に戻ります。

再生してみましょう。

猫が歩いて布化された平面にぶつかると、布化された平面がめくれて、その下を猫が通っていきます(**画面32**)。

画面32　猫が、布化された平面の下をくぐっている

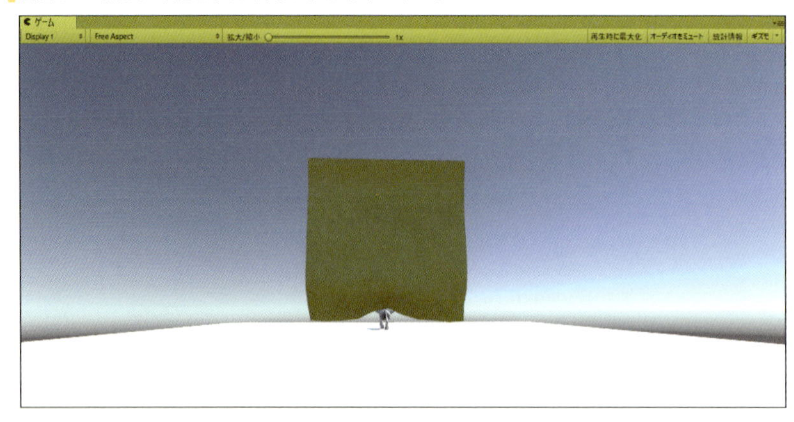

猫が布を通り抜けて布の後ろに回ったとき、猫が見えないので、猫の向きをこちらの方向に変えることができません。

そのときは、再生した状態でヒエラルキーからcat_Walkを選ぶと、シーン画面で布の向こう側にいる猫の外観が表示されますので、その外観を頼りに猫を回転させてみてください(**画面33**)。

ただし、一度必ずゲーム画面内をクリックしてからキーボードの操作を行ってください。そうしないと、マウスカーソルが他のオブジェクトに移動してcat_Walkを選んだ状態が保たれません。

画面33　シーン画面で、布化された平面の後ろに回った猫の外観が表示されている

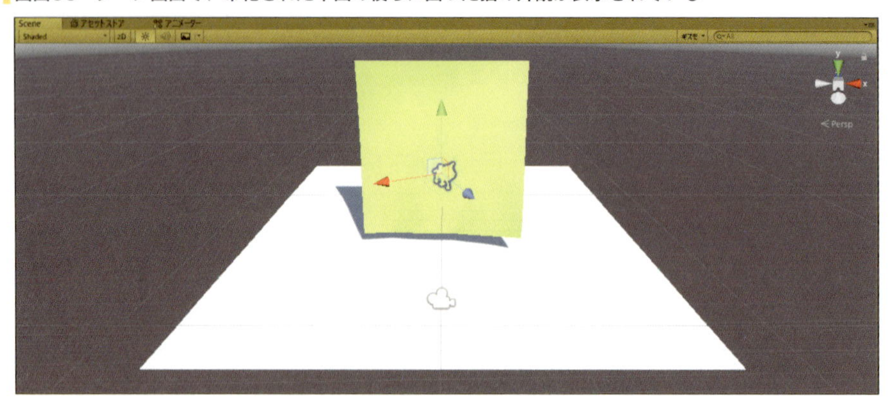

保存!　このサンプルを別名で「UnitySample12-2」として保存しておきましょう。

次の第13章では、Charactersのアセットを使う方法について説明します。

Charactersのアセットを使う

この章では、「Standard Assets」の中に含まれる「Characters」のアセット、FPSControllerとRigidBodyFPSController、ThirdPersonControllerとAIThirdPersonControllerについて説明します。これらのコントロールは「動き」を表すコントロールです。どんな「動き」をするものかについて説明もします。

1 ▶▶ Charactersのアセットとは何だろう

◉ FPSControllerとは

「FPSController」とは、1人称のControllerですので、移動や視点の変更が可能です。

またキーボードとマウスを使って、移動や視点変更、ジャンプなどの機能が使えます。

オーディオ機能(音楽)付きです。

このコントロールは、例えていうなら、ビデオカメラをもって、カメラを通して見える風景のような動きです。

カメラは私が持っていて、移動するとカメラ内の風景も変わります。

この私の動きがキーボードの操作になります。

「1人称」とは英語を学んでいる人ならわかると思いますが、簡単にいいますと、「1人称」は「私」を指します。

「2人称」とは、私の相手である「あなた」を指します。

「3人称」とは、「私とあなた」の間で話題に上る人物を指します。

1人称の「FPSController」では、視点が「私」になりますので、キャラクターは表示されません。

◉ RigidBodyFPSControllerとは

「RigidBodyFPSController」は、ほとんど「FPSController」と同じ機能ですが、オーディオ機能(音楽)は付属していません。

「動き」についても、「FPSController」とまったく同じ動きになります。

異なるのはオーディオ機能が付属していないのと、歩くときやジャンプしたときの音が聞こえない点です。

◉ ThirdPersonControllerとは

「ThirdPersonController」とは、3Dキャラクターにアニメーションやスクリプトを設定済みであるプレファブのようなものです。

「ThirdPerson」ですので、3人称となり、キャラクターが表示されます。

このコントロールにはキャラクターが表示されて、キャラクターが舞台の中をキーボードの操作で自由自在に動き回ります。

こういったキャラクターを動かす処理は、5章で、「Mccanim Locomotion Stater Kit」を使って動かしていましたが、「ThirdPersonController」では、このアセットを使わなくても、ただ単に、シーン画面に配置するだけで、キャラクターを自由自在に動かすことができます。

これは、すでに説明しているように、「アニメーションやスクリプトを設定済みである」からです。

AIThirdPersonControllerとは

「AIThirdPersonController」とは、「NavMeshAgent(6章で説明しました)」が付属しているControllerです。

キャラクターが表示されます。

このキャラクターの動きは、例えるなら「ストーカー」のような動きになります。

あるキャラクターを「AIThirdPersonController」のキャラクターが追いかけまわすような動きです。

「AI」という名称が付いているところから、ある意味、「人工知能」的な動きをするコントローラーだと言えるかもしれません。

2 ▶▶ プロジェクトを作ろう

最初にプロジェクトを作りましょう。

デスクトップ上に表示されているUnity Hubのアイコンをダブルクリックしましょう。

Unity Hubが起動するので、**[新規]**から「UnitySample_13」というプロジェクトを作成します。

[Create project]ボタンをクリックするとUnityが起動します。

3 ▶▶ Standard Assetsをインポートしよう

アセットストアから「Standard Assets」をインポートしておきます。

このアセットは5章の**画面32**でインポートしていますので、5章の手順に従ってインポートしてください。

インポートすると「プロジェクト」の中に「Standard Assets（スタンダードアセッツ）」のフォルダが作成されます。

その中に「Characters（キャラクターズ）」というフォルダがあり、その中にFirstPersonCharacter（ファーストパーソンキャラクター）、ThirdPersonCharacter（サードパーソンキャラクター）というフォルダがあります。

これらのフォルダの中に、この章で使うアセットが含まれています（**画面1**）。

画面1　Characters（キャラクターズ）フォルダが存在している

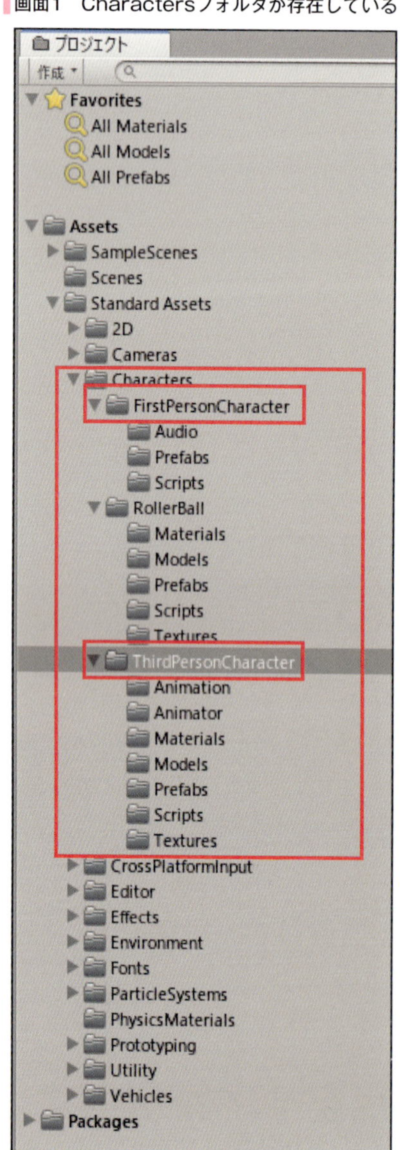

4 ▶ FPSControllerを使ってみよう

1人称のコントローラーである、「FPSController」を使うために、舞台を作る必要があります。

舞台となるアセットをアセットストアからインポートします。

検索欄に「Fantasy Kingdom」と入力してください。

これは、名前のとおり「ファンタジー世界の王国」です。

表示される検索結果の一覧から、「Fantasy Kingdom-Building Pack Lite」を選びます(画面2)。

画面2　Fantasy Kingdom-Building Pack Liteを選ぶ

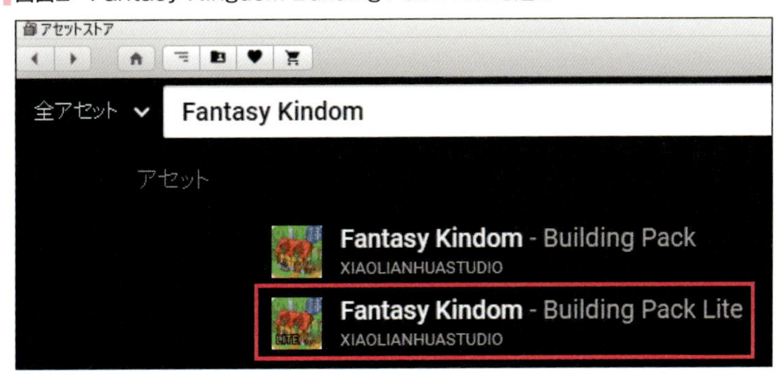

「Fantasy Kingdom-Building Pack Lite」のダウンロード画面が表示されます(画面3)。

画面3　「Fantasy Kingdom-Building Pack Lite」のダウンロード画面が表示される

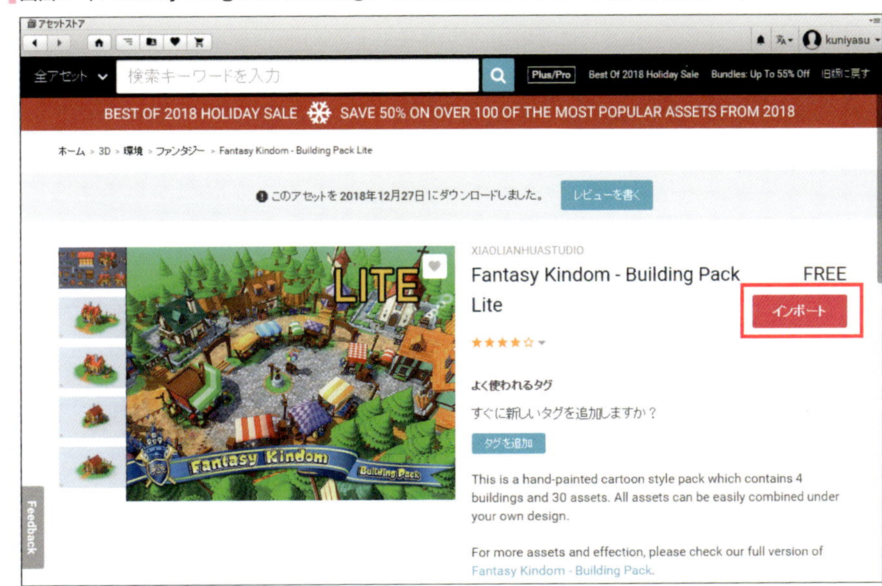

筆者は、このアセットのダウンロードは終わっていますので、インポートと表示されていますが、ここで初めて使う読者には**[ダウンロード]**と表示されています。

筆者は**[インポート]**をクリックします。

「Import Unity Package（インポート パッケージ）」が表示されますので、**[インポート]**ボタンをクリックします（**画面4**）。

画面4　[インポート]ボタンをクリックする

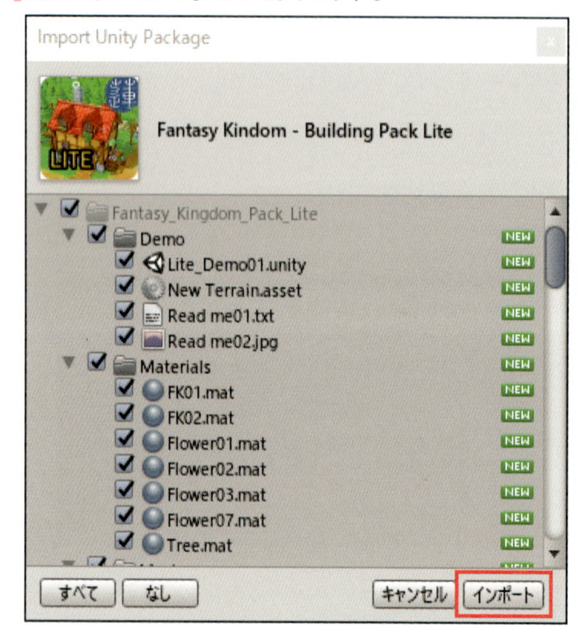

アセットストアの最大化のチェックを外し、シーン画面を表示します。

「プロジェクト」の中に「Fantasy_Kingdom_Pack_Lite」のフォルダが作成され、必要なアセットが取り込まれています（**画面5**）。

画面5 「プロジェクト」の中に「Fantasy_Kingdom_Pack_Lite」のフォルダが作成された

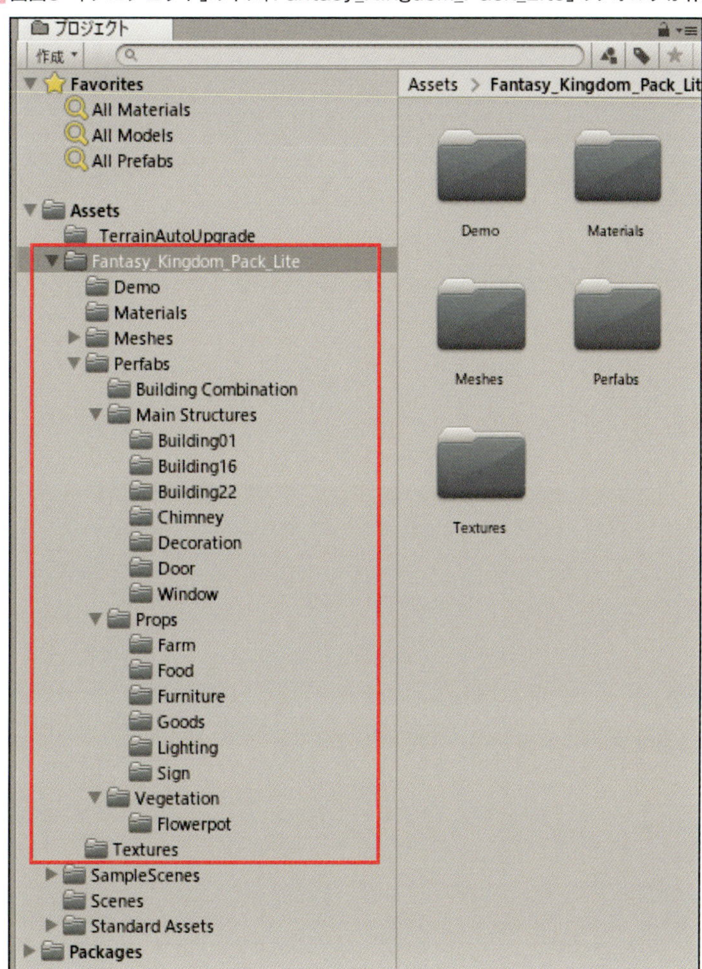

舞台(ぶたい)を作る

「Fantasy_Kingdom_Pack_Lite」フォルダの「Prefabs(プレファブス)」フォルダの「Building(ビルディング) Combination(コンビネーション)」フォルダ内にある家のアセットを配置します。

そのためには、床となる平面をまずは配置しておきましょう。

Unityメニューの**[ゲームオブジェクト]**→**[3D(スリーディ)オブジェクト]**→**[平面]**と選びます。

シーン画面に平面が配置されますので、ヒエラルキーから「Plane(プレーン)」を選んでインスペクターを表示して、「トランスフォーム」の**[拡大/縮小]**のX、Zに「2」を指定しておきましょう。

そして、「トランスフォームツール」の「移動ツール」で下の方に配置しておきましょう(画面6)。

画面6　平面を配置した

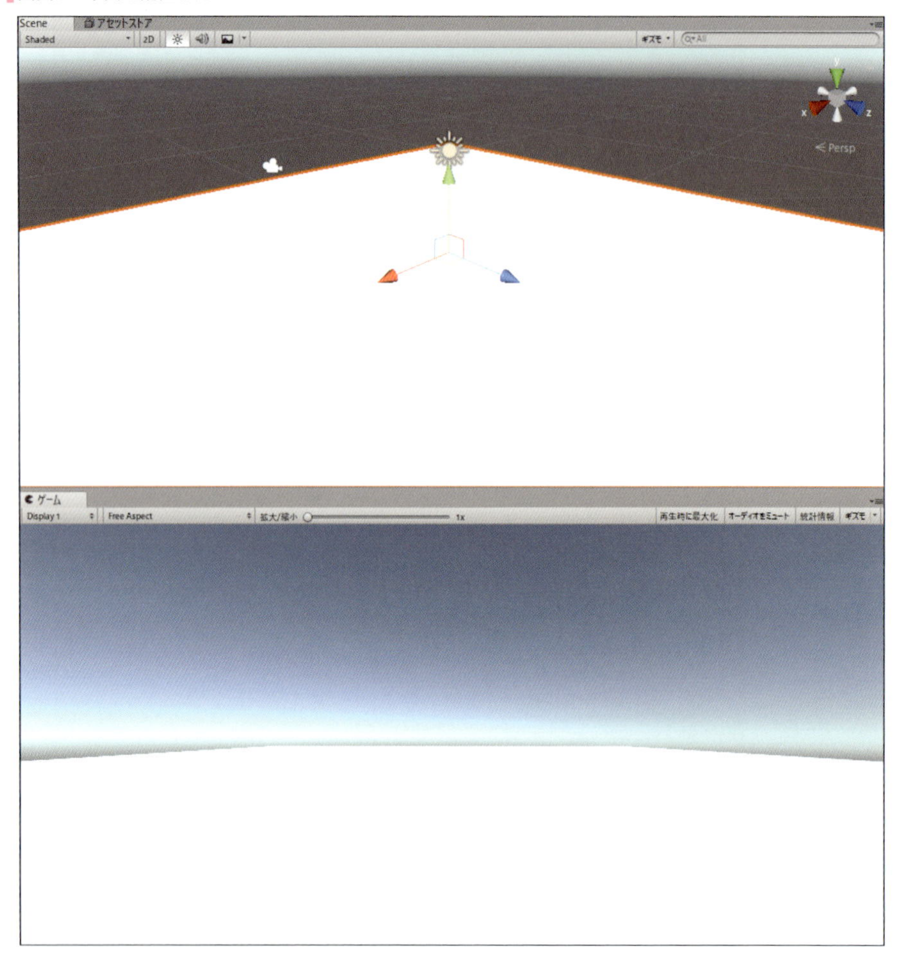

「プロジェクト」内の「Building Combination（ビルディング コンビネーション）」フォルダ内にある、「Building AT07_d」をシーン画面の平面の上にドラッグ＆ドロップします（**画面7**）。

画面7　「BuildingAT07_d」を平面上にドラッグ＆ドロップする

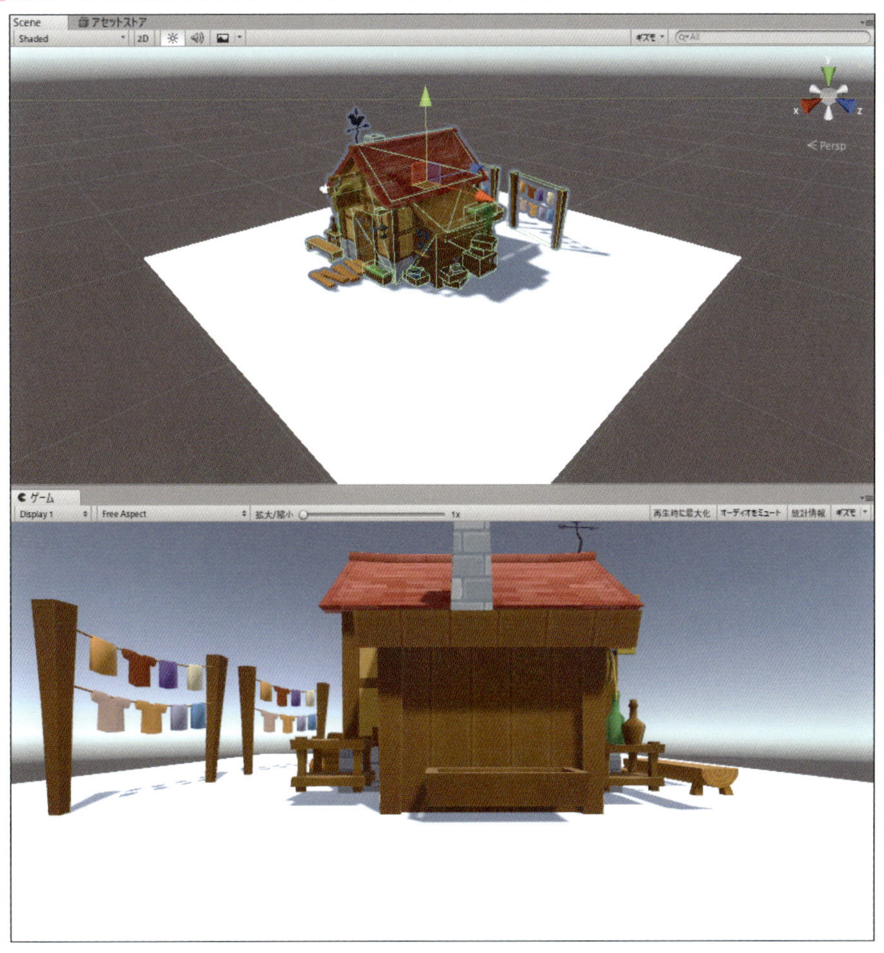

メインのお家を配置したところで、「Main Structures（メイン ストラクチャーズ）」フォルダや「Props」、「Vegetation」フォルダなどの中にある小物を好きなように配置してください。

ただ、樹木がありませんので、アセットストアからインポートしてきましょう。

11章でインポートした「Tree Creator Tutorial Assets（ツリー クリエイター チュートリアル アセッツ）」を、ここでもインポートしてください。

インポートの方法がわからない人は、11章を読んでみてください。

また、11章でも詳細に説明していますが、このアセットには注意が必要です。

簡単に説明しておきましょう。

まず、プロジェクト内の**[treeCreatorTutorial]**→**[tree construction]**→**[00 sycamore trees procedural]**フォルダにある内容を表示させます。

ほかの、「01 sycamore trees finalized」や、「02 highPolyGeometry trees」

のフォルダの中のものに対しても同様の処理を適用してください。

ここでは、「00 sycamore trees procedural」フォルダ内にある木々を使いますので、この中の物に対してのみ設定を行います。

「00 sycamore trees procedural」のフォルダ内を見ると、木々のprefab(プレファブ)ファイルに画像が表示されておりません。

このまま、平面上に配置しても何も表示はされません。

まず、「syc_01 procedural working item」を選んでインスペクターを表示させ、**[プレファブを開く]**ボタンをクリックします。

するとプレファブのインスペクターが表示されます。

よく見ると、「syc_01 procedural working item」の先頭にチェックがついておりません。

これでは使えないので、チェックを付けます。

すると、syc_01 procedural working itemに木の画像が表示されます。

他の、「syc_02、syc_TreeFromTutorial」などに対しても同じ処理を行います。

すると、すべてに木の画像が表示されます。

シーン画面にも木のアセットが表示されます。

もとのシーン画面に戻るにはヒエラルキーの左隅にある‹のアイコンをクリックしてください。

これで、もとの画面に戻ります。

画面付きの説明については11章を読んでください。

木々も配置して筆者は**画面8**のような舞台(ぶたい)を作成しました。

ただ配置する木々は少しサイズが大きいので、インスペクターの「トランスフォーム」の**[拡大/縮小]**のX、Y、Zに「0.6」の値を指定してサイズを小さくしておきましょう。

皆さんが好きなように舞台(ぶたい)を作っていただいて構いません。

画面8　作成した舞台(ぶたい)

FPSController(エフピーエスコントローラー)を配置する

「プロジェクト」内の「Characters(キャラクターズ)」フォルダ内の[FirstPersonCharacter(ファーストパーソンキャラクター)]→[Prefabs(プレファブス)]フォルダ内にある「FPSController(エフピーエスコントローラー)」を、シーン画面の平面上にどこでもいいのでドラッグ＆ドロップしてください。

この時点で「Main Camera(メインカメラ)」は不要になりますので、必ず削除してください。「FPSController(エフピーエスコントローラー)」から見た視点にゲーム画面が変更されます（画面9）

画面9　ゲーム画面がFPSControllerから見た視点に変わる

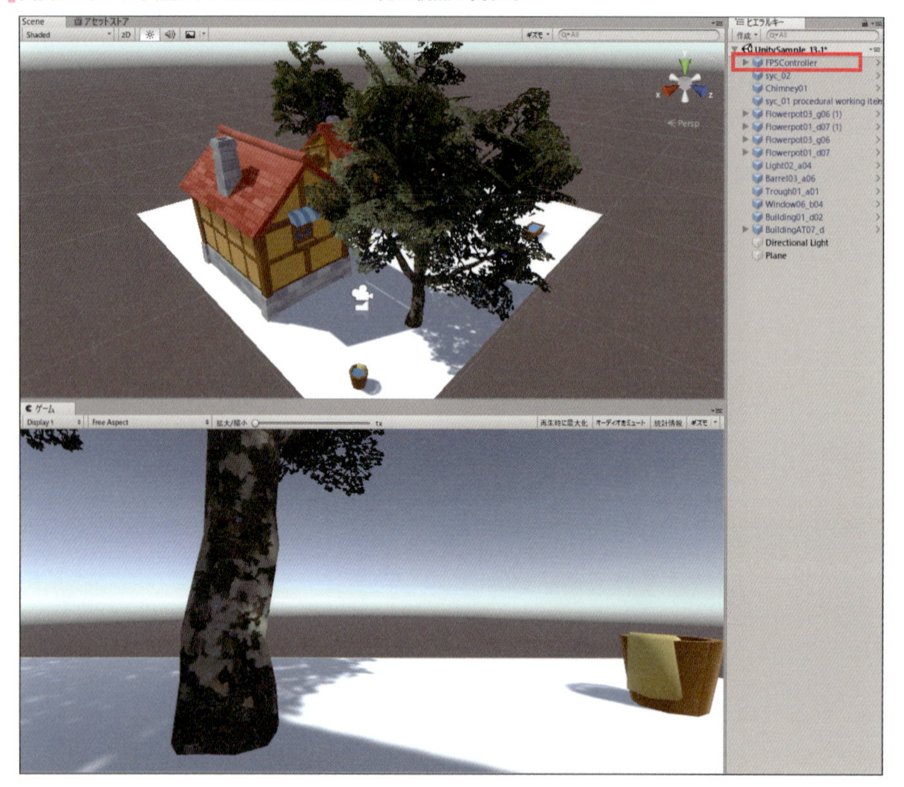

画面9から赤い枠で囲った、ヒエラルキー内の「FPSController」のインスペクターを表示してみましょう（**画面10**）。

インスペクターの内容が大変に多いので、必要なところのみ掲載します。

画面10　FPSControllerのインスペクター

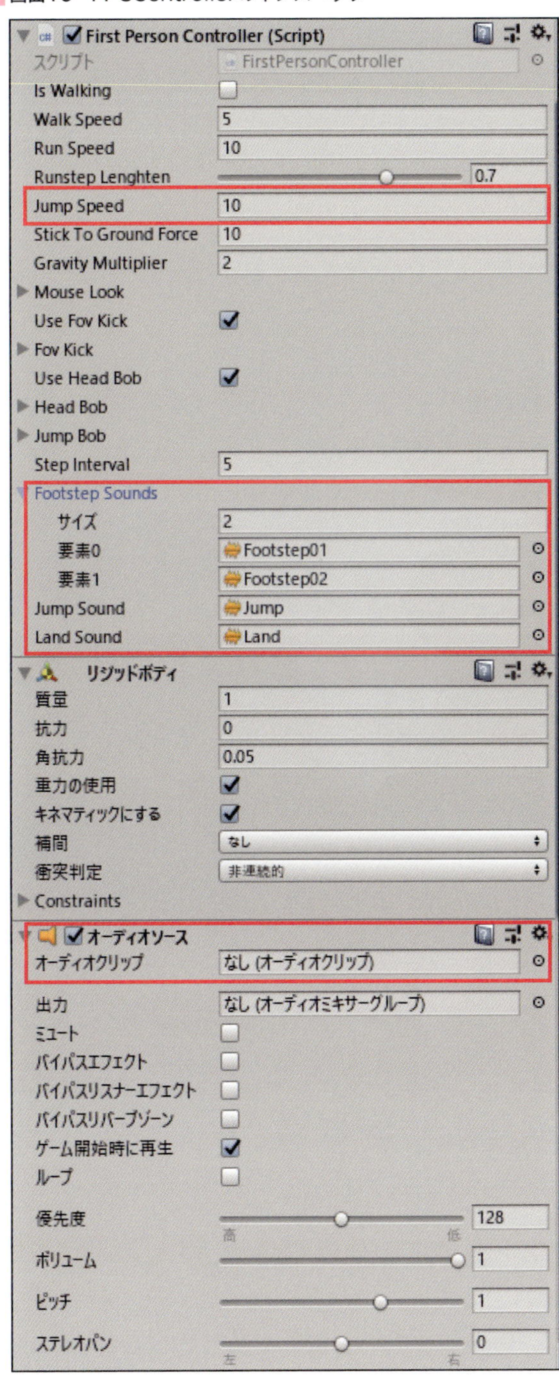

インスペクターでは特に設定するところはありませんが、最初の赤い枠(わく)で囲った「Jump Speed(ジャンプ スピード)」の値を大きくすると、キーボードの Space キーを押したときのジャ

ンプが高くなります。

「Footstep SoundsやJump Sound、Land Sound」では、1人称が歩くときに発する足音や、ジャンプしたとき、ジャンプから着地したときの音が設定されています。

「オーディオソース」も付属していて、オーディオクリップに音楽ファイルを指定することもできるようになっています。

ここでは、音楽ファイルは指定していません。

興味のある皆さんは、アセットストから音楽ファイルをインポートして、指定してみるといいでしょう。

再生してみましょう。

キーボードの↑↓←→キーでシーン画面の中を移動できます。

そのときには足音が聞こえます。

また、マウスの移動で、視点を変更できます。

キーボードのSpaceキーでジャンプができます（画面11）。

画面11　シーン画面を移動してSpaceキーでジャンプしてみた

マウスカーソルが消えますが、キーボードのEscキーを押すとマウスカーソルが表示されます。

保存! **このサンプルを、別名で「UnitySample_13-1」という名前で保存しておきましょう。**

次は、「プロジェクト」内の「Characters（キャラクターズ）」フォルダ内の**[FirstPersonCharacter（ファーストパーソンキャラクター）]**→**[Prefabs（プレファブス）]**内にある「RigidBodyFPSController（リジッドボディエフピーエスコントローラー）」を使ってみましょう。

5 RigidBodyFPSControllerを使ってみよう

「RigidBodyFPSController」は、ほとんど「FPSController」と同じ機能ですが、Audio機能は付属していません。

また、歩くときの音や、ジャンプしたときの音もありません。マウスの移動で視点の変更は可能です。

ここでは、「FPSController」を使った舞台をそのまま使います。

保存! **まずは別名で、「UnitySample_13-2」として保存しておきましょう。**

ヒエラルキーから「FPSController」を削除して、代わりに「RigidBodyFPSController」を適当な場所に配置してください。

すると、ゲーム画面が、RigidBodyFPSControllerから見た視点に変わります(画面12)。

画面12　ゲーム画面がRigidBodyFPSControllerから見た視点に変わった

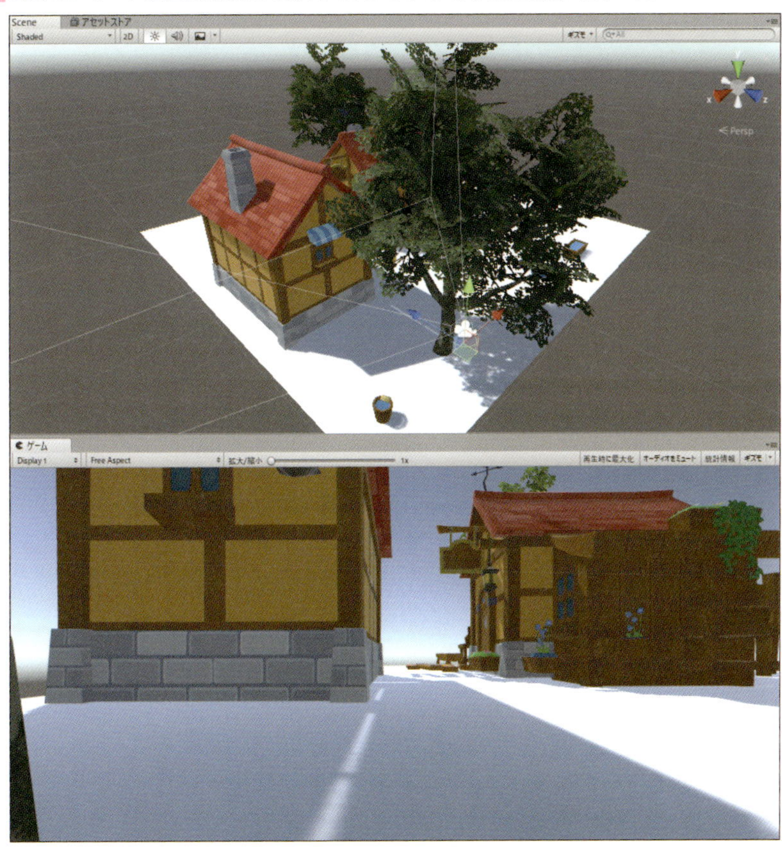

◉ RigidBodyFPSControllerのインスペクターを見てみよう

ヒエラルキー内にある「RigidBodyFPSController」を選んで、インスペクターを表示します（画面13）。

画面13　RigidBodyFPSControllerのインスペクター

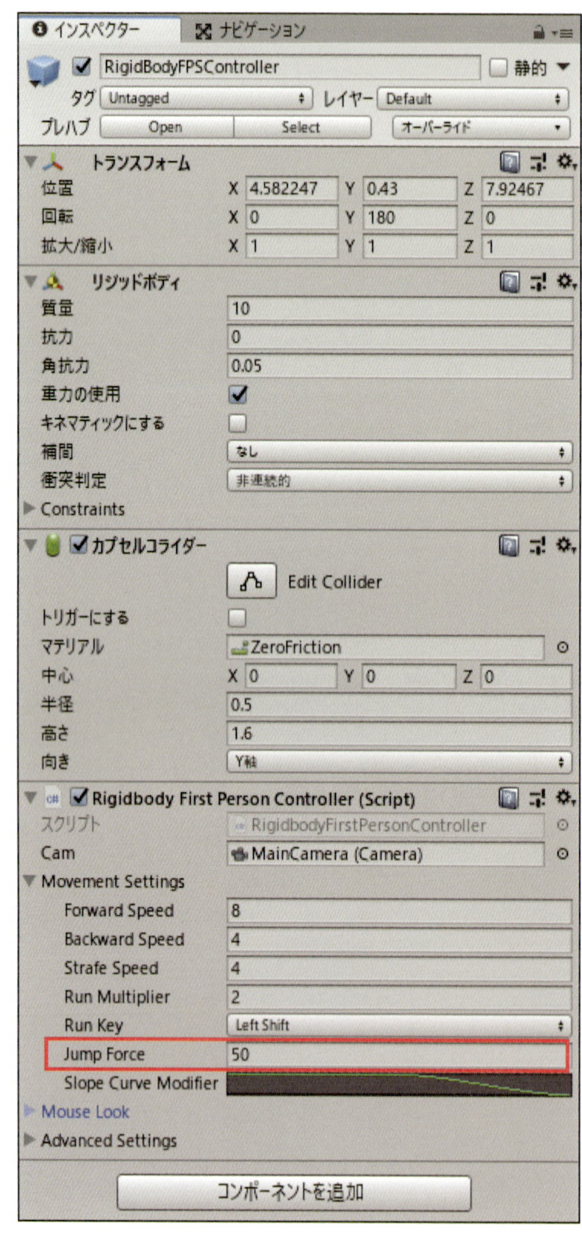

特に設定するところはありませんが、**画面13**の赤い枠で囲った、「Movement Settings」内にある、「Jump Force」の値を大きくすると、キーボードの Space キーでジャンプするときに高くジャンプするようになります。

ここの値を「50」から「80」に変更しておいてみましょう。

FPSControllerのインスペクター（**画面10**）と比較すると、「オーディオソース」機能もついていないのがわかるでしょう。

歩くときの音や、ジャンプするときの音もついていないのがわかります。

まったくの無音ということですね。

再生してみましょう。

画像では、FPSControllerとまったく同じ画像になってしまいますね（**画面14**）。

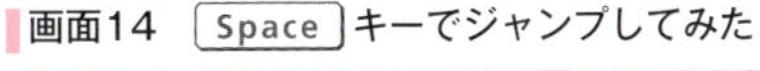
画面14 Space キーでジャンプしてみた

「Movement Settings」内にある、「Jump Force」の値を「80」に設定しているので、高くジャンプしています。

保存! **このサンプルを[保存]で上書き保存しておきましょう。**

次は、「プロジェクト」内の「Characters」フォルダ内の**[ThirdPersonCharacter]**→**[Prefabs]**内にある「ThirdPersonController」を使ってみましょう。

6 ▶ ThirdPersonController（サードパーソンコントローラー）を使ってみよう

「ThirdPersonController（サードパーソンコントローラー）」とは、3D（スリーディ）キャラクターにアニメーションやスクリプトを設定済みであるプレハブのようなものですので、ここではキャラクターが登場します。

またキーボードの[Space]キーでジャンプもします。

保存! ここでも同じ舞台（ぶたい）を使いますので、別名で「UnitySample_13-3」という名前で保存しておきましょう。

まずは、ヒエラルキーにある「RigidBodyFPSController（リジッドボディエフピーエスコントローラー）」を削除してください。

すると、カメラの機能を持ったものがなくなったので、ゲーム画面には**画面15**のように表示されます。

画面15　カメラがないのでゲーム画面が表示できない

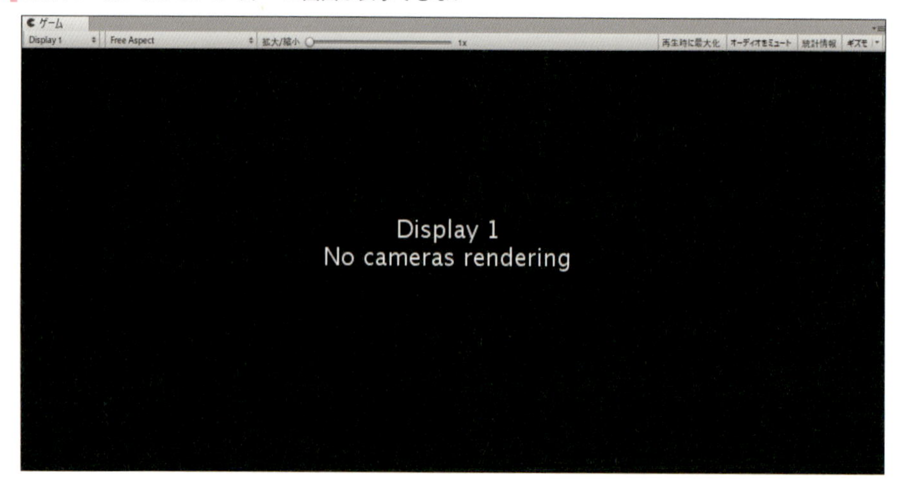

ここで使う「ThirdPersonController（サードパーソンコントローラー）」には、カメラの機能がありません。

それで、11章で説明した、「Standard Assets（スタンダードアセッツ）」に含まれている**[Cameras（カメラス）]**→**[Prefabs（プレファブス）]**フォルダ内の「MultipurposeCameraRig（マルチパーパスカメラリグ）」をシーン画面の平面の上にドラッグ＆ドロップしてください（**画面16**）。

場所はどこでもいいです。

「MultipurposeCameraRig（マルチパーパスカメラリグ）」が、どういったカメラであるかは11章で詳細に説明していますので、わからない人は11章を読んでください。

画面16　シーン画面に「MultipurposeCameraRig」を配置して表示されるゲーム画面

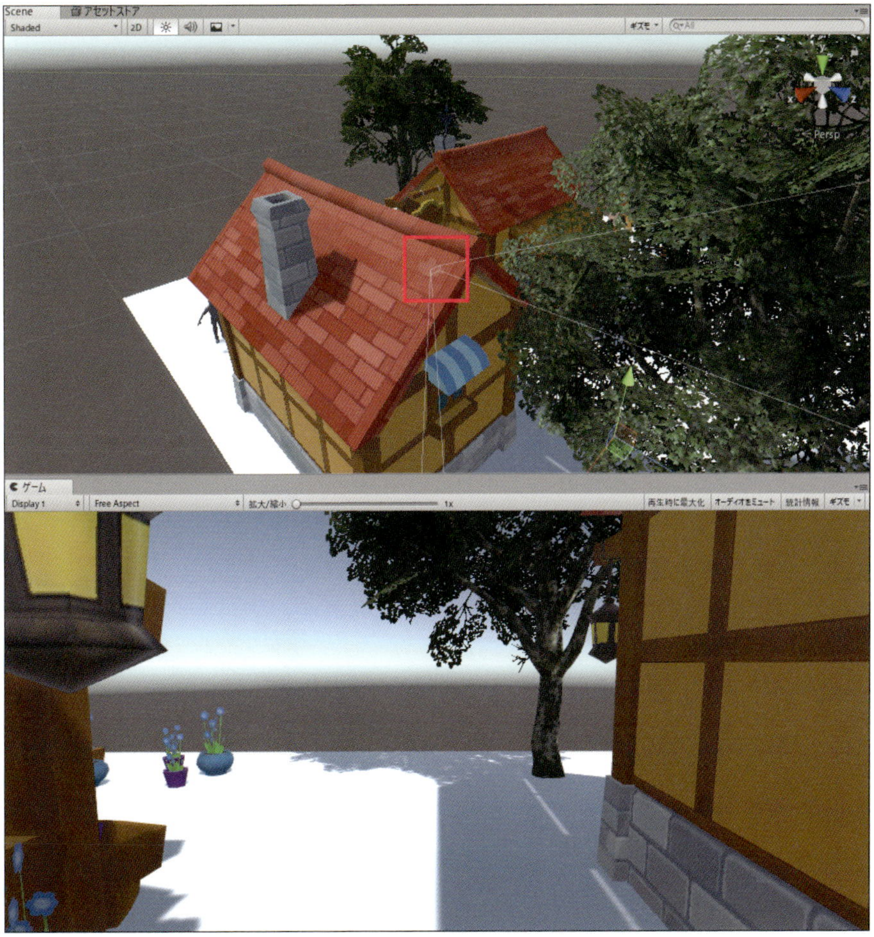

「MultipurposeCameraRig」は**画面16**の赤い枠で囲った位置に配置しました。

ThirdPersonControllerを配置する

シーン画面の「MultipurposeCameraRig」に映る範囲に「ThirdPersonController」を配置しましょう。

筆者は**画面17**のように配置しました。

画面17　ThirdPersonControllerを配置した

シーン画面の赤い枠で囲った位置に「ThirdPersonController」を配置しました。

木の陰に隠れて見えてはいませんが、ゲーム画面では下の赤い枠で囲ったように表示されています。

この「ThirdPersonController」のキャラクターには色はついていません。

もともとこういった色のキャラクターです。

MultipurposeCameraRigのインスペクターを設定する

ここの設定方法も11章で説明はしていますが、再度説明しておきましょう。

まずは、ヒエラルキーから「MultipurposeCameraRig」を選んで、ヒエラルキーを表示します。

「Auto Cam (Script)」の中に**[ターゲット]**という項目があり、「なし(トランスフォーム)」となっています。

この場所に、ヒエラルキーから「ThirdPersonController」をドラッグ＆ドロップしてもいいのですが、その下に、**[Auto Target Player]**という項目があってチェックがついています(**画面18**)。

画面18　[Auto Target Player]にチェックがついている

Auto Cam (Script)	
スクリプト	AutoCam
ターゲット	なし (トランスフォーム)
Auto Target Player	✓
更新タイプ	Fixed Update
Move Speed	3
Turn Speed	1
Roll Speed	0.2
Follow Velocity	
Follow Tilt	✓
Spin Turn Limit	90
Target Velocity Lower Lir	4
Smooth Turn Time	0.2

ThirdPersonControllerのタグを指定する

画面18の**[Auto Target Player]**の意味は、「自動的にターゲットとする相手はPlayer」という意味ですので、ヒエラルキーから、「ThirdPersonController」を選んで、インスペクターを表示し、**画面19**のように**[タグ]**に「Player」を指定してください。

画面19　「ThirdPersonController」の[タグ]に「Player」を指定する

以上は、MultipurposeCameraRigの設定です。

次にヒエラルキーから「ThirdPersonController」を選んでインスペクターを表示してみましょう。

◉ ThirdPersonController（サードパーソンコントローラー）のインスペクターを表示する

画面20が「ThirdPersonController（サードパーソンコントローラー）」のインスペクターになりますが、特に指定するところはありません。

画面20　ThirdPersonController（サードパーソンコントローラー）のインスペクター

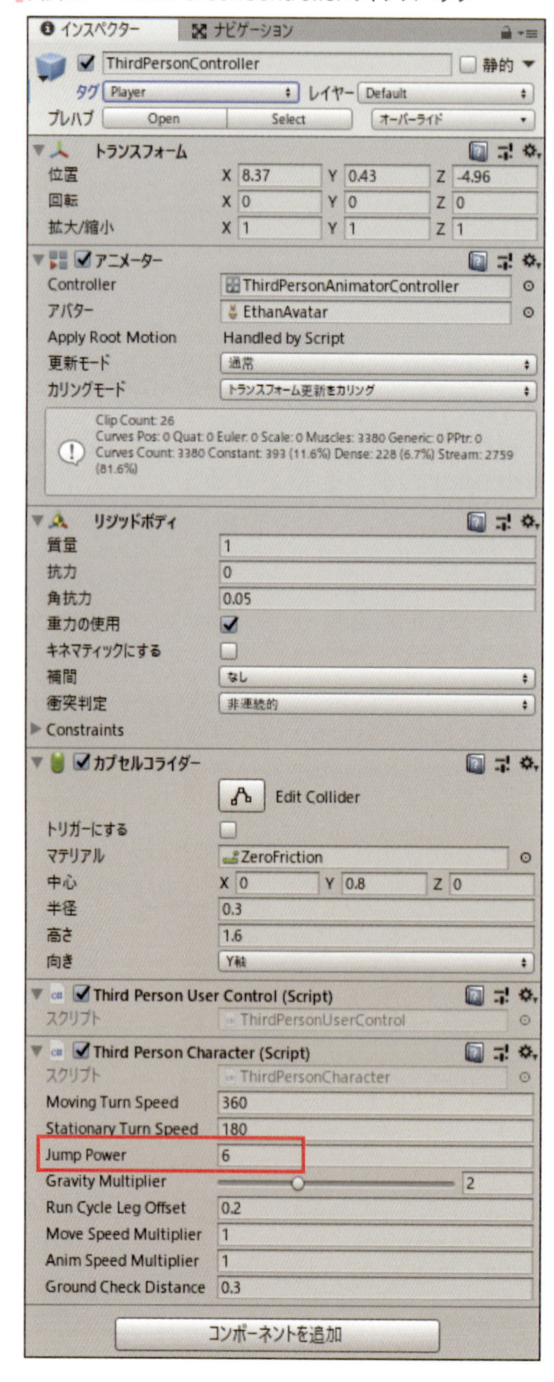

あえて設定するなら、**画面20**の赤い枠で囲った「Jump Power」ぐらいなものでしょう。

これはジャンプしたときのジャンプ力になります。

「6」が設定されていますが、試しに倍の「12」を指定しておきましょう。

以上で設定は終わりです。

再生してみましょう（**画面21**）。

画面21　キーボードの Space キーでジャンプさせてみた

保存! このサンプルを[保存]で上書き保存しておきましょう。

次は、「プロジェクト」内の「Characters」フォルダ内の**[ThirdPersonCharacter]**→**[Prefabs]**内にある「AIThirdPersonController」を使ってみましょう。

7 ▶ AIThirdPersonControllerを使ってみよう

AIThirdPersonControllerとは、NavMeshAgent(6章で説明)が付属しているControllerです。

保存! ここでも同じ舞台を使いますので、別名で「UnitySample_13-4」という名前で保存しておきましょう。

まずは、ヒエラルキーから「MultipurposeCameraRig」と「ThirdPersonController」を削除してください。

次に、「Cameras」の「Prefabs」フォルダ内にある「CctvCamera」をシーン画面の適当な場所にドラッグ&ドロップしてください。

「CctvCamera」がどんなカメラであるかは11章を読んでください。

「CctvCamera」のインスペクターを見ると、先頭の「CctvCamera」にチェックが入っていませんので、必ずチェックを入れてください。

そうしないと、ゲーム画面が表示されません(**画面22**)。

画面22 「CctvCamera」の先頭にチェックを入れる

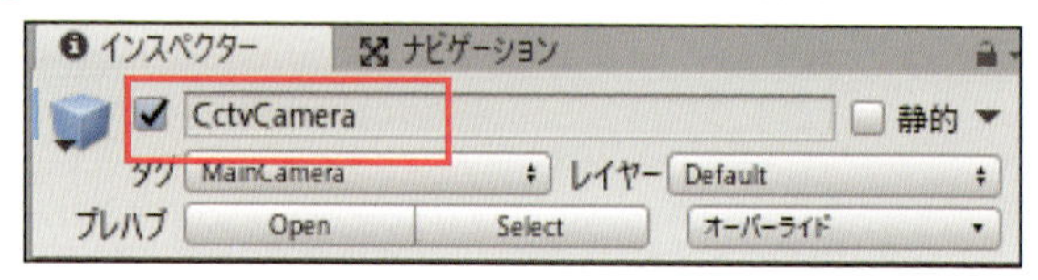

次に、「Characters」フォルダ内の**[ThirdPersonCharacter]→[Prefabs]**フォルダ内にある「AIThirdPersonController」を「CctvCamera」に映る範囲に配置しましょう(**画面23**)。

画面23　シーン画面に「CctvCamera」と「AIThirdPersonController」を配置した。ゲーム画面では「AIThirdPersonController」のキャラクターが表示されている

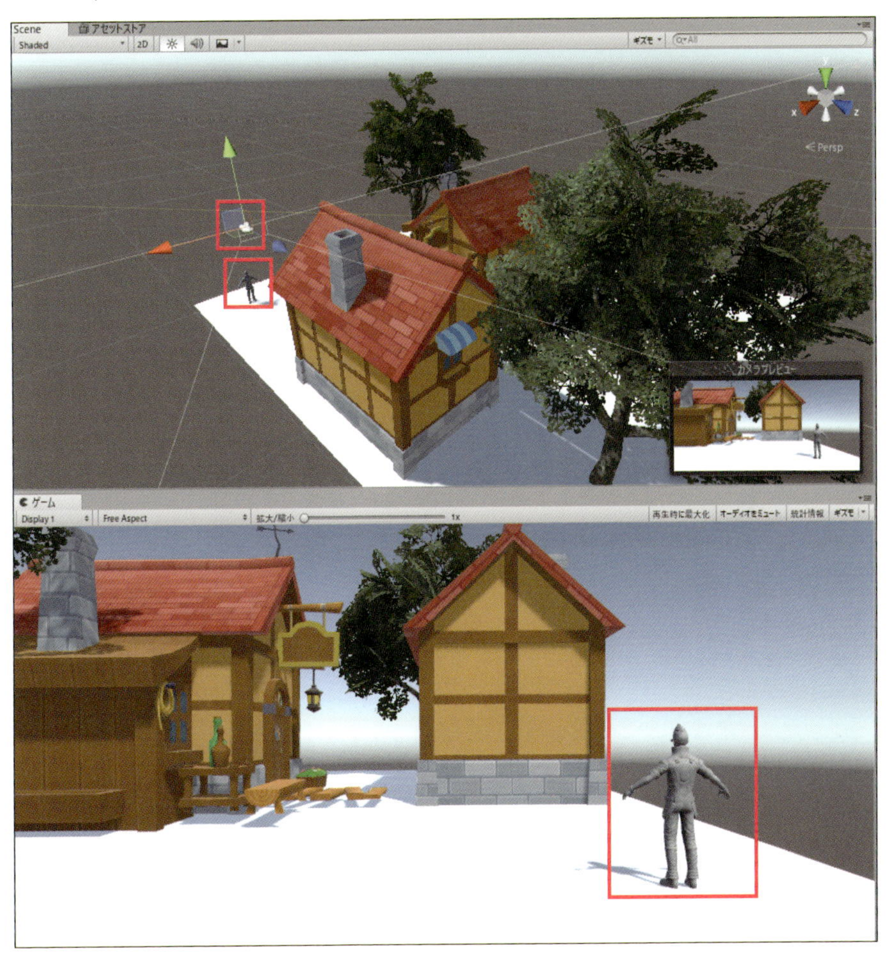

AIThirdPersonControllerのインスペクターを見てみよう

ヒエラルキーから「AIThirdPersonController」を選んでヒエラルキーを表示します。

画面24のように、このコントローラーには最初から、「ナビメッシュエージェント」(NavMeshAgent)が追加されています。

「ナビメッシュエージェント」では、どんなことができるかは6章で説明していますので、わからない人は6章を読みなおしてください。

画面24 「ナビメッシュエージェント」がもともと追加されている

ナビメッシュエージェント	
Agent Type	Humanoid
ベースオフセット	0
操縦	
速度	1
角速度	120
加速	10
停止距離	0.2
自動ブレーキ	✓
障害物の回避	
半径	0.5
高さ	2
Quality	高品質
Priority	50
パス検索	
オフメッシュリンクの走査を自	✓
パスの再取得を自動化	✓
Area Mask	Mixed ...

これは、「AIThirdPersonController（エーアイサードパーソンコントローラー）」のキャラクターが「01_kohaku_B（ゼロワンコハクビー）」のキャラクターを追いかけていくサンプルになります。

ナビゲーションの設定を行う

ナビゲーションの設定を行います。

もし、ナビゲーションのタブがインスペクターの横に表示されていない人は、Unityメニューの**[ウインドウ]**→**[AI（エーアイ）]**→**[ナビゲーション]**と選んで表示させてください。

次にシーン画面内に配置した物で動かないもの、いわゆる「静物」をすべて選んで、この場合は、AIThirdPersonController（エーアイサードパーソンコントローラー）とCctvCamera（シーシーティーブイカメラ）、Chimney01、Light02_a04、Window06_b04**以外**の「静物」をすべて選んだ状態でインスペクターの「静的」というところにチェックを入れてください。

このあたりの詳細については画面付きで6章で説明しています。

保存! その前に、この画面を先に上書き保存しておいたほうがいいです。この後の作業で先に保存しておかないと、「シーンを保存してください。」のメッセージが表示されるので先に保存から上書き保存しておきましょう。

ヒエラルキーから、静物をすべて選んだ状態から、**[ナビゲーション]**タブをクリックして、その中の**[ベイク]**ボタンをクリックし、表示された画面のままで、下方にある[Bake]ボタンをクリックします。

すると、シーン画面が**画面25**のように変化します。

水色で表示されている部分が、キャラクターが移動できるエリアになります。

屋根も水色になっているところがありますが、これは無視してかまいません。

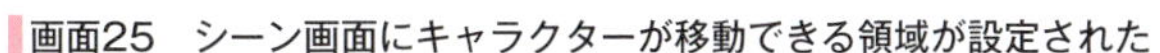

画面25　シーン画面にキャラクターが移動できる領域が設定された

01_kohaku_B.unitypackageをインポートする

ここで使う「01_kohaku_B」は5章でインポートしたことがありますので、5章を読んで皆さんが保存しておいたフォルダから、Unityメニューの**[アセット]→[パッケージをインポート]→[カスタムパッケージ]**と選んで、01_kohaku_B.unitypackageをインポートしておいてください。

アセットストアから、「Mecanim Locomotion Stater Kit」をインポートしておいてください。

01_kohaku_Bを配置する

インポートした「プロジェクト」内の[UnityChanTPK]→[Models]→[01_kohaku_B]→[Prefabs]フォルダ内にある「01_kohaku_B」をシーン画面に配置します。

画面26のように「01_kohaku_B」を配置して下さい。

画面26 01_kohaku_Bを配置した

01_kohaku_Bがキーボードの⬆⬇⬅➡キーで動けるように設定する

この設定方法は5章で詳細に説明していますので、ここでは簡単に説明しておきます。

ヒエラルキー内の「01_kohaku_B」を選んでインスペクターを表示します。

「アニメーター」の「Controller」に、右端にある⊙アイコンをクリックします。

そうすると、「Select RuntimeAnimatorController」の画面が表示されます。

この中から、「Locomotion」を選ぶと、「Controller」の中に「Locomotion」が指定されます。

この「Locomotion」は「Mecanim Locomotion Stater Kit」の中に含まれているコントローラーです。

次に、インスペクターの**[コンポーネントを追加]**ボタンをクリックして、**[物理]**→**[キャラクターコントローラー]**と選びます。

すると、インスペクター内に「キャラクターコントローラー」が追加されます。

この中の**[中心]**のYの値に「1」を必ず指定しておいてください。

ここに「1」を指定しておかないと、再生した場合に、「01_kohaku_B」がほんのすこし平面から浮いた状態になりますので、必ず「1」を指定しておきましょう。

最後に、もう1つ追加するものがあります。

インスペクターの**[コンポーネントを追加]**ボタンをクリックして、**[スクリプト]**→**[Locomotion Player]**と選んでください。

01_kohaku_Bのインスペクター内の、「Spring Manager（Script）」は右上隅の歯車アイコンで削除してください。

これで、01_kohaku_Bの設定は完了です。

01_kohaku_BのタグにPlayerを指定する

「CctvCamera」の「Lookat Target(スクリプト)」内にも **[Auto Target Player]** の項目があって、チェックがついていますので(**画面27**)、ヒエラルキーから、「01_kohaku_B」を選んで、**画面19**のように、「01_kohaku_B」の **[タグ]** に「Player」を指定してください。

ここで「CctvCamera」が追いかけるのは「AIThirdPersonController」から逃げる「01_kohaku_B」になりますので、「01_kohaku_B」の **[タグ]** を「Player」に指定します。

もし、「AIThirdPersonController」の **[タグ]** が「Player」になっていた場合は「Untagged」を指定しておいてください。

画面27　[Auto Target Player]にチェックがついている

Lookat Target (Script)
スクリプト　LookatTarget
ターゲット　なし (トランスフォーム)
Auto Target Player　✓
更新タイプ　Fixed Update
Rotation Range　X 90　Y 360
Follow Speed　0.1

AIThirdPersonControllerのインスペクターの「AI Character Control（Script）のターゲットを指定する

画面28のように「ターゲット」にヒエラルキーから01_kohaku_Bをドラッグ＆ドロップしてください。

「AIThirdPersonController」のキャラクターが追いかけるのは、逃げ惑う「01_kohaku_B」になります。

一種のストーカーのような行為ですね。

AIThirdPersonControllerのキャラクターが01_kohaku_Bを追いかけまわし、逃げ惑う01_kohaku_BをCctvCameraがついていく、という筋書きですね。

画面28　「ターゲット」に「01_kohaku_B」を指定する

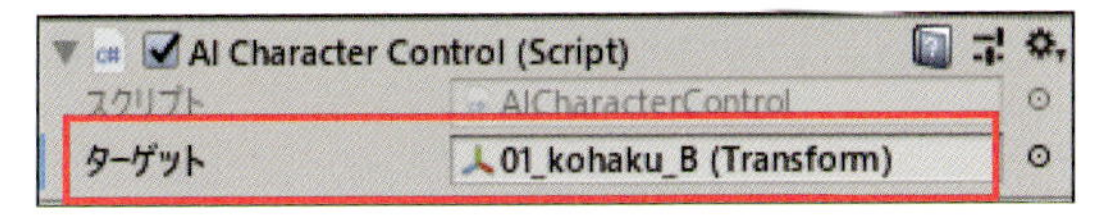

13

これで完成です。

再生してみましょう。

「AIThirdPersonController」のキャラクターが「01_kohaku_B」を追いかけています（画面29）。

画面29　「AIThirdPersonController」のキャラクターが「01_kohaku_B」を追いかける

保存!　このサンプルを[保存]から上書き保存しておきましょう。

次の第14章では、自然を作ってみましょう。

自然を作る

この章では、自然を作成して、山や草や木々を作成する手順について説明していきます。

1 ▶▶ プロジェクトを作ろう 

最初にプロジェクトを作りましょう。

デスクトップ上に表示されているUnity Hubのアイコンをダブルクリックしましょう。

Unity Hubが起動するので、**[新規]**から「UnitySample_14」というプロジェクトを作成します。

[Create project]ボタンをクリックするとUnityが起動します。

2 ▶▶ 自然を作成するための準備をしよう 

自然を作成するには、まずアセットストアから「Standard Assets」をインポートしておく必要があります。

このアセットは5章の**画面36**でインポートしていますので、5章の手順に従ってインポートしてください。

インポートすると「プロジェクト」の中に「Standard Assets」のフォルダが作成されます。

その中に「Environment」というフォルダがあり、またその中に「TerrainAssets」というフォルダがあります。

自然を作成するには、このフォルダの中にあるアセットを使うことになります(**画面1**)。

画面1　「TerrainAssets」フォルダが存在している

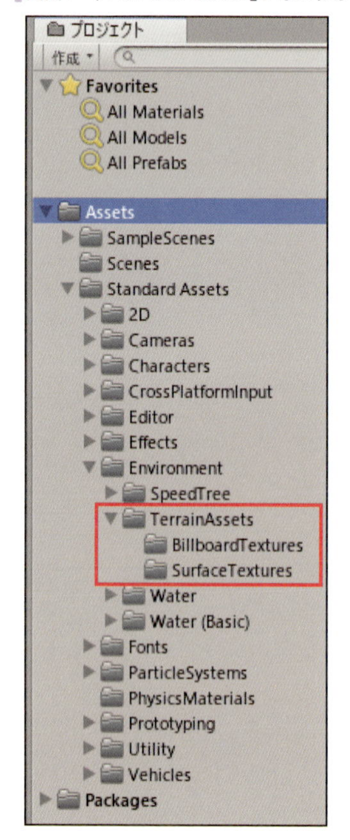

◉ Terrain（地形）の作成

Unityメニューの［**ゲームオブジェクト**］→［**3Dオブジェクト**］→［**Terrain（地形）**］と選びます（**画面2**）。

画面2　Terrainが作成された

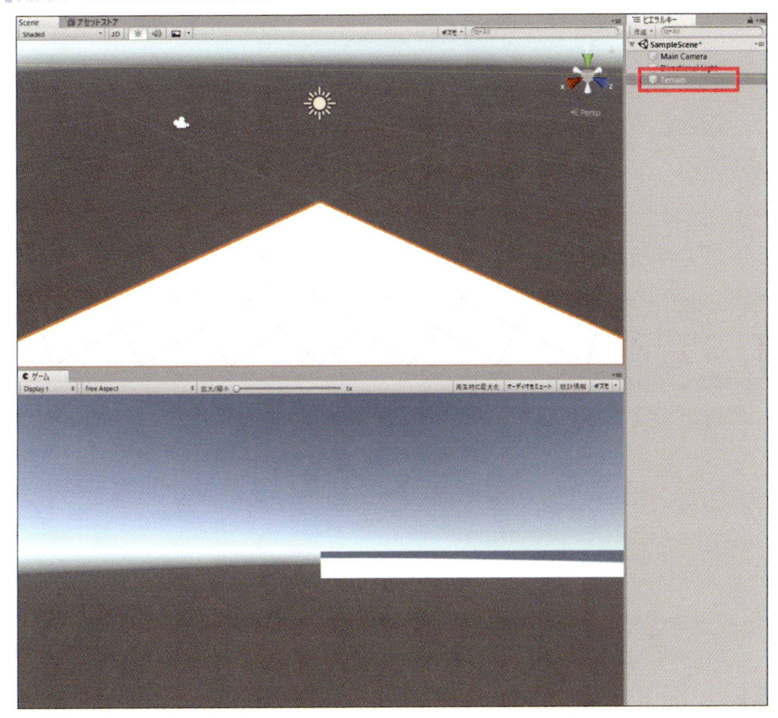

ヒエラルキーから「Terrain」を選んだ状態でインスペクターを見ると、**画面3**のような画面が表示されます。

画面3　「Terrain」のインスペクター

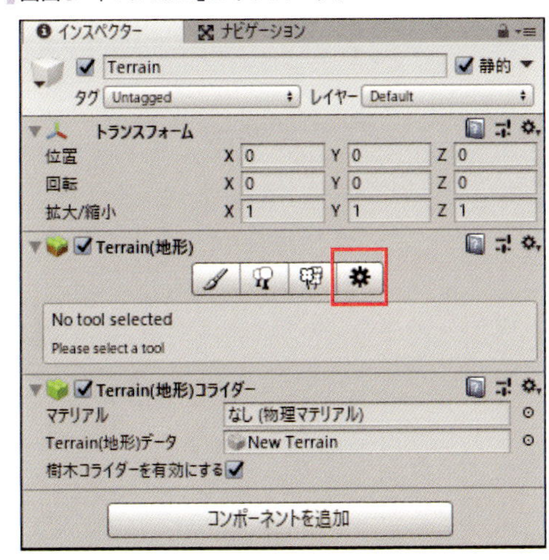

画面3の赤い枠で囲った✲アイコンは、「Terrain(地形)の設定」を表します。

これをクリックすると、いろいろな項目が表示されますが、特に触るところはありません。

あえて触るとするなら、**画面4**の「Tree & Detail Objects」と「Mesh Resolution (On Terrain Data)」の部分でしょうか。

「Tree & Detail Objects」では、「詳細表示されるカメラの距離」を最大の250に設定しておいてください。

なぜ250に設定するかは、あとで説明します。

「Mesh Resolution(On Terrain Data)」では、「横幅」や「奥行き」、「高さ」を指定するようになっています。

この単位は基本的にメートル(m)になります。

初期設定のままでいいと思います。

画面4 「Terrain(地形)の設定」画面

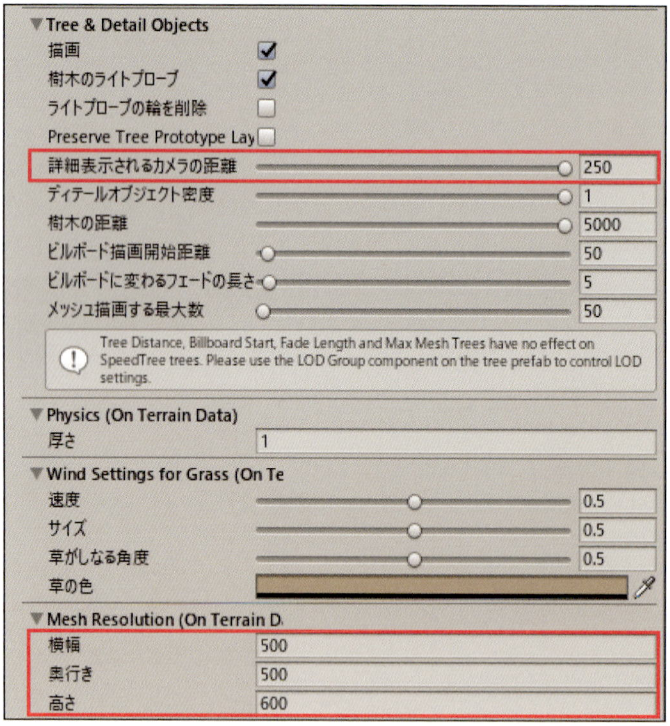

▼Tree & Detail Objects	
描画	☑
樹木のライトプローブ	☑
ライトプローブの輪を削除	☐
Preserve Tree Prototype Lay	☐
詳細表示されるカメラの距離	250
ディテールオブジェクト密度	1
樹木の距離	5000
ビルボード描画開始距離	50
ビルボードに変わるフェードの長さ	5
メッシュ描画する最大数	50
Tree Distance, Billboard Start, Fade Length and Max Mesh Trees have no effect on SpeedTree trees. Please use the LOD Group component on the tree prefab to control LOD settings.	
▼Physics (On Terrain Data)	
厚さ	1
▼Wind Settings for Grass (On Te	
速度	0.5
サイズ	0.5
草がしなる角度	0.5
草の色	
▼Mesh Resolution (On Terrain D	
横幅	500
奥行き	500
高さ	600

まず**画面2**のシーン画面のTerrainをもう少し広く見えるようにしておきましょう。

「トランスフォームツール」の「ハンドツール」で、シーン画面のTerrainをドラッグして**画面5**ていどに表示されるようにしておきましょう。

画面5　Terrain（テライン）の見栄えを「ハンドツール」で広く見えるようにした

3 山の地形を作ろう

Terrain（テライン）のインスペクターから、筆のアイコンの「Terrain（テライン）をペイント」アイコンをクリックします。

すると**画面6**のような画面に変化します。

画面6　筆のアイコンの「Terrain（テライン）をペイント」アイコンをクリックした

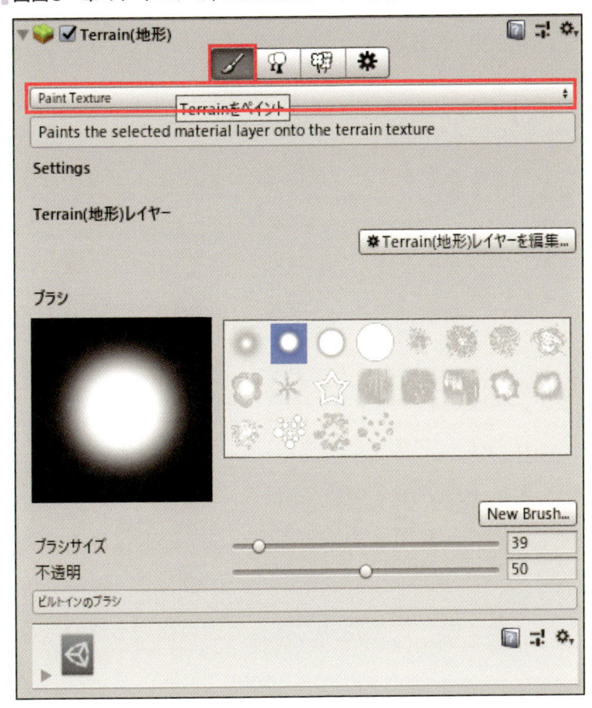

次に、**画面6**の赤い枠で囲った「Paint Texture」と表示されているところをクリックします。

すると各種メニューが表示されます(**画面7**)。

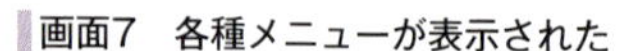

画面7　各種メニューが表示された

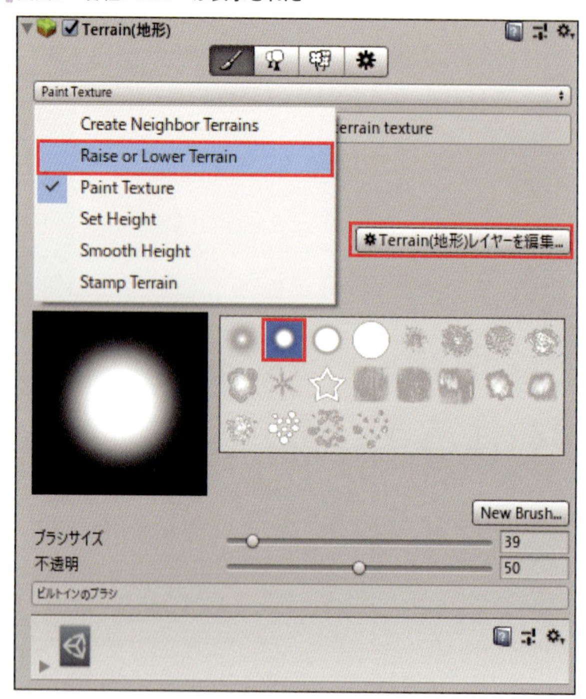

山の地形を作成する

画面7から赤い枠で囲った「Raise or Lower Terrain」を選び(地形を盛り上がらせたり、低くさせたりすることができます)、次に地形を作るひな形を「ブラシ」から選びます。

最初は赤い枠で囲ったひな型を選んでいます。

ひな型を選んで、シーン画面のTerrain上をクリックすると、山が作成されます。

その後「ブラシ」からいろいろなひな型を選んで、好きなように地形を作ってください。

ひな型を選んで、Terrain上で長くクリックしておくと、途方もなく高い山が作成されますので、ほんの少しクリックしてあとはマウスをドラッグしていくと、連なった山が作成されます(**画面8**)。

シーン画面をマウスホイールであるていど縮小して山を作成する方が、作成しやすいです。

高くなり過ぎた山はキーボードの Shift キーを押しながらクリックすると、低くなります。

画面8　創った地形

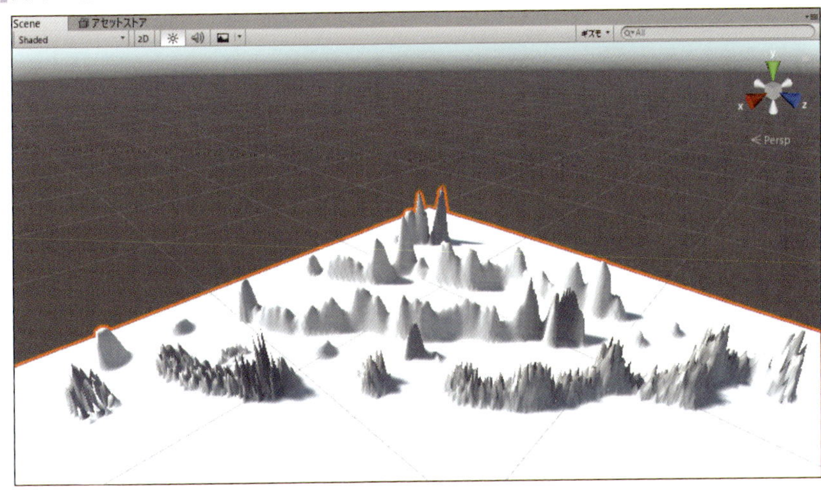

作成した地形にテクスチャを貼り付ける

作成した**画面8**全体にテクスチャを貼り付けてみましょう。

テクスチャとは10章でも説明していますが、「色や模様を表現するビットマップ画像」のことを差します。

画面7から「Paint Texture」を選びます。

表示される画面から「Terrain(地形)レイヤー編集」をクリックします。

すると**画面9**のメニューが表示されますので、[Create Layer]を選んでください(**画面9**)。

画面9　[Create Layer]を選ぶ

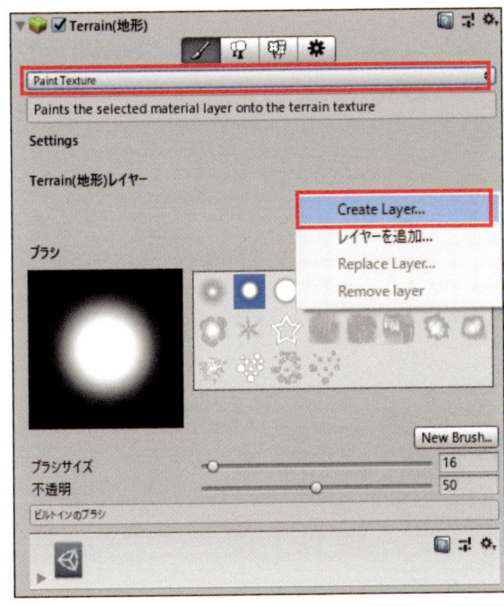

すると、「Select Texture2D」の画面が表示されますので、赤い枠で囲ったテクスチャを選びます（**画面10**）。

画面10 「GrassHillAlbedo」を選んだ

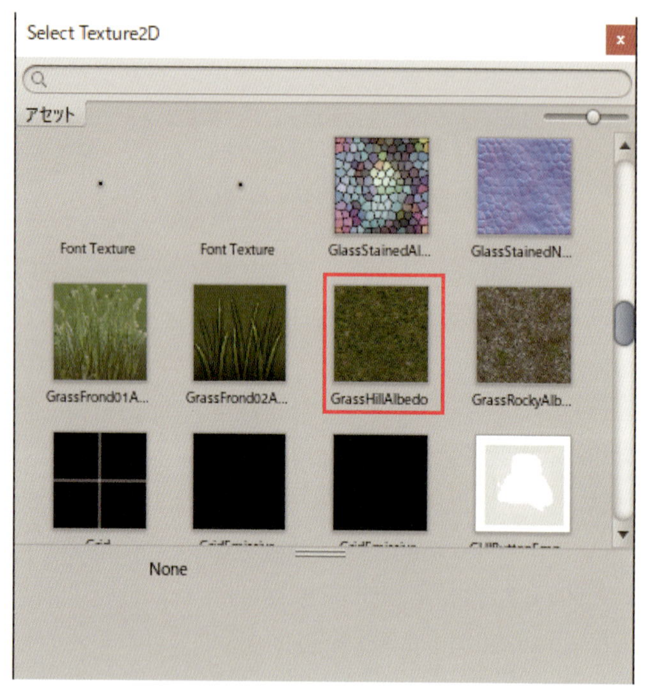

すると、**画面11**のように「Terrain（地形）」の中の「Terrain（地形）レイヤー」の中に、**画面10**で選んだGrassHillAlbedoが追加され、地形の表面が**画面12**のように、選んだテクスチャで覆われます。

画面11　GrassHillAlbedoが追加された

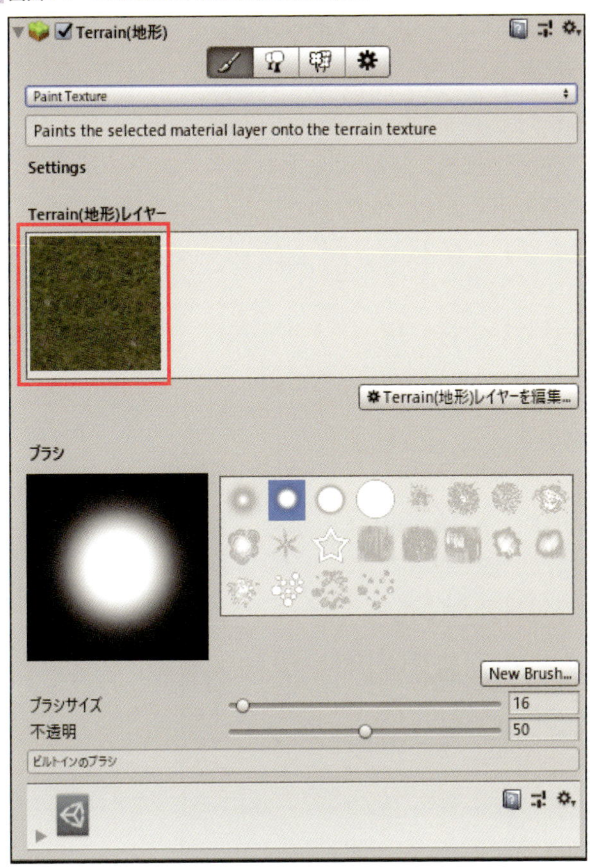

画面12　地形がテクスチャで覆われた

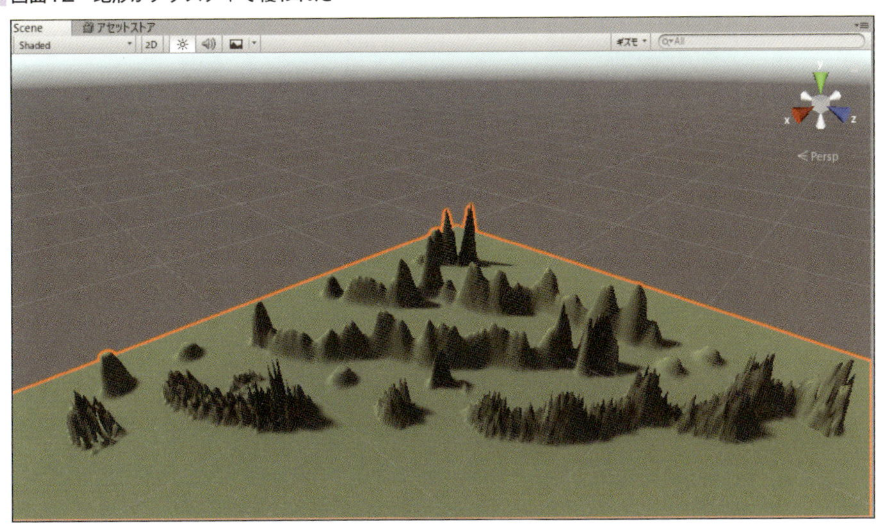

4 ▶▶ 草や木々を生やしてみよう

◉ 草を生やす

次に地形に草を生やしてみましょう。

画面7から**画面13**のアイコンをクリックします。

このアイコンは、「ディテールをペイント」というアイコンです。

画面13 「ディテールをペイント」アイコン

画面13をクリックすると、**画面14**の画面が表示されます。

赤い枠（わく）で囲った**[ディテールの編集]**ボタンをクリックしてください。

画面14 [ディテールの編集]ボタンをクリックする

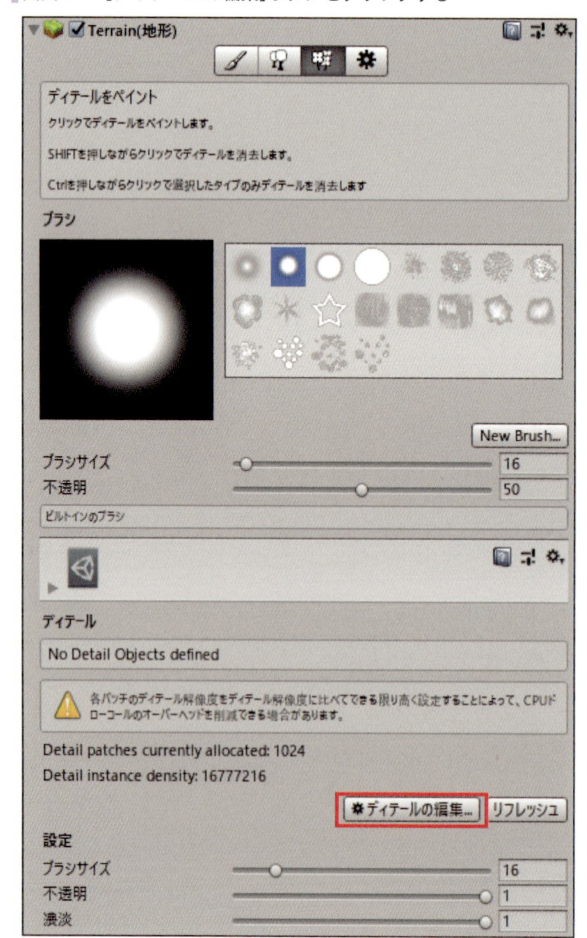

表示されるメニューから「Add Grass Texture」を選んでください(**画面15**)。

画面15 「Add Grass Texture」を選ぶ

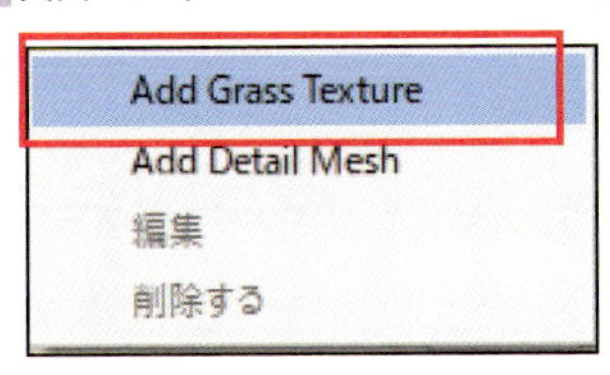

「Add Grass Texture」の画面が表示されます(**画面16**)。

画面16 「Add Grass Texture」の画面が表示された

Add Grass Texture

スクリプト	DetailTextureWizard
Detail Texture	なし (Texture 2D)
Min Width	1
Max Width	2
Min Height	1
Max Height	2
Noise Spread	0.1
Healthy Color	
Dry Color	
ビルボード	✓

Please assign a detail texture

Add

画面16の赤い枠で囲った、「Details Texture」の右端にある⊙アイコンをクリックします。

すると「Select Texture2D」の画面が表示されますので、「GrassFrond0AlbedAlpha」を選ぶと、**画面16**の赤い枠で囲った位置に「GrassFrond0AlbedAlpha」が追加されます。

[Add]ボタンも使えるようになりますので[Add]ボタンをクリックします(**画面17**)。

画面17 「Detail Texture」に「GrassFrond0AlbedAlpha」が追加された

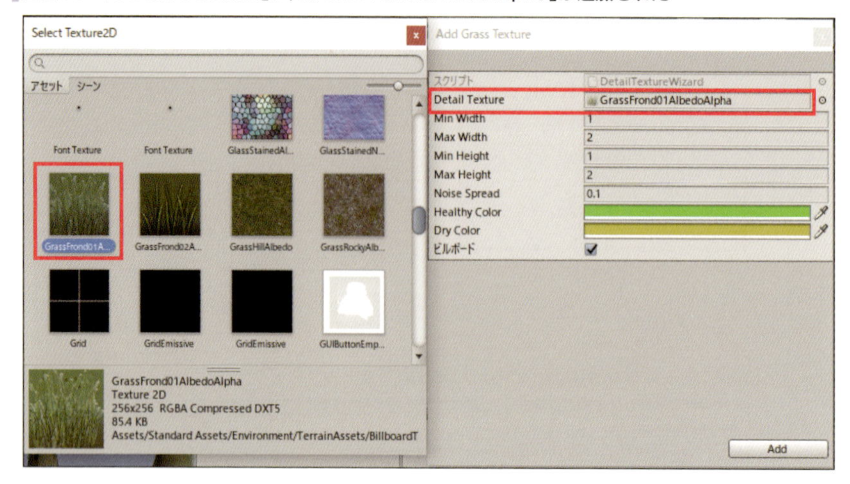

画面17で[Add]ボタンをクリックすると、画面18のように「ディテール」のところに選んだ「GrassFrond0AlbedAlpha」が追加されます。

画面18 「GrassFrond0AlbedAlpha」が追加された

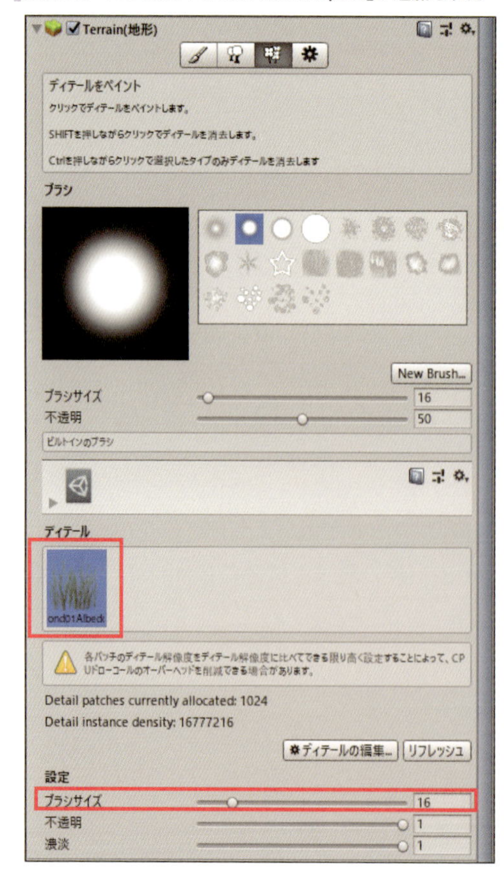

赤い枠で囲った「ブラシサイズ」が16になっていますので、ここの値を10程度にしておきましょう。

ここの値が大きいと、地形をクリックしたときに、一気に広い範囲に草が生えてしまいます。

「ディテール」の画像を選んで地形の上をクリックしていってください。

草が生えますが、シーン画面を拡大しないと草は表示されません。

シーン画面が縮小されていると草は生えてはいるのですが、目には見えません。

拡大しながら、クリックして草を生やしてください(**画面19**)。

それで、画面4で「表示されるカメラの距離」を最大の250に設定したのです。

250に設定しておくと、そんなに拡大しなくても草が生えているのを確認できるようになります。

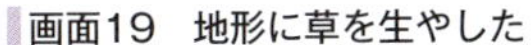

画面19　地形に草を生やした

画面4の「詳細表示されるカメラの距離」を72ていどに設定すると、画面20のように表示され、最大の250に設定すると画面21のように表示されます。

値を250にした方が、草の表示が容易になります。

画面20 「詳細表示されるカメラの距離」を72に設定した

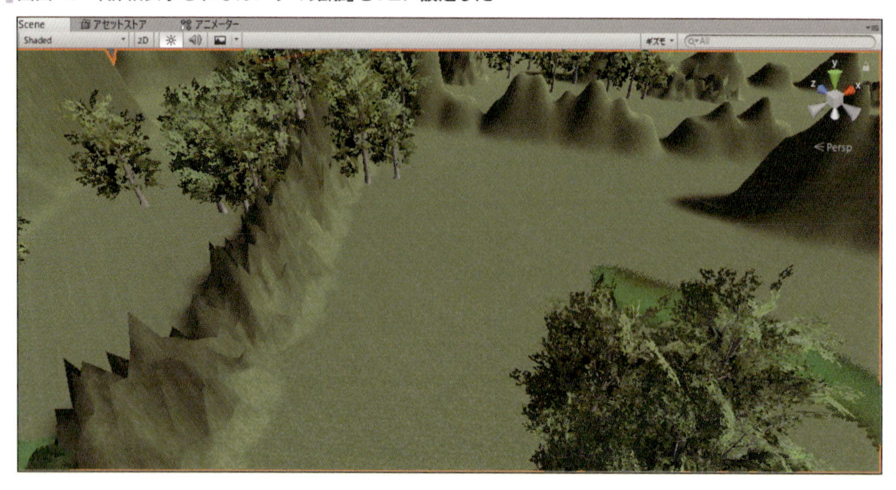

画面21 「詳細表示されるカメラの距離」を最大の250にした

シーン画面上で、マウスの左ボタンを押しながら、シーン画面をドラッグして、地形の見える位置を変更しながら草を生やしていって下さい。

木々を生やす

次に木々を生やしてみましょう。

画面22の[**樹木をペイント**]アイコンをクリックします。

画面22 ［樹木をペイント］アイコン

表示される画面から**[樹木を編集]**ボタンをクリックします（**画面23**）。

メニューが表示されますので、**[Add Tree]**を選びます（**画面24**）。

画面23 ［樹木を編集］をクリックする

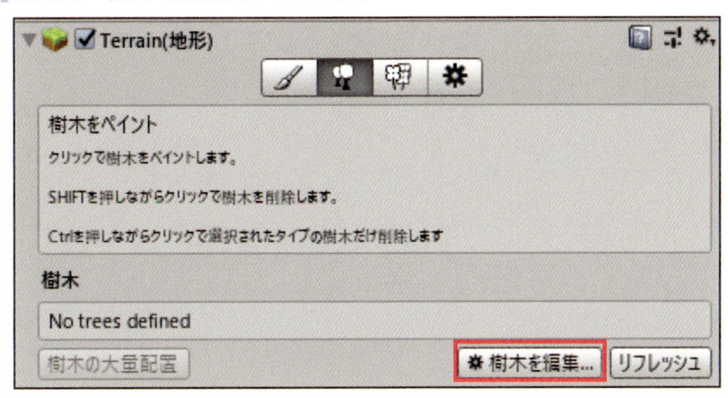

画面24 ［樹木を編集］から［Add Tree］を選ぶ

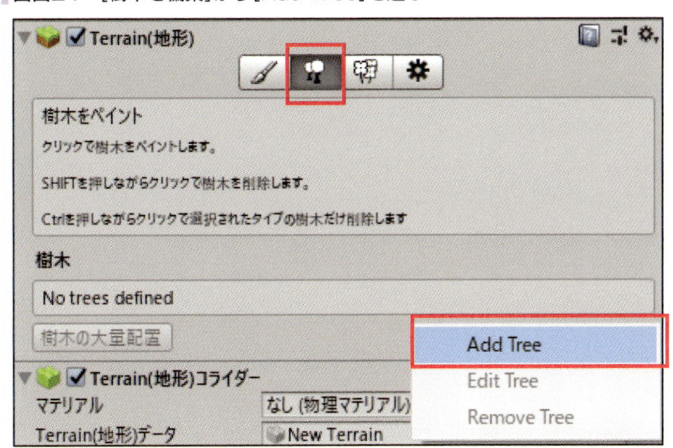

「Add Tree」の画面が表示されますので、**[Tree Prefab]**の右隅の⊙アイコンをクリックします。

すると、「Select GameObject」の画面が表示されますので、**[Broadleaf_Mobile]**を選びます。

「Add Tree」の「Tree Prefab」にも「Broadleaf_Mobile」が追加され**[Add]**ボタンが使えるようになります（**画面25**）。

画面25　「Broadleaf_Mobile（ブロードリーフモバイル）」を選んだ

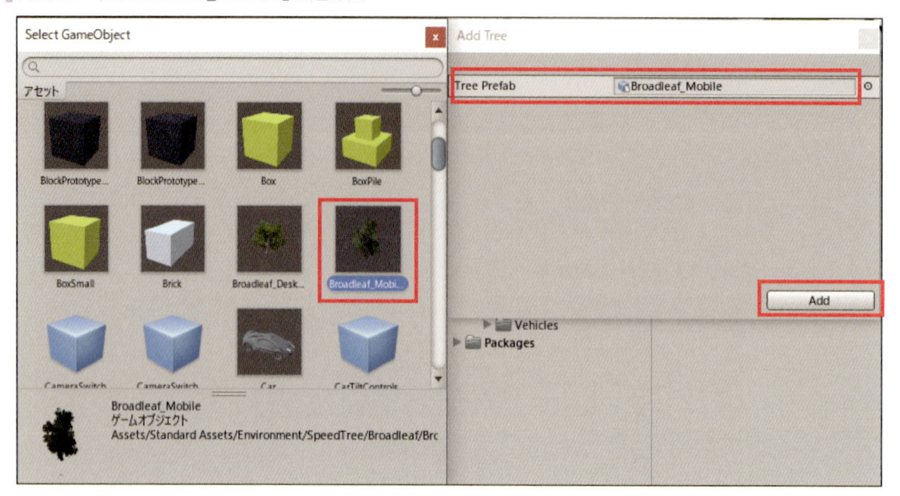

[Add（アッド）]ボタンをクリックすると、「樹木」の欄（らん）に「Broadleaf_Mobile（ブロードリーフモバイル）」が追加されます（画面26）。

画面26　「樹木」の欄（らん）に「Broadleaf_Mobile（ブロードリーフモバイル）」が追加された

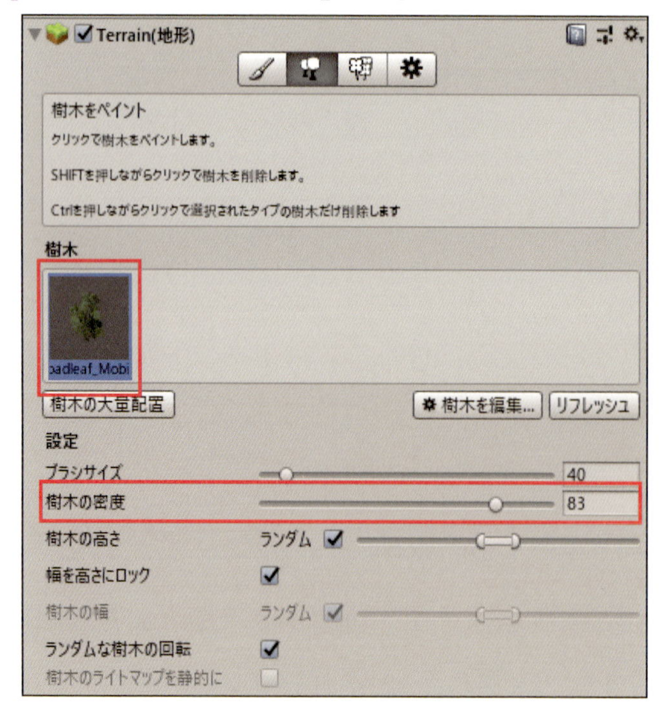

画面24で赤い枠（わく）で囲った「樹木の密度」が83になっているところを「50」程度にしてみましょう。

あまりに木々が密集して生えても、ジャマになりますので、「50」くらいの値にしてみます。

皆さんが適当に値を変更してみてください。

筆者がやったら、**画面27**のような感じになりました。

画面27　木々を生やした

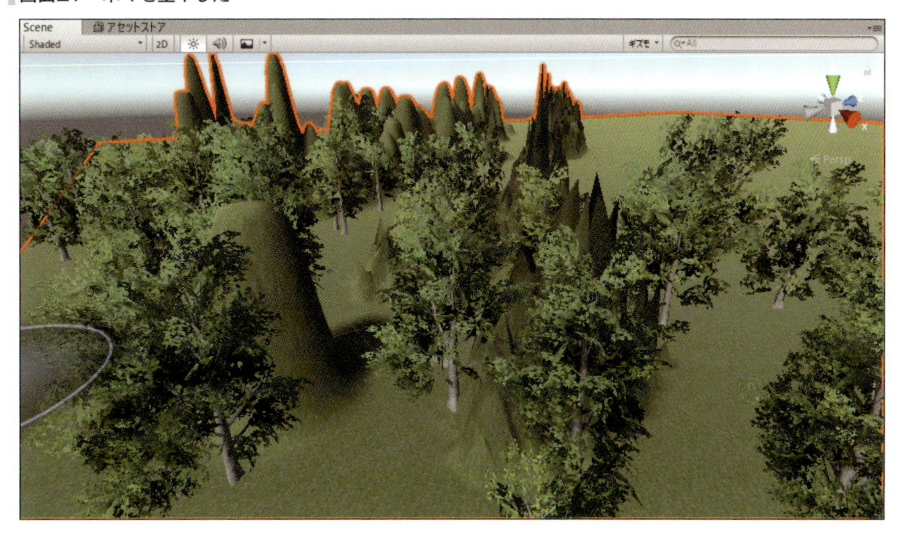

ゲーム画面がうまく表示されていないと思います。

ヒエラルキーから「Main Camera」を選んで、「トランスフォームツール」の「移動ツール」でカメラの位置を調整してください。

X軸が表示されない場合は「Main Camera」のインスペクターの「トランスフォーム」の「位置」のXの上でマウスをドラッグして値を変更してみてください。

画面28のような表示にしてみました。

画面28　シーン画面のMain Camera（メインカメラ）の位置を調整した

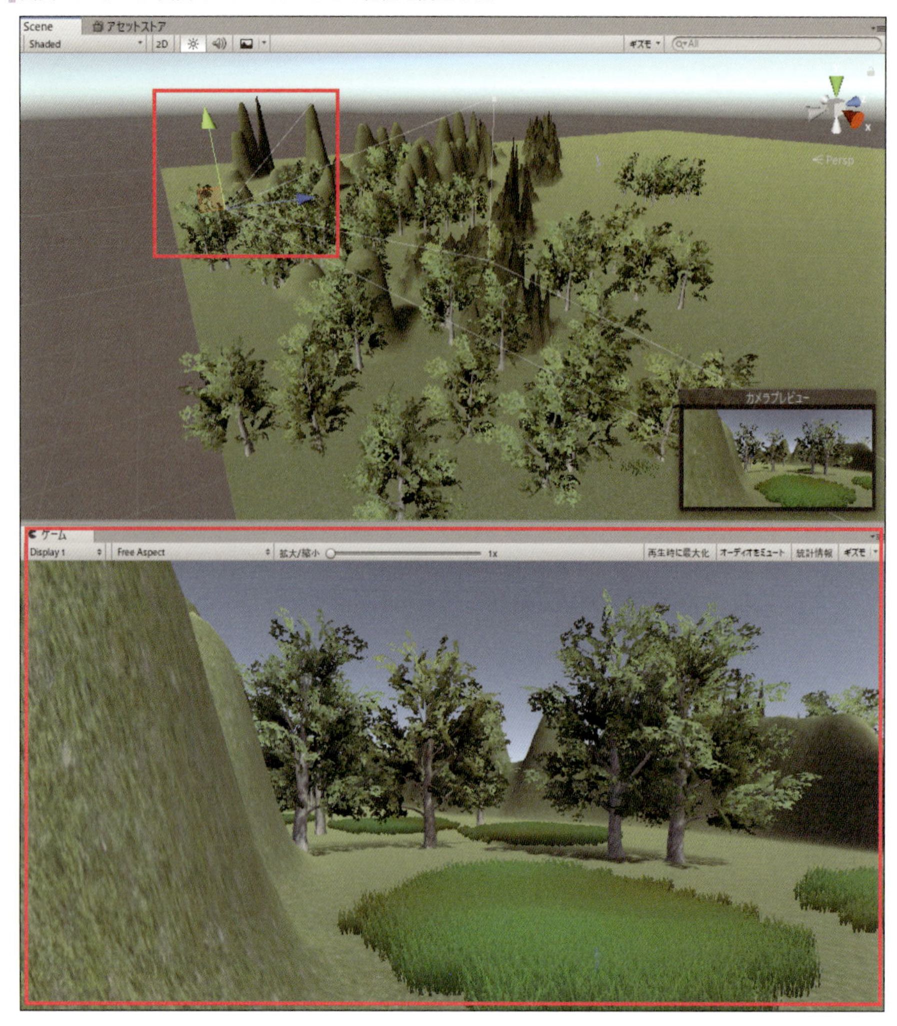

これで、自然が作成できました。

これは自然を作成する、ごく基本の操作です。

おまけとして、この自然の中を散策してみましょう。

5 ▶▶ 自然の中を散策してみよう

自然の中を散策するには、13章で説明した1人称のコントローラである FPSController（エフピーエスコントローラー）を使います。

「プロジェクト」の「Characters（キャラクターズ）」の**[FirstPersonCharacter（ファーストパーソンキャラクター）]**→**[Prefabs（プレファブス）]**フォルダ内にある、「FPSController（エフピーエスコントローラー）」をシーン画面の適当な位置に配置してください。

この時点で、「Main Camera（メインカメラ）」は削除してください。

設定するところは何もありません。

これで再生してみましょう。

画面27のようにキーボードの[↑][↓][←][→]キーで自然の中を散策できて、マウスの移動で視点も変更できると思います（**画面29**）。

画面29　自然の中を散策している

でも、なんか空の風景が寂しいですね。

空の風景を設定してみましょう。

◉ 空の風景を設定する

空の風景の設定方法は9章で説明していますので、そちらを参考にして設定してください。

アセットストアからは「Sky5X One（スカイファイブエックス ワン）」をインポートしておきましょう。

空の設定をすると**画面28**のように表示されます。

空の設定をするだけで、雰囲気が変わるのがわかると思います。

画面30　空の風景を設定した

このサンプルを保存しておきましょう。別名で「UnitySample14-1」として保存しておきます。

次へ

最後の第15章では、これまで学んできたノウハウを使って、「逃走ゲーム」を作ってみたいと思います。

逃走ゲームを作る

この章では、今まで学んできたノウハウを使って、「逃走ゲーム」を作ってみたいと思います。
そんなに複雑なものではありませんので、この本の内容を理解していれば、簡単に作れると思います。
この章で作るゲームは、大自然の中で、ある女の子のキャラクタを複数の狼が追いかけ、女の子のキャラクタが「狼」の群れの追跡を振り切って、目的地まで到達すれば「逃走成功！」と表示され、途中で狼に捕まれば「Game Over ！」となるゲームです。

1 ▶▶ プロジェクトを作ろう

最初にプロジェクトを作りましょう。

デスクトップ上に表示されているUnity Hubのアイコンをダブルクリックしましょう。

Unity Hubが起動するので、**[新規]**から「UnitySample_15」というプロジェクトを作成します。

[Create project]ボタンをクリックするとUnityが起動します。

2 ▶▶ ゲームに必要なアセットをインポートしておこう

この章で使うアセットは、今までにインポートしたことのあるアセットですので、インポートの方法についてはわかると思います。

「Standard Assets」というCamerasなどいろんな機能の含まれたアセット、それと女の子のキャラクタである「01_kohaku_B」」を各自のフォルダからインポートしておいてください。

次にアセットストアから「Mecanim Locomotion Starter Kit」をインポートしておきましょう。

また、「狼」のデータはアセットストアからではなく、下記のサイトの「Free3D」よりダウンロードしてください。

◉ Free3Dからの「狼」のダウンロード

https://free3d.com/

上記サイトに入ると、**画面1**が表示されますので、検索欄に「Wolf」と入力します。「Wolf」とは日本語で「狼」という意味です。

画面1　検索欄に「Wolf」と入力する

画面1の画面から、**[虫眼鏡]**アイコンをクリックします。
すると、Wolfに関する一覧が表示されます(**画面2**)。

画面2　Wolfに関する検索結果の一覧が表示される

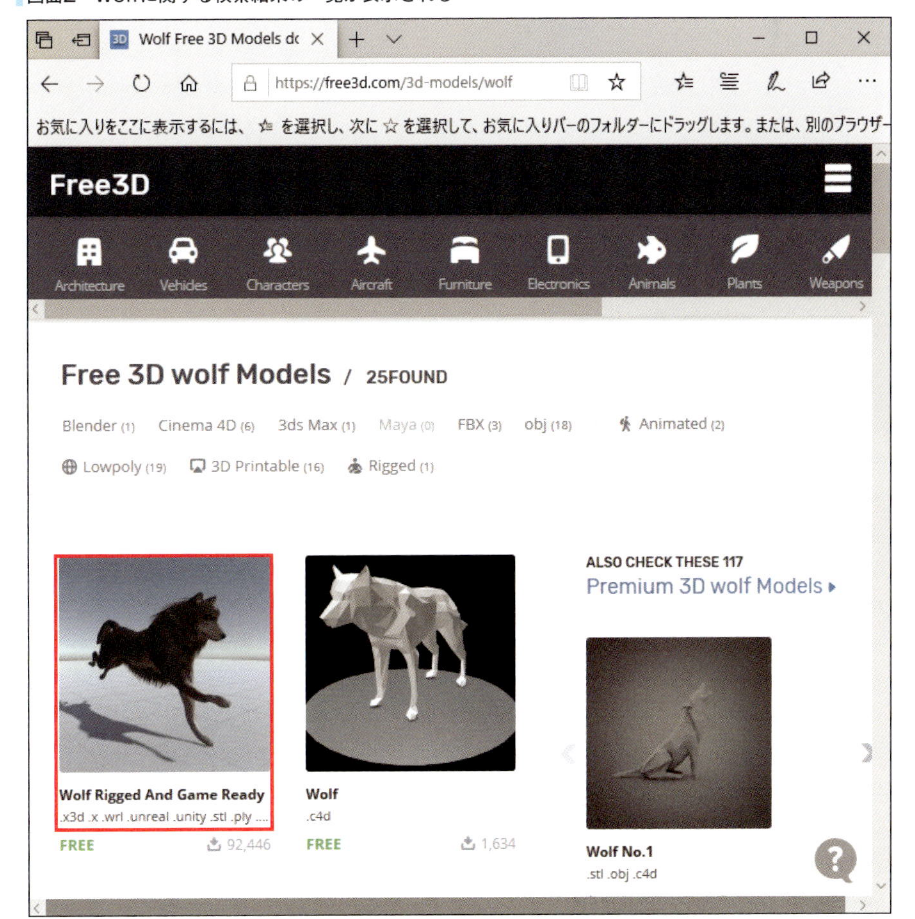

画面2から赤い枠で囲った「Wolf Rigged and Game Ready」をクリックしてください。

すると、ダウンロードのページが表示されます(画面3)。

画面3 「Wolf Rigged and Game Ready」のダウンロードページ

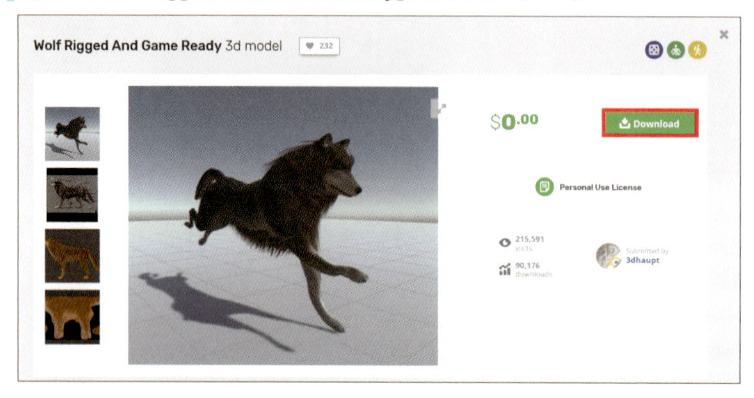

画面3の赤い枠で囲った[Download]をクリックします。

すると「Available Files」(使えるファイル)の画面が表示されますので、下の方にスクロールして「k2yeh64fmm0w-Wolf-Rigged-and-Game-Ready.zip」をクリックします(画面4)。

画面4 「k2yeh64fmm0w-Wolf-Rigged-and-Game-Ready.zip」をクリックする

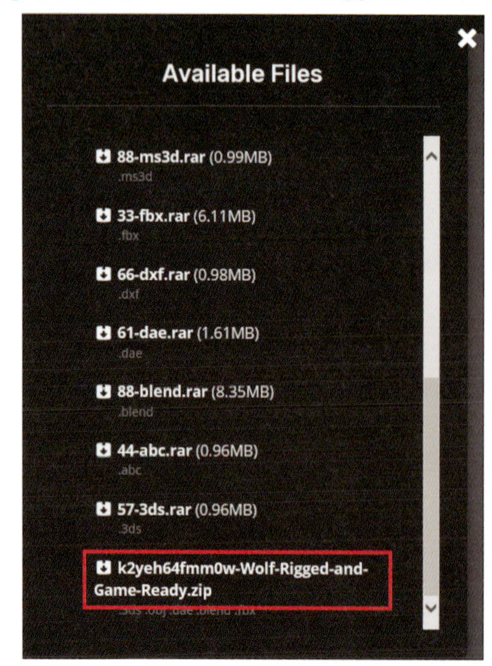

ファイルの保存を聞いてきますので、**[名前を付けて保存]**を選んで、皆さんが好きなフォルダに保存してください(**画面5**)。

画面5　[名前を付けて保存]で好きなフォルダに保存する

k2yeh64fmm0w-Wolf-Rigged-and-Game-Ready.zip (27.8 MB) について
行う操作を選んでください。
場所: static.free3d.com

開く　保存　^　キャンセル　×
名前を付けて保存

保存した「k2yeh64fmm0w-Wolf-Rigged-and-Game-Ready.zip（ウルフ リグ ド アンド ゲーム レディ ジップ）」を解凍してください。

このファイルを解凍すると**画面6**のようなファイルが現れます。

この中に、「Wolf.unitypackage（ウルフ ユニティパッケージ）」というファイルがありますので、このファイルをUnityからインポートすることになります。

画面6　「k2yeh64fmm0w-Wolf-Rigged-and-Game-Ready.zip（ウルフ リグ ド アンド ゲーム レディ ジップ）」を解凍してできたファイルの一覧

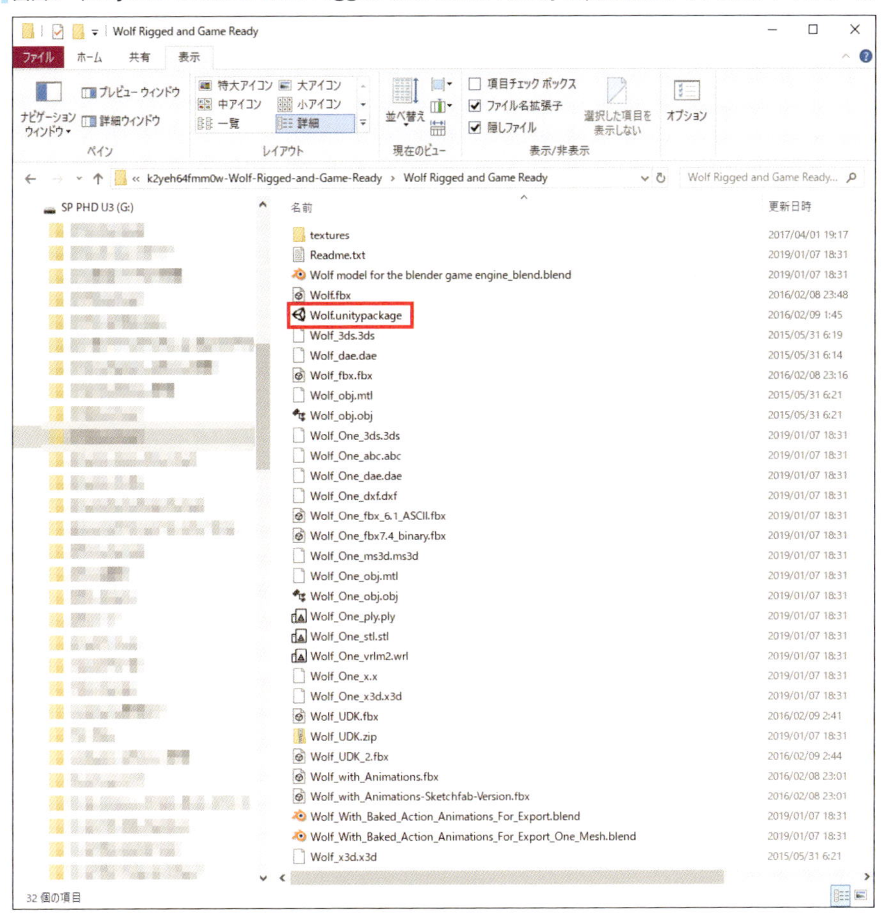

「圧縮ファイル」と「解凍」とは？

拡張子が「.zip」のファイルは、必要なファイルが1つにまとめられています。

これを**圧縮ファイル**といいます。

この「圧縮ファイル」を選んで、マウスの右クリックで表示されるWindowsのメニューから、[すべて展開]を選んでください。

すると、圧縮されていたファイルの中身が出てきます。

これを**解凍**といいます。

「Wolf.unitypackage」をUnityにインポートする

Unityメニューの**[アセット]→[パッケージをインポート]→[カスタムパッケージ]**と選んで、**画面6**の「Wolf.unitypackage」を指定します。

Import Unity Packageが表示されますので、**[インポート]**をクリックしてください(**画面7**)。

画面7　[インポート]をクリックする

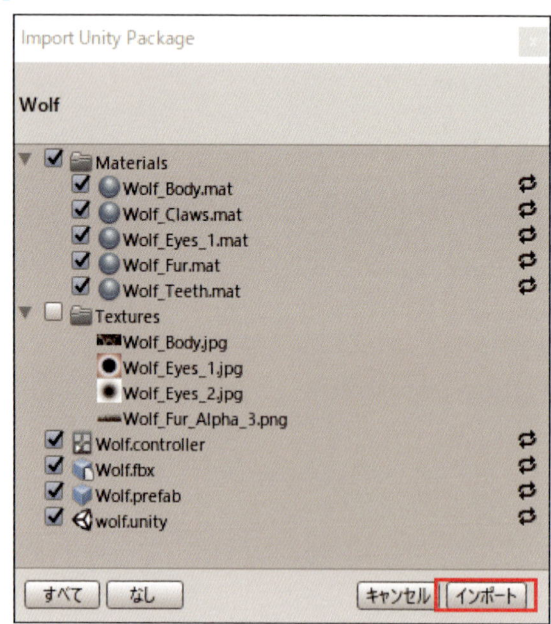

すると、Assetsフォルダ内に、2つの「Wolf」が読み込まれます。

1つはWolf.fbxファイルで、何も設定がされていないファイルです。

もう1つはWolf.prefabファイルで、いろいろな機能が設定済のファイルです。

ここではWolf.fbxファイルを使います。

選んだアセットのファイル名は**画面8**のように一番下に表示されます。

画面8　ここではWolf.fbxを使う

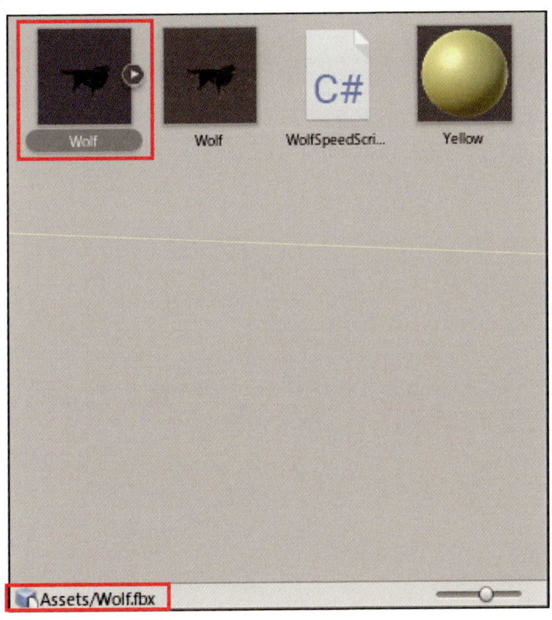

Wolf.fbxの設定を行う

このようなファイルの設定方法は6章で説明していますが、簡単に説明しておきます。

画面8から「Wolf.fbx」を選んでインスペクターを表示させます。

「Wolfのインポート設定」画面が表示されますので、まずは**[Rig]**ボタンをクリックして、表示される画面から**[アニメーションタイプ]**に「古い機能」を選んで**[適用する]**ボタンを必ずクリックしてください。

すると**画面8**で赤い枠で囲っていた.fbxファイルから「狼」の姿が消えてしまいますが、問題はありません（**画面9**）。

このまま続けます。

画面9　「狼」の姿が消えた「Wolf.fbx」

次に、**[Animation]**ボタンをクリックし、**[ラップモード]**に「ループ」を選びます。

次に**[クリップ]**の中から「Wolf_Skeleton｜Wolf_Run_Cycle_」を選びます。

次に、下の方にある**[ラップモード]**にも「ループ」を選んで、**[適用する]**ボタンを必ずクリックしてください（**画面10**）。

画面10　Wolf.fbxのAnimationを設定した

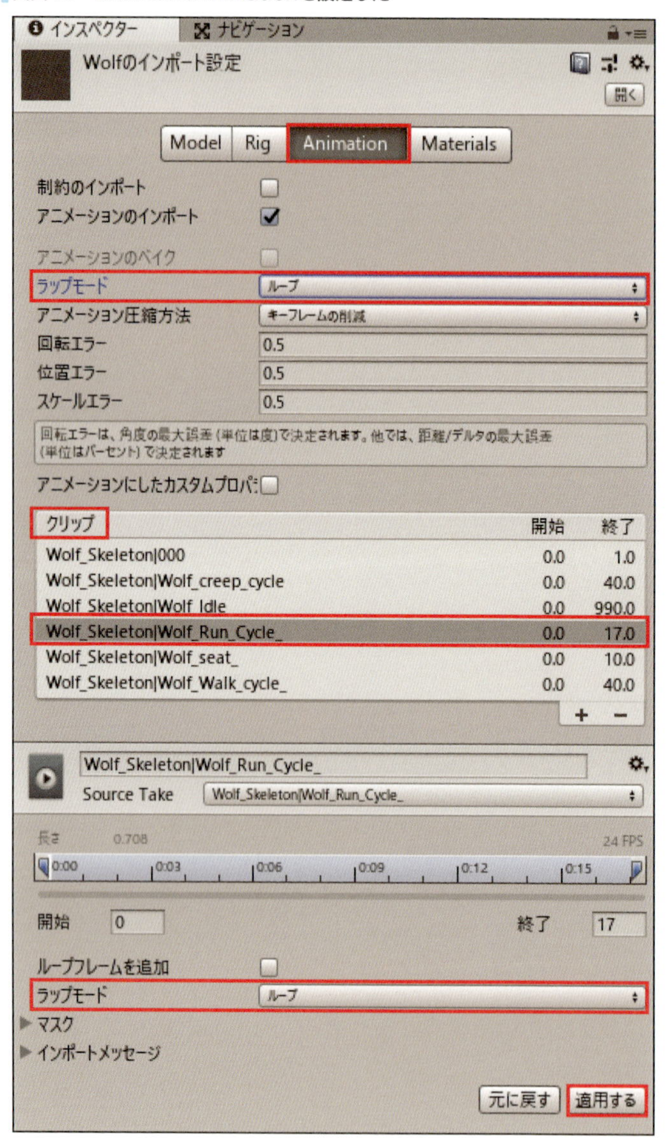

以上で「Wolf.fbx」の設定は完了です。

まだ使いませんので、このままにしておきましょう。

次にキャラクタ達が活躍する舞台を作成しましょう。

3 ▶▶ 舞台を作ろう

まずは自然(テライン)の舞台を作成します。

Unityメニューの**[ゲームオブジェクト]**→**[3Dオブジェクト]**→**[Terrain (地形)]**を選び、インスペクターから、赤い枠で囲った⚙アイコンの「Terrain(地形)の設定」をクリックします(**画面11**)。

画面11　「Terrain(地形)の設定」をクリックする

するとインスペクターが**画面12**のように表示されます。

ほとんど触るところはないのですが、ここでは、「Mesh Resolution(On Terrain Data)」の**[横幅]**を300、**[奥行き]**を300、**[高さ]**を400程度の地形にして少しサイズの小さな地形にしておきましょう。

ここの単位は以前にも書きましたが「メートル」です。

「Tree & Detail Objects」の「詳細表示されるカメラの距離」にも最大値の250を指定しておきましょう。

画面12　[横幅]を300、[奥行き]を300、[高さ]を400 にした

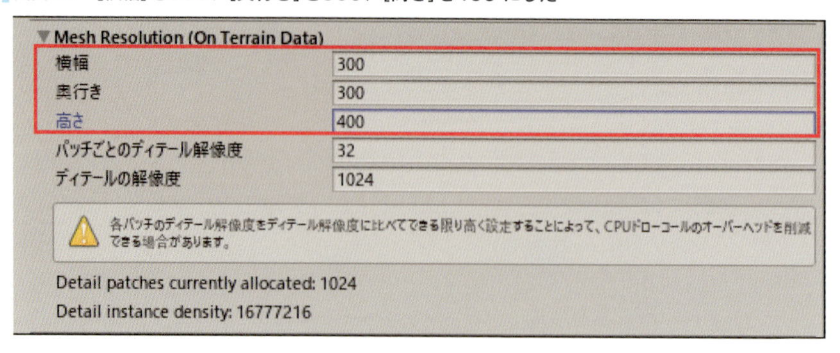

シーン画面内で地形全体を見渡せるようにする

シーン画面の右隅上のある「ギズモアイコン」のZ軸を操作し、トランスフォームの「ハンドツール」や、マウスホイールを回して、シーン画面を縮小して、**画面13**のような表示にしてください。

この操作は慣れないとちょっと難しいですが、がんばってください。

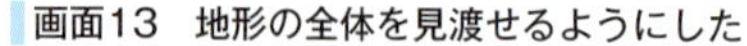
画面13　地形の全体を見渡せるようにした

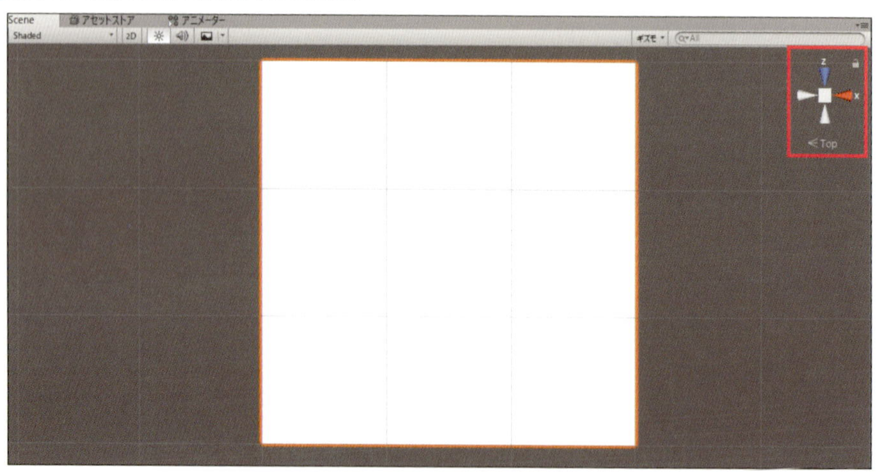

自然を作成する

自然を作る方法は14章で説明しています。

14章の手順に従って、山や草や木々を配置してください。

ただし追跡のゲームになりますので、あまり木々などは多めに生やさない方がいいでしょう。

筆者は**画面14**のような自然を作ってみました。

画面14　自然を作成した

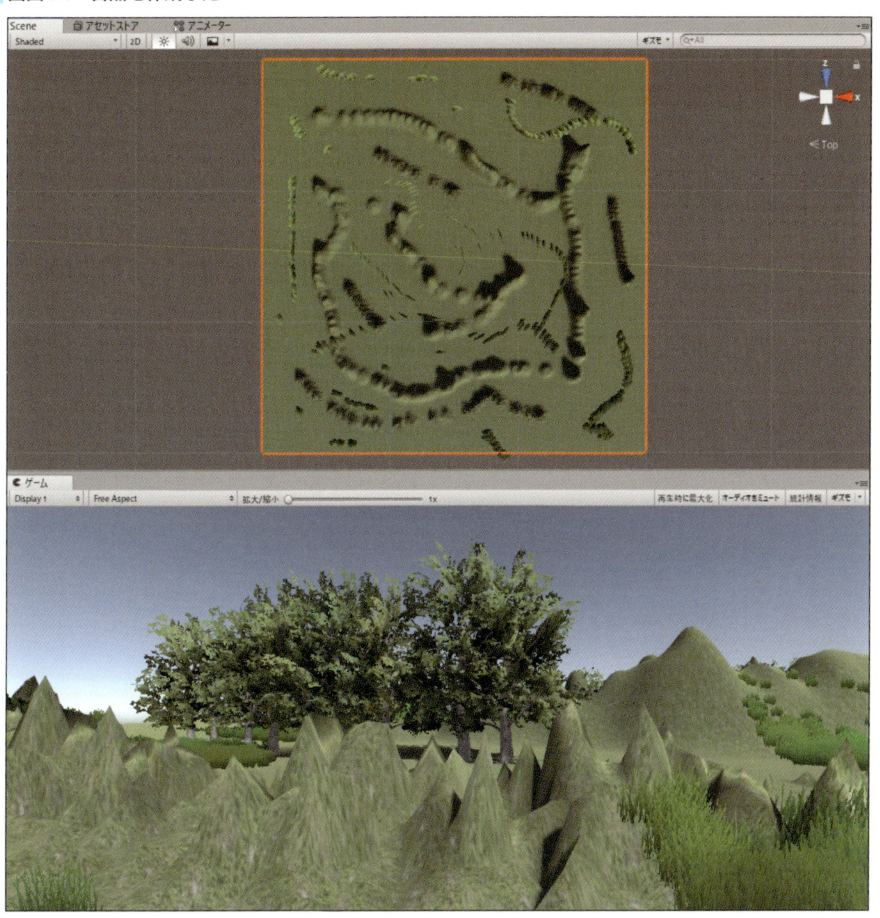

ゴールを設定する

Unityメニューの[**ゲームオブジェクト**]→[**3D**(スリーディ)**オブジェクト**]→[**スフィア**]を選びます。

色が白だとわかりにくいので、「プロジェクト」の[**作成**]→[**マテリアル**]から「Yellow(イエロー)」のマテリアルを作成してスフィアに適用させておきましょう。

スフィアのインスペクターを表示して「トランスフォーム」の[**拡大/縮小**]のX、Y、Zに「2」を指定してサイズを大きくしておきます。

配置する場所は、皆さんの気に入った場所でかまいませんが、山の頂上などは避けて、平地にゴールを設定してください。

このスフィアはゴールになるものです。

ゴールに配置したスフィアを、高い山の上から確認ができるように、スフィアを光らせておきましょう。

ヒエラルキーからスフィアを選んで、**[ゲームオブジェクト]**→**[ライト]**→**[スポットライト]**と選びます(画面15)。

画面15　スフィアに「スポットライト」を設定する

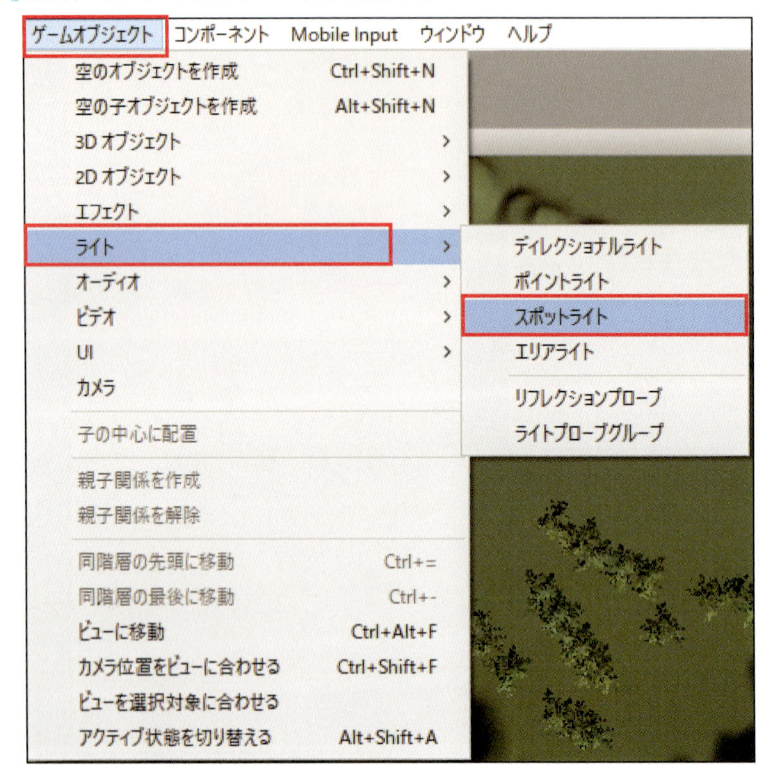

次に、「スポットライト(Spot Light)」のインスペクターを表示し、**[ライト]**の**[タイプ]**に「ポイント」、**[範囲]**に「14」程度、**[色]**には「赤色」、**[強度]**には「5」を指定します。

下の方にある**[ハローの描画]**には、必ずチェックを入れてください。

ハローとはあいさつではなく、このときは光の輪っかとかいう意味です。

ここにチェックを入れると、スフィアの周りが赤い光で覆われます。

先に設定した、**[範囲]**、**[色]**、**[強度]**は、この「ハロー」の光の強さと範囲を指定しています(画面16)。

画面16　スポットライトの設定をした

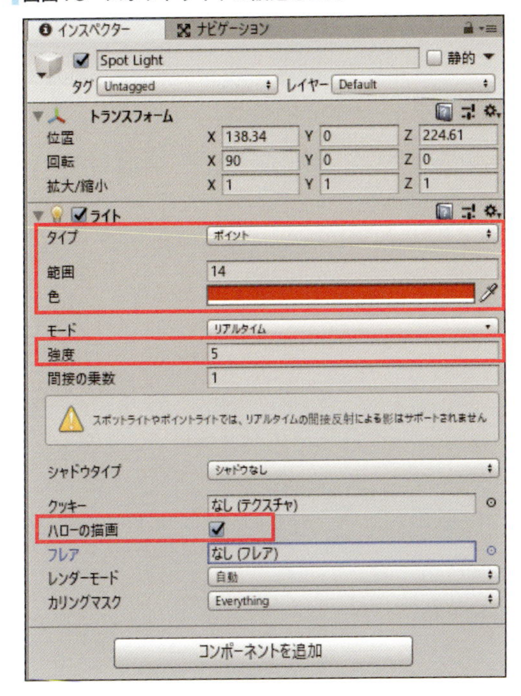

画面16のように設定するとスフィアが**画面17**のように表示されます。

スフィアをゲーム画面に表示させるためにMain Camera(メインカメラ)の位置を移動しています。

画面17　ハローを設定したスフィア

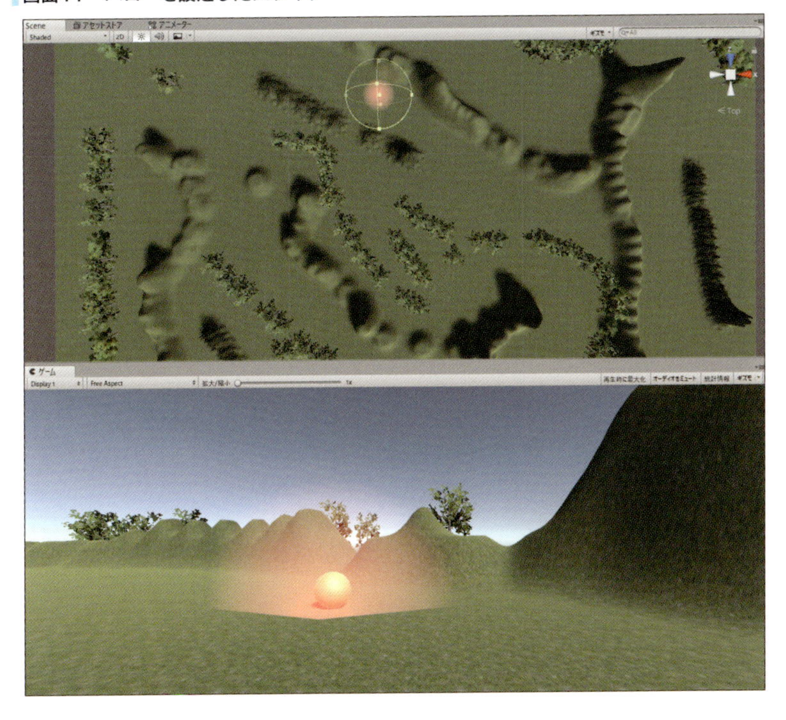

4 01_kohaku_Bを設定しよう

「プロジェクト」の[UnityChanTPK]→[Models]→[01_kohaku_B]→[Prefabs]フォルダ内にある、01_kohaku_Bをシーン画面の適当な位置に配置してください。

筆者は**画面18**のように配置しました。

ゲーム画面で01_kohaku_Bが見やすいようにMain Cameraを移動しました。

この01_kohaku_Bは「追われる者」になりますので、ヒエラルキーから名前を「Target」に変更しておきましょう。

画面18　01_kohaku_B(Target)を配置した

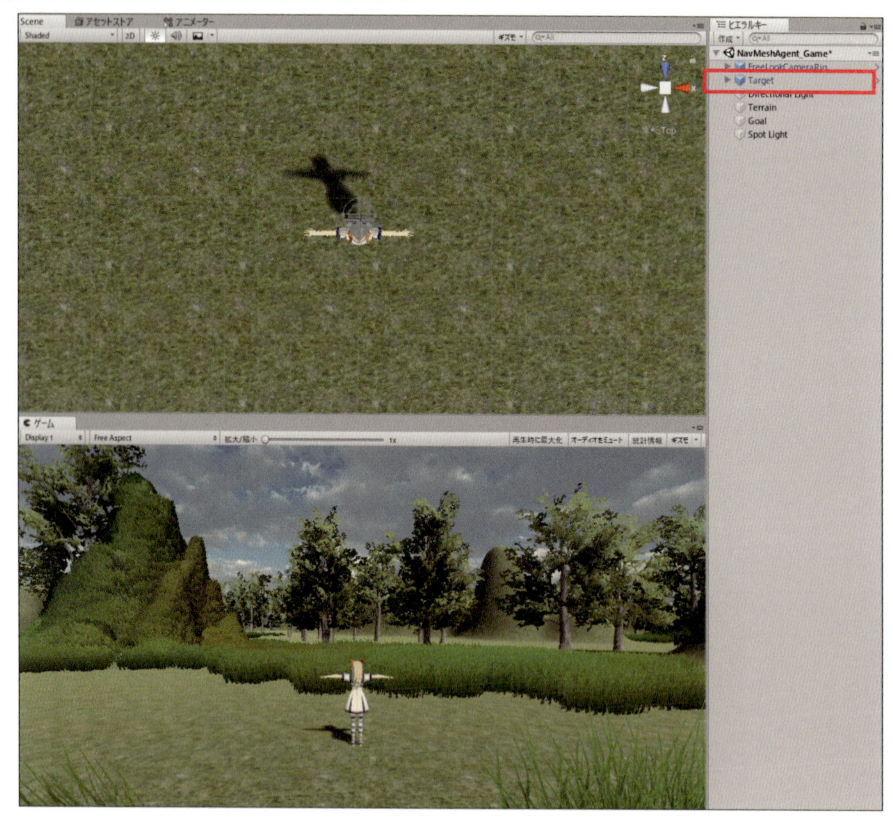

◉ 01_kohaku_B（Target）がキーボードで操作できるように設定する

この処理は5章で説明していますので、簡単に説明しておきましょう。

わからない人は画面付きの5章を読んでください。

シーン画面に配置した、ヒエラルキー内の「Target（もとは01_kohaku_B）」を選んでインスペクターを表示させます。

まず、このインスペクターの「Controller」を設定します。

右端にある⊙アイコンをクリックしてください。

そうすると、「Select RuntimeAnimatorController」の画面が表示されます。

この中から、「Locomotion」を選ぶと、「Controller」の中に「Locomotion」が指定されます。

この「Locomotion」は「Mecanim Locomotion Stater Kit」の中に含まれているコントローラーです。

次に、インスペクターの**[コンポーネントを追加]**ボタンをクリックして、**[物理]**→**[キャラクターコントローラー]**と選んでください。

すると、インスペクター内に「キャラクターコントローラー」が追加されます。

この中の**[中心]**のYの値に「1」を必ず指定しておきます。

ここに「1」を指定しておかないと、再生した場合に、「Target（01_kohaku_B）」がほんの少し平面から浮いた状態になってしまいます。

だから必ず「1」を指定しておきます。

ここではもう1カ所設定をしておきます。

[スロープ制限]の項目に「45」が設定されています。

これは「Target」が登れる傾斜は45度までという意味です。

高い山の上から目的地を確認しますので、ここの値を「90度」の直角でも登れるように指定しておきましょう（**画面19**）。

狼の追跡を逃れるためにも高い山の頂上に登れる必要があるのです。

画面19　キャラクターコントローラーの[スロープ制限]を「90」にした

キャラクターコントローラー	
スロープ制限	90
ステップオフセット	0.3
スキン幅	0.08
最小移動距離	0.001
中心	X 0　Y 1　Z 0
半径	0.5
高さ	2

最後に、もう1つ追加するものがあります。

インスペクターの**[コンポーネントを追加]**ボタンをクリックして、**[スクリプト]**→**[Locomotion Player]**と選びます。

すると、インスペクター内に「Locomotion Player(Script)」が追加されます。

01_kohaku_Bのインスペクター内の「Spring Manager (Script)」は右上隅の歯車アイコンで削除してください。

これで、設定は完了です。

これで再生してみます。

すると**画面20**のように表示されます。

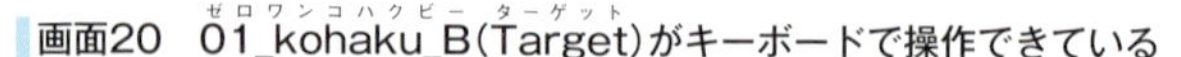

画面20　01_kohaku_B(Target)がキーボードで操作できている

しかし、これではまだカメラがついていっていませんよね。カメラがついていくようにしましょう。

Target (01_kohaku_B) をカメラがついていくようにする

「プロジェクト」の**[Standard Assets]**→**[Cameras]**→[Prefabsの中にある「FreeLookCameraRig」を「Target(01_kohaku_B)」の近くにドラッグ&ドロップしましょう。

このFreeLookCameraRigがどんなカメラであるかは、11章で説明していますので読んでください。

この「FreeLookCameraRig」の設定方法は6章や11章でも説明しているので、簡単に説明しておきます。

設定するのは「Free Look Cam (Script)」内の「ターゲット」とあるところに、ヒエラルキーから「Target(01_kohaku_B)」をドラッグ&ドロップしてもいいのですが、**[Auto Target Player]**にチェックがついていますね。

これは、「自動的に追いかけるターゲットはPlayerとする」という意味なんです。

どういうことか簡単に説明します。

ヒエラルキーから「Target (01_kohaku_B)」を選んでインスペクターをまずは表示してください。

インスペクターの**[タグ]**が「Untagged」になっています。

右端の⇕アイコンをクリックして、表示される項目から「Player」を選びます。

[タグ]はアセットを分類するものだと思っておいてください。

これで、「Target (01_kohaku_B)」のタグはPlayerに分類されたことになります。

これで、「自動的に追いかけるターゲットはPlayerとする」が満たされたことになります。

次に、再度「FreeLookCameraRig」のインスペクターを表示させて、「Free Look Cam (Script)」内の**[Move Speed]**に「5」、**[Turn Speed]**に「4」ていどを指定しておきましょう。

このへんの数値は、皆さんがいろいろ触って一番適している値を設定してください。

これで再生してみましょう。

マウスの移動で視点が変わり、「FreeLookCameraRig」が「Target (01_kohaku_B)」を追いかけているのがわかります（**画面21**）。

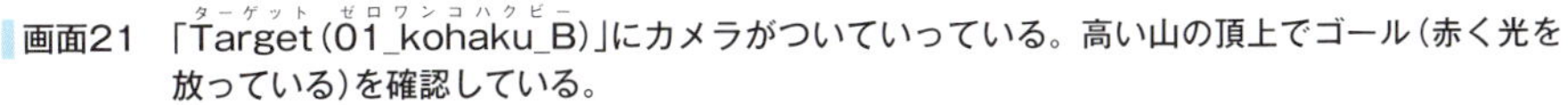

画面21　「Target (01_kohaku_B)」にカメラがついていっている。高い山の頂上でゴール（赤く光を放っている）を確認している。

ここで赤い光を放っているのは、ゴールとなるスフィアですので、ヒエラルキーからスフィアの名前を「Goal」という名前に変更しておきましょう。

次に追跡者を配置しましょう。

5 ▶ 追跡者を配置しよう

「Target(01_kohaku_B)」を追跡する者は、**画面9**で設定したAssetsフォルダ内の「Wolf.fbx(以下Wolf)」です。

「Wolf」を「Target(01_kohaku_B)」から結構離れた位置に配置してください。

あまり近すぎるとすぐに襲われてしまいますので、ある程度の距離はもたせましょう。

ヒエラルキーからWolfを選んで、「トランスフォームツール」の「移動ツール」で適当な場所に移動してください。

この場合、「奥行き」を操作するZ軸が表示されていない場合は、インスペクターの「トランスフォーム」の「位置」のZの上でマウスをドラッグして値を変更して、適当な位置に配置してください。

この「Wolf」をヒエラルキーから名前を「Wolf1」に変更しておいてください。

以後、複数のWolfを配置することになります(**画面22**)。

画面22　追跡者となる「Wolf(Wolf1)」を配置した

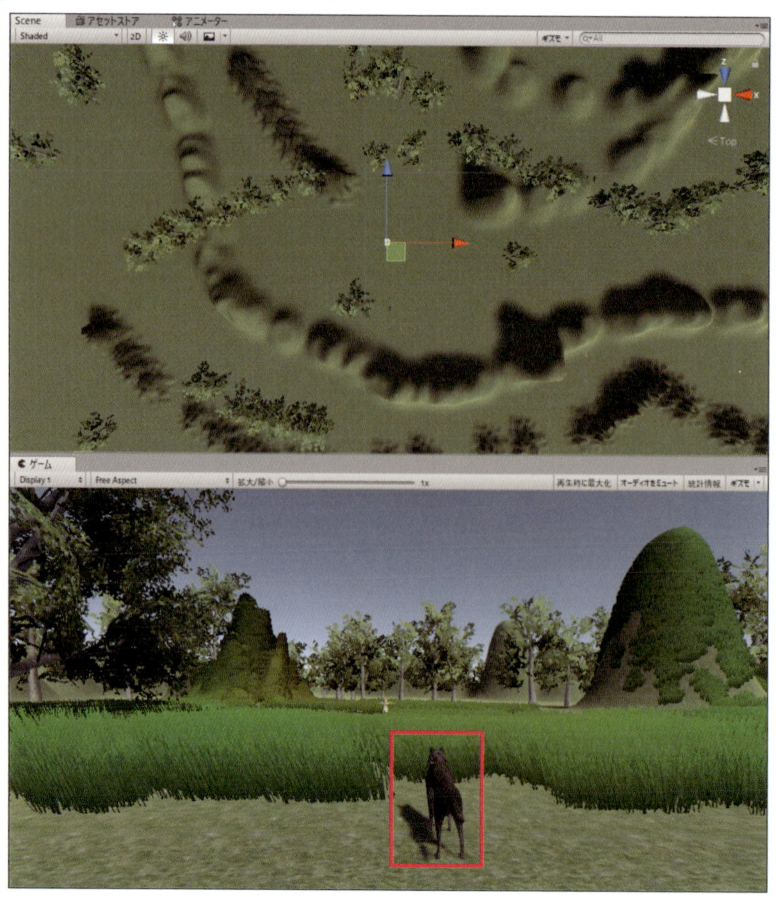

ナビゲーションの設定を行う

ナビゲーションの設定を行います。

ナビゲーションのタブが、インスペクターの横に表示されていない人は、Unityメニューの**[ウインドウ]**→**[AI]**→**[ナビゲーション]**と選んで表示させてください。

次にシーン画面内に配置した物で動かないもの、いわゆる「静物」をすべて選んで、この場合は、「Terrain」、「Goal」、「Spot Light」を一気に選んだ状態でインスペクターの「静的」というところにチェックを入れてください。

このあたりの詳細については画面付きで6章で説明しています。

保存!

その前に、この画面を先に[別名で保存]しておいたほうがいいです。この後の作業で先に保存しておかないと、「シーンを保存してください。」のメッセージが表示されますので、Unityメニューの[ファイル]→[別名で保存]から「NavMeshAgent_Game」として保存しておきましょう。

ヒエラルキーから、静物をすべて選んだ状態から、**[ナビゲーション]**タブをクリックして、その中の**[ベイク]**ボタンをクリックし、表示された画面のままで、下方にある**[Bake]**ボタンをクリックします。

すると、シーン画面が**画面23**のように変化します。

水色で表示されている部分が、狼達が移動できる領域になります。

画面23　狼達が移動できる領域の設定ができた

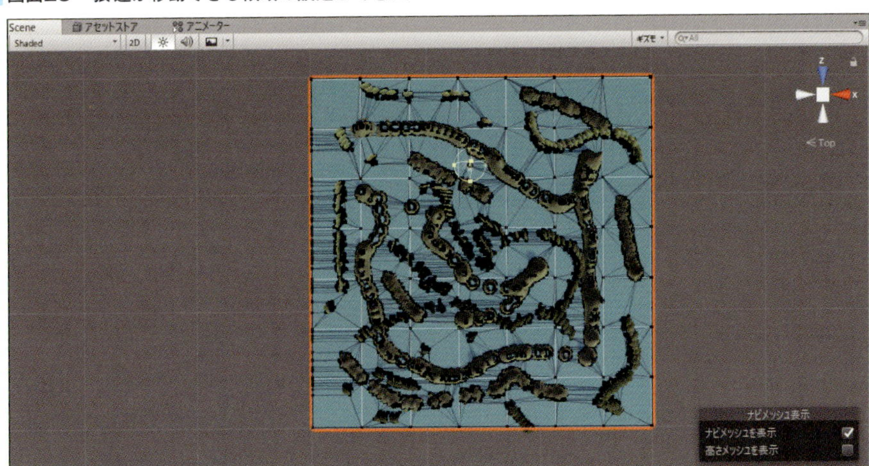

15

Wolf（Wolf1）のインスペクターの設定

ヒエラルキーから「Wolf1」を選んでインスペクターを表示します。

「アニメーション」の中にアニメーションの項目がありますので、右端の⊙アイコンをクリックして表示される、「Select AnimationClip」から「Wolf_Skeleton | Wolf_Run_Cycle_」を選んでください。

次に、**[コンポーネントを追加]**ボタンをクリックして、検索欄に「Agent」と入力して表示される「ナビメッシュエージェント」を追加してください。

追加するだけで**[アニメーション]**の設定以外に触るところはありません（**画面24**）。

画面24　Wolf1のインスペクターを設定した

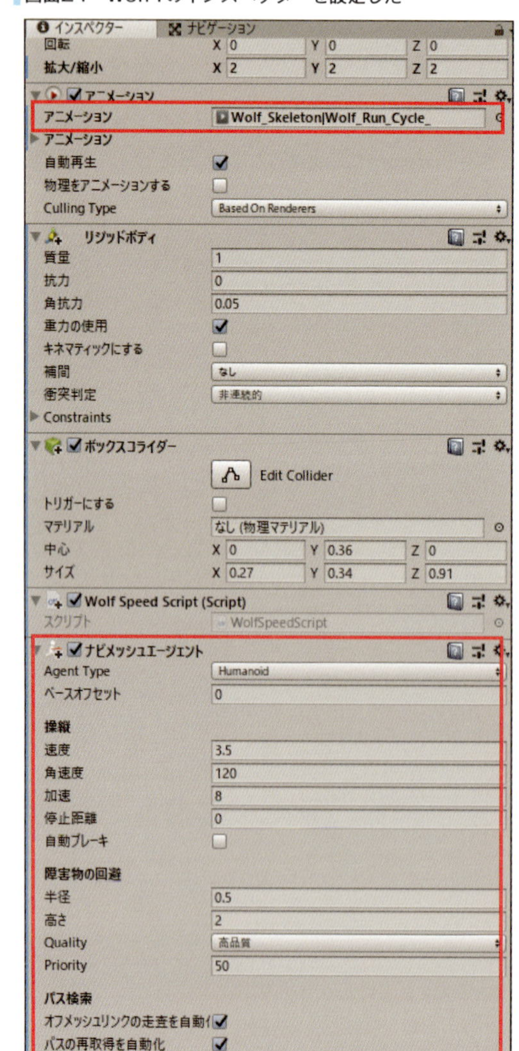

次に、Wolf1が「Target(01_kohaku_B)」を追跡するスクリプトを書きましょう。

追跡するススクリプトを書く

ヒエラルキーから「Wolf1」を選び、**[コンポーネントを追加]**ボタンから「新しいスクリプト」を選んで、**[名前]**に「KohakuTargetScript」という名前を指定し、**[作成して追加]**ボタンをクリックします。

インスペクター内に「KohakuTargetScript」が追加されますので、これをダブルクリックしてVisual Studioを起動して、**リスト1**のコードを記述します。

リスト1　KohakuTargetScript

```
using System.Collections;
using System.Collections.Generic;
using UnityEngine;
using UnityEngine.AI;
public class KohakuTargetScript : MonoBehaviour
{
    public GameObject target;①
    NavMeshAgent agent;
    void Start()
    {
        agent = GetComponent<NavMeshAgent>();
    }

    void Update()
    {
        agent.destination = target.transform.position;
    }
}
```

コードは6章の**リスト3**とまったく同じです。

6章の**リスト2**と**リスト3**のコードを見るとわかると思いますので、説明は省きます。

6章でも説明はしているのですが、①で、publicで宣言した変数は、インスペクターの中に表示されますので、**[ターゲット]**に「Target（もとは01_kohaku_B)」を指定します(画面25)。

画面25　Wolf1のインスペクター内の「Kohaku Target Script(Script)」内に[ターゲット]が表示されるので、「ヒエラルキー」から「Target」をドラッグ&ドロップする

◎ 自然の中の随所に狼（Wolf）を配置する

Wolfを自然の中の随所に配置してください。

筆者は全部で8匹のWolfを配置しました。

ヒエラルキーからWolf1を選んで、マウスの右クリックで表示される「複製」から作成し、名前を「Wolf1」～「Wolf8」に変更しました。

ゴールとなる地点近くにも数匹配置しました。

シーン画面に作成した地形が大変に小さく表示されています。

小さく表示しないと自然全体が見渡せないからです。

ですので、狼を配置しても目では確認できないと思います。

「トランスフォーム」の「移動ツール」やインスペクター内の「トランスフォーム」の「位置」のZの値をドラッグして変化させて、できるだけ平らな場所に配置しましょう（画面26）。

ここの操作も慣れないと難しいです。

画面26　8匹のWolf（Wolf1からWolf8）を配置したヒエラルキー

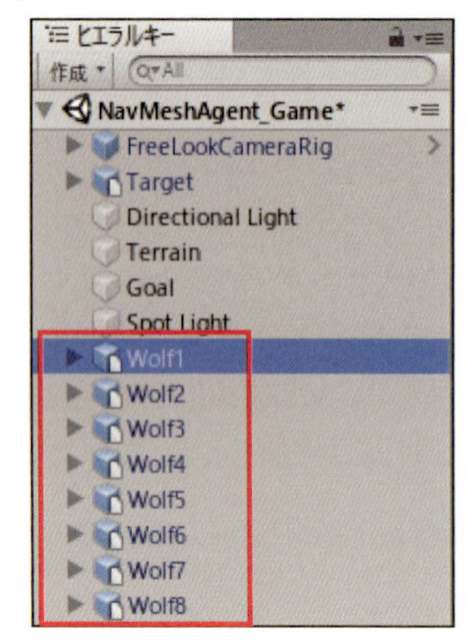

Wolf1を複製してWolf8まで作りましたので、**画面25**の **[ターゲット]** の設定はすでにできていると思います。

抜け落ちがあるといけませんので、ヒエラルキーからWolf1からWolf8までを1つずつ選んで、**画面25**の設定ができているかを確認しておきましょう。

次に、8匹の狼の追いかけるスピードをランダムにするスクリプトを書きます。

> **「ランダム」とは？**
>
> ランダムとは指定した範囲内の数値で、どの数値が出るかわからない、予測不明なことを指します。

⦿ 追いかけるスピードをランダムにするスクリプトを書く

追いかける狼のスピードはランダムなスピードにしておきます。

画面26から「Wolf1からWolf8」をすべて選んで、インスペクターの**[コンポーネントを追加]**から「新しいスクリプト」を選んで、**[名前]**に「WolfSpeedScript」と指定し、**[作成して追加]**ボタンをクリックします。

インスペクターに「WolfSpeedScript」が追加されますので、ダブルクリックして、Visual Studioを起動して**リスト2**のスクリプトを記述します。

リスト2 WolfSpeedScript

```
using System.Collections;
using System.Collections.Generic;
using UnityEngine;
using UnityEngine.AI; ①
public class WolfSpeedScript : MonoBehaviour
{
    float speedRandom; ②
    NavMeshAgent agent;③

    void Start() ④
    {
        agent=GetComponent<NavMeshAgent>(); ⑤
    }

    void Update() ⑥
    {
        speedRandom = UnityEngine.Random.Range(3.0f, 6.0f); ⑦
        agent.speed = speedRandom;⑧
    }
}
```

①AIに含まれているナビゲーションを使いますので、UnityEngine.AIの名前空間を読み込んでおきます。

②float型の変数speedRandomを宣言します。

③NavMeshAgent型の変数agentを宣言します。

④最初に1回だけ呼ばれるvoid Start()関数です。

⑤GetComponentでNavMeshAgentコンポーネントにアクセスして変数、agentで参照しておきます。

⑥1フレームごとに呼び出されるvoid Update()関数です。

⑦Random.Rangeで「3.0fから6.0f」までの乱数を指定して、変数speedRandomに格納しておきます。

⑧各Wolfの追いかけるスピードをランダムな速度に設定します。

Random.Rangeの書式は下記のようになります。

```
Random.Range(float型の最小値,float型の最大値)
```

これに当てはめると、最小値が「3.0f」で最大値が「6.0f」になり、この範囲の数値が不規則に表示されていくことになるのです。結構狼の走る速度は速いことになります。

Visual Studioメニューの**[ビルド]→[ソリューションのビルド]**を実行してください。エラーが出なければ、Visual Studioを閉じてUnityの画面に戻ります。

次にTargetが狼に捕まったときに表示される「Game Over!」と、無事目的地に到達したときに表示される「逃走成功！」のメッセージが表示されるテキストを配置します。

6 ▶▶ テキストを配置しよう

Unityメニューの**[ゲームオブジェクト]→[UI]→[テキスト]**と選びます(**画面27**)。

画面27　テキストを選ぶ

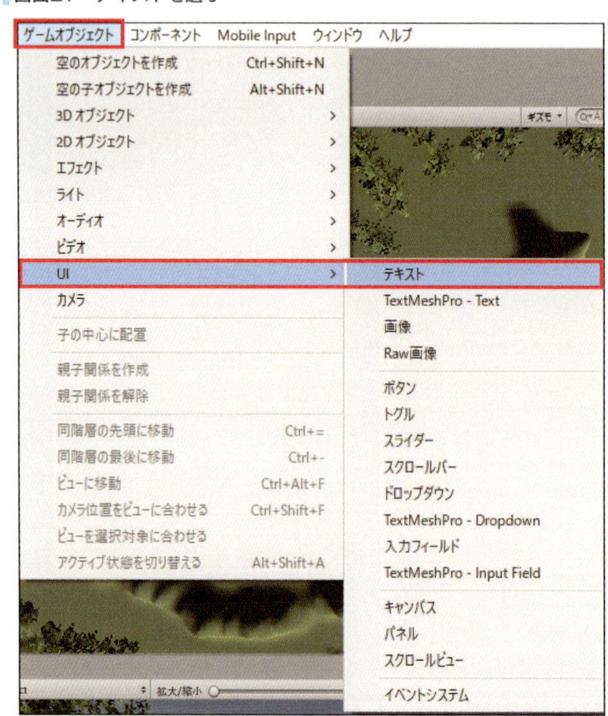

ヒエラルキー内にCanvasが追加され、その中にTextが追加されます。

このTextの名前を「MessageText」という名前に変更しておきましょう（**画面28**）。

画面28　Canvasの中に追加されたTextをMessageTextという名前に変更した

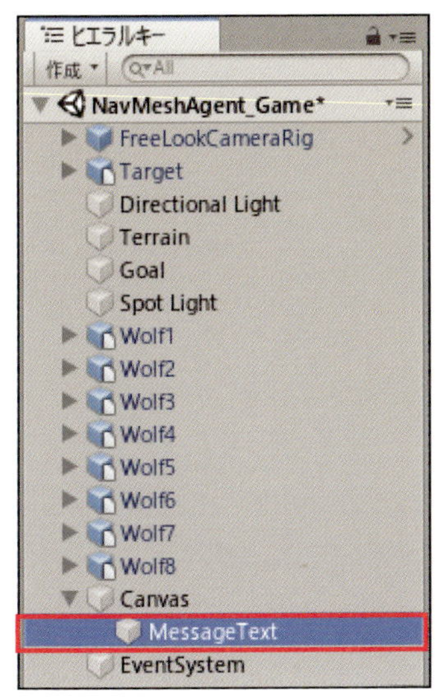

まず、ヒエラルキー内のCanvasの設定をするのですが、7章の**画面18**のように設定してください。

Canvasのインスペクターから、「キャンバススケーラ」の「UIスケールモード」を、必ず「画面サイズに拡大」としておくのです。

MessageText（Text）はシーン画面には表示はされているのですが、Canvasが大変に大きいので、シーン画面をマウスホールで縮小していくと**画面29**のように表示されてきます。

画面29　シーン画面とゲーム画面に「New Text」と表示されている

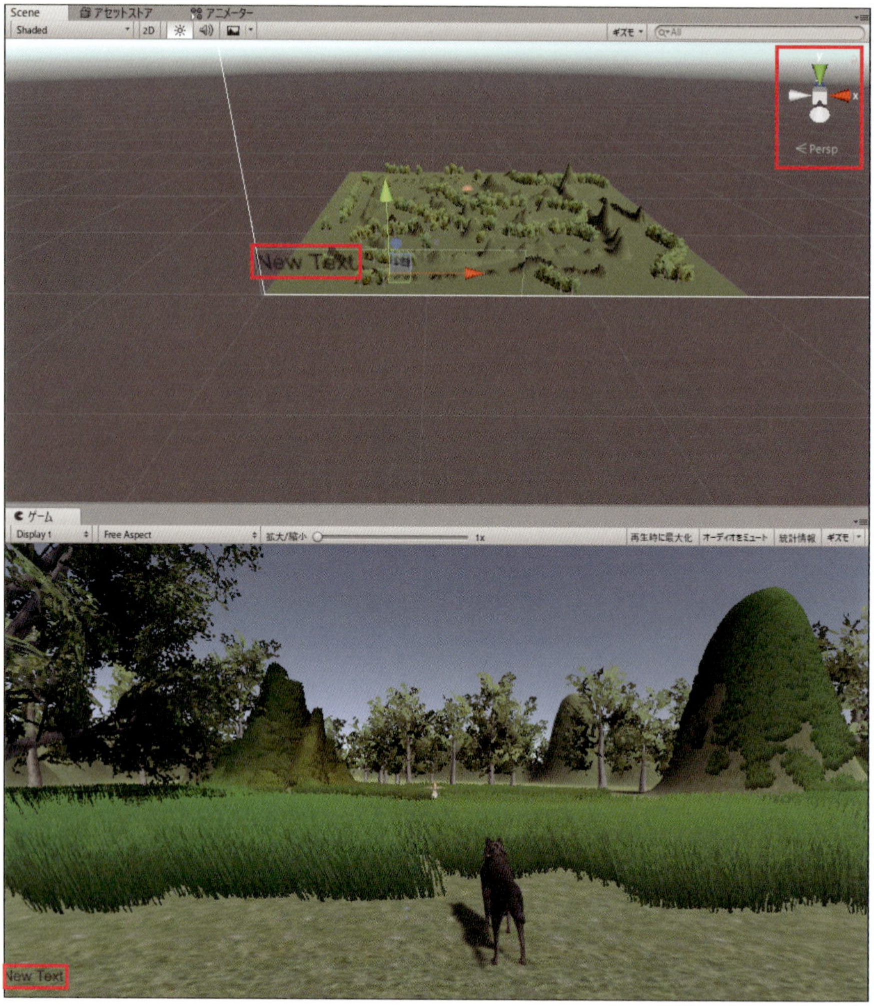

この表示ではTextの位置が悪くて都合が悪いので、次にMessageTextの設定を行います。

MessageTextのインスペクターの設定

ヒエラルキーからMessageTextを選び、インスペクター内の「矩形トランスフォーム」の**[幅]**に「350」、**[高さ]**に「50」を指定します。

次に**[テキスト（スクリプト）]**内のテキストに、仮に「Game Over!」と入力しておきましょう。

[フォントスタイル]に「ボールド（太字）」、**[フォントサイズ]**に「30」、**[色]**に「赤」を指定しておきましょう（**画面30**）。

画面30　MessageTextのインスペクターを設定した

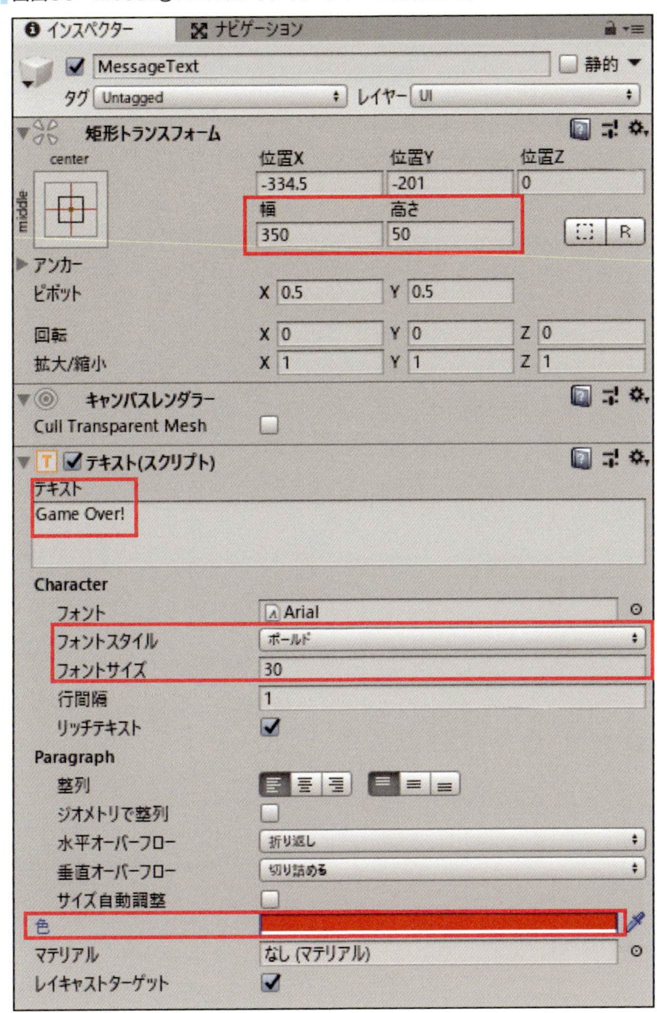

次にシーン画面でMessageTextが選ばれて3方向の矢印が表示されていると思います。

ゲーム画面を見ながら、**画面31**のような位置に配置してください。

画面31　MessageText(メッセージテキスト)を画面の中央に配置した

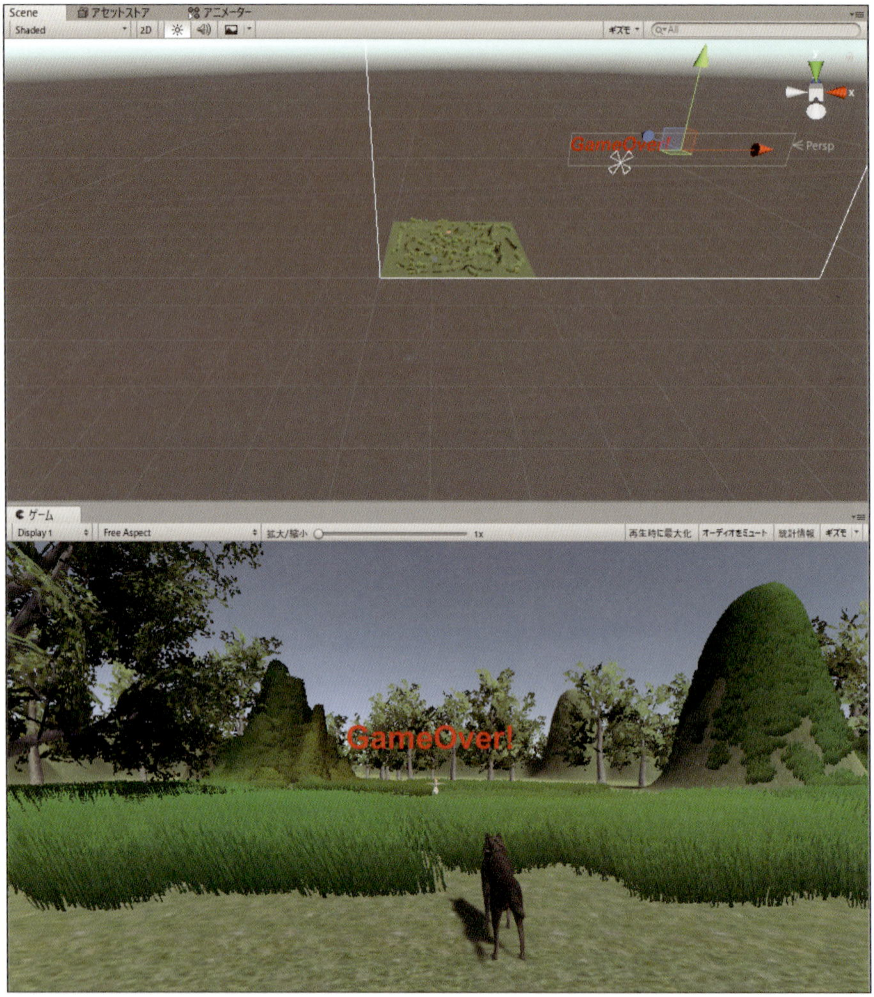

位置の確認ができたら、**画面30**のテキストの中に書いていた「Game Over!(ゲームオーバー)」の文字は消しておきましょう。

このMessageText(メッセージテキスト)にはスクリプトでメッセージを表示させるようにします。

次にTarget(01_kohaku_B(ゼロワンコハクビー))が追いつかれて捕らわれた時点で「Game Over!(ゲームオーバー)」と表示して、しばらくして、最初の画面に戻るスクリプトを書きましょう。

Game Over!(ゲームオーバー)のスクリプトを書く

ヒエラルキーからTarget(ターゲット)(01_kohaku_B(ゼロワンコハクビー))を選んで、インスペクターの**[コンポーネントを追加]**から「新しいスクリプト」を選んで、**[名前]**に「ResultScript(リザルトスクリプト)」と入力し、**[作成して追加]**ボタンをクリックします。

インスペクターに「ResultScript」が追加されますので、ダブルクリックしてVisual Studioを起動して、**リスト3**のスクリプトを記述してください。

リスト3　ResultScript

```
using System.Collections;
using System.Collections.Generic;
using UnityEngine;
using UnityEngine.UI; ①
using UnityEngine.SceneManagement;②
public class ResultScript : MonoBehaviour
{
    Text text; ③
    GameObject obj; ④
    private void Start() ⑤
    {
        obj = GameObject.Find("MessageText");⑥
        text = obj.GetComponent<Text>();⑦
    }
    private void OnControllerColliderHit(ControllerColliderHit hit) ⑧
    {
        if(hit.gameObject.name=="Wolf1" || hit.gameObject.name ==
"Wolf2" || hit.gameObject.name == "Wolf3" || hit.gameObject.name ==
"Wolf4" || hit.gameObject.name == "Wolf5" || hit.gameObject.name ==
"Wolf6" || hit.gameObject.name == "Wolf7" || hit.gameObject.name ==
"Wolf8") ⑨
        {
            text.text = "Game Over!";⑩
            StartCoroutine("BeginFirstScene");⑪
        }
    }

    public IEnumerator BeginFirstScene() ⑫
    {
        yield return new WaitForSeconds(2.0f);⑬
        SceneManager.LoadScene("NavMeshAgent_Game");⑭
    }
}
```

①UIに含まれるTextを使いますので、UnityEngine.UIの名前空間を読み込んでおきます。

②「Game Over!」と表示された後、数秒後に、再度ゲームが再開できるように、シーン画面を読み込みなおしますので、UnityEngine.SceneManagementの名前空間を読み込んでおく必要があります。

シーンを切り替えたり、シーンを再読み込みする場合は、この名前空間が必要であるとおぼえておきましょう。

③Text型の変数textを宣言します。

④GameObject型のobjを宣言します。

⑤最初に一度だけ読み込まれるvoid Start()関数です。

⑥Findでヒエラルキー内のMessageTextにアクセスして、変数objで参照しておきます。

⑦GetComponentでTextコンポーネントにアクセスして変数textで参照しておきます。

⑧TargetがWolf達に捕まった場合の処理です。

Targetには「キャラクターコントローラー」を使っていますので、衝突処理のときにはOnControllerColliderHitのイベントが発生します。

この処理については5章の「人型のキャラクタを物にぶつけてみよう」(106ページ)でくわしく説明していますので、読んでください。

⑨引数のhit変数、この場合は「01_kohaku_B」が衝突したゲームオブジェクトの名前が、Wolf1からWolf8までのいずれかであった場合には⑩の処理を行います。

「||」は「OR演算子」と言われ、日本語で言うと、「または」という意味です。

⑩MessageText内に「Game Over!」と表示します。

⑪StartCoroutineで「BeginFirstScene」を実行します。

「コルーチン」とは処理を中断した後、同じ部分から続けて再開できる処理のまとまりのことを言います。

⑫StartCoroutineから実行される、「BeginFirstScene」の処理です。

StartCoroutineから実行される処理は、必ず「public IEnumerator」で記述すると、おぼえておいてください。

これは決まりごとです。この中で処理を中断しています。

⑬処理の中断は「yield return <処理を待つ時間>」のように記述します。

ここでは、「yield return new WaitForSeconds(2.0f);」と記述して、処理を2秒間中断しています。

⑭2秒の処理の中断後、再度、「NavMeshAgent_Game」という名前で保存した現在のシーンを、「SceneManager.LoadScene("NavMeshAgent_Game");」で読み込みます。

シーンを再度読み込む場合は、このように記述するとおぼえてください。

Visual Studio(ビジュアル スタジオ)メニューの**[ビルド]→[ソリューションのビルド]**を実行してください。

エラーが出なければ、Visual Studio(ビジュアル スタジオ)を閉じてUnityの画面に戻ります。

まだ、これでは「Game Over!(ゲーム オーバー)」になったあと、再度シーンは呼び込まれません。

もう一設定が必要です。

Unityメニューの**[ファイル]→[ビルド設定]**を選んでください。

表示される、「ビルドに含まれるシーン」に**[シーンを追加]**ボタンから「NavMeshAgent_Game」を追加してください(**画面32**)。

画面32　「ビルドに含まれるシーン」に「NavMeshAgent_Game」を追加する

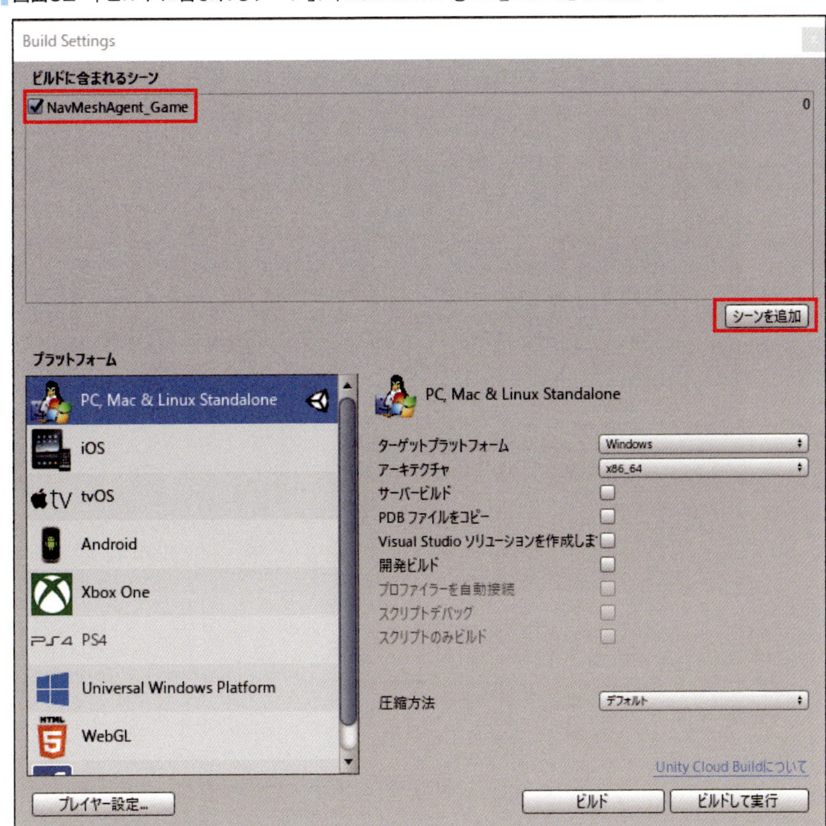

追加できれば、右隅上の×アイコンで閉じてください。

まだ、完成ではありませんが、ここまでを実行してみましょう。

Targetが狼に捕まり、「Game Over!」と表示され、2秒後ゲームが再開されるまでの処理です（**画面33**）。

画面33　Targetが狼に捕まり「Game Over!」と表示。2秒後ゲームが再開

次に、Targetが無事ゴールに到達したときの処理を書きます。

ゴールに到達したときのスクリプトを書く

スクリプトはリスト3のResultScript(リザルトスクリプト)の中に書きます。

リスト4のようにコードを追加します。

リスト4 逃走に成功した場合の処理を追加したResultScript(リザルトスクリプト)

処理を追加したところのみの説明にします。

```
using System.Collections;
using System.Collections.Generic;
using UnityEngine;
using UnityEngine.UI;
using UnityEngine.SceneManagement;
public class ResultScript : MonoBehaviour
{
    Text text;
    GameObject obj;
    GameObject wolf1;
    GameObject wolf2;
    GameObject wolf3;
    GameObject wolf4;   ①
    GameObject wolf5;
    GameObject wolf6;
    GameObject wolf7;
    GameObject wolf8;
    bool flag; ②
    private void Start()
    {
        flag = false;
        obj = GameObject.Find("MessageText");
        text = obj.GetComponent<Text>();
        wolf1 = GameObject.Find("Wolf1");
        wolf2 = GameObject.Find("Wolf2");
        wolf3 = GameObject.Find("Wolf3");
        wolf4 = GameObject.Find("Wolf4");   ③
        wolf5 = GameObject.Find("Wolf5");
        wolf6 = GameObject.Find("Wolf6");
        wolf7 = GameObject.Find("Wolf7");
        wolf8 = GameObject.Find("Wolf8");
    }
    private void OnControllerColliderHit(ControllerColliderHit hit)
    {
        if(hit.gameObject.name=="Wolf1" || hit.gameObject.name ==
"Wolf2" || hit.gameObject.name == "Wolf3" || hit.gameObject.name ==
"Wolf4" || hit.gameObject.name == "Wolf5" || hit.gameObject.name ==
"Wolf6" || hit.gameObject.name == "Wolf7" || hit.gameObject.name ==
"Wolf8")
        {
            text.text = "Game Over!";
```

```
            StartCoroutine("BeginFirstScene");
        }

        if(hit.gameObject.name=="Goal") ④
        {
            text.text = "逃走成功!"; ⑤
            flag = true; ⑥
            StartCoroutine("BeginFirstScene");
        }
    }

    public IEnumerator BeginFirstScene()
    {
        if(flag)
        {
                wolf1.SetActive(false);     ┐
                wolf2.SetActive(false);     │
                wolf3.SetActive(false);     │
                wolf4.SetActive(false);     ├ ⑦
                wolf5.SetActive(false);     │
                wolf6.SetActive(false);     │
                wolf7.SetActive(false);     │
                wolf8.SetActive(false);     ┘
        }
        yield return new WaitForSeconds(2.0f);
        SceneManager.LoadScene("NavMeshAgent_Game");
    }
}
```

①GameObject型のwolf1からwolf8までの変数を宣言しておきます。

②Bool型の変数flagを宣言します。

この変数は、「Game Over!」になったときか、「逃走成功！」になったときかの判別に使います。

③Findメソッドでヒエラルキー内のWolf1からWolf8にアクセスして変数wolf1からwolf8で参照しておきます。

④TargetがGoalに到達した場合の処理です。

⑤MessageTextには「逃走成功！」と表示します。

⑥Bool型の変数flagにtrueを格納します。

⑦Bool型の変数flagがtrueなら（つまり狼からの追跡を振り切ってゴールに到達した場合）、Wolf1からWolf8を非表示にして、後は2秒後にゲームが再開されます。

「Bool型とは？」

Bool型とは、値がtrue(真)、すなわち、条件を満たしている場合、または、値がfalse(偽)、条件を満たしていない場合、の判別に使われる型です。

Visual Studioメニューの**[ビルド]→[ソリューションのビルド]**を実行してください。

エラーが出なければ、Visual Studioを閉じてUnityの画面に戻ります。

実行してみましょう。

TargetがGoalに到達するのは大変に難しいです。

何度もトライしてやっと成功しました(**画面34**)。

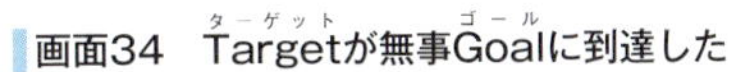

画面34　Targetが無事Goalに到達した

次に「空」の設定を行いましょう。

7 ▶ 空を設定しよう 

アセットストアから「Sky5X One」をインポートしてください。

空の設定に関しては、9章を参考に設定を行ってください。

空の設定を行うと**画面35**のような表示になります。

画面35　空の設定を行った

いよいよ最後です。

このゲームに音楽を付けてみましょう。

8 ▶▶ 音楽を設定しよう

アセットストアから「Loop & Music Free」をインポートしてください。

設定の方法は10章の「ダンスに音を付けよう」（203ページ）以降の説明を読んで、音ファイルの設定を行ってください。

簡単に説明をしておきましょう。

Unityメニューの**[ゲームオブジェクト]→[空のオブジェクトを作成]**を選びます。

ヒエラルキー内にGameObjectが作成されますので、名前を「Music」と変更しておきましょう。

Musicを選んでインスペクターを表示して、**[コンポーネントを追加]**から**[オーディオ]→[オーディオソース]**を選びます。

インスペクターに「オーディオソース」が追加されますので、「オーディオクリップ」の右端の◎アイコンをクリックして、音楽ファイルを選んでください。

筆者は、「Loop Rock001(Ryt)」を選びました。

また「ループ」には必ずチェックを入れておくようにしてください（**画面36**）。

画面36　オーディオの設定をした

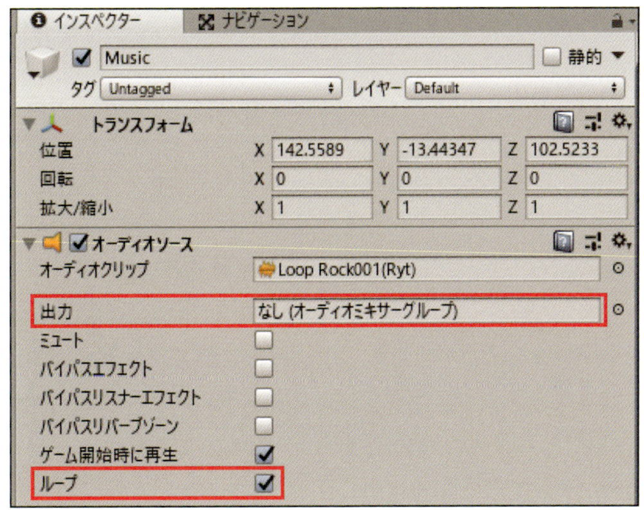

保存! このプロジェクトを[保存]から上書き保存しておきましょう。

これですべて完成です。

9 ▶▶ ゲームをカスタマイズしよう 

カスタマイズとは、ある作品をもとに、自分なりの作品に作り替えること、と思っておいてください。

「追われる者」のキャラクタを変更できる

この章のゲームはキャラクタを差し替えることで、自由にカスタマイズが可能です。

ここでは「追われる者」に「UNITY-CHAN! OFFICIAL WEBSITE」のキャラクタを使っていますが、人型の3D（スリーディ）モデルなら、アセットストアに「Unity-Chan」もありますし、「Unity Mask Man（ユニティマスクマン）」などもあります。

探せば無料の人型キャラクタはありますので、アセットストアからインポートして、差し替えてみると面白いかもしれません。

◉「追うもの」のキャラクタを変更できる

ここで「追うもの」にはWolfの「狼」を数匹使っていますが、本来は、筆者は「恐竜」を使いたかったのです。

アセットストアの「恐竜」はすべて有料で無料の「恐竜」が見つからなかったので、「Free3D」というサイトから「狼」をダウンロードして使いました。

この、「追うもの」にはアニメーションが付属している必要があります。

ここで使った「狼」のキャラクタには、**画面10**を見るとわかりますが、「Run(走る)」以外に、「Seat(お座り)」や「Walk(歩く)」のアニメーションが付属しています。

アセットストアからインポートするものでは、6章で使った「Cartoon Cat」には、6章の**画面3**を見るとわかりますが、「Walk(歩く)」以外に、「Eat(食べる)」、「Jump(飛び跳ねる)」などといったアニメーションが付属しています。

このようなアニメーションが付属したキャラクタを「追うもの」として使った方が簡単です。

アニメーションが付属していない場合は、プログラムが面倒になりますので、アニメーションの付属したキャラクタをインポートするといいでしょう。

じっくり時間をかけてアセットストアで検索すると、思いもよらない面白いキャラクタが見つかるかもしれませんね。

◉「追うもの」の数を変更できる

「追うもの」は、サンプルでは8匹の「狼」を使っていますが、あまり数を多くすると、すぐに「Game Over!」になる可能性がありますので、多くても10匹程度が限度ではないでしょうか。

「追うもの」の数を増やした場合は、**リスト4**のコードに、増やした分のコードを追加する必要は出てきます。

◉空の風景を変更できる

「空」も「夕焼けの空」などに変更が可能です。

◉「音楽」の曲を変更できる

音楽も皆さんが気に入ったものを選べばいいと思います。

このサンプルをもとに、いろいろアレンジして、面白い自分なりのゲームを作ってみてください。

おわりに

ここまでで、すべての説明は終わりです。

理解できましたか？

小学生でも読めるように、できるだけわかりやすく説明をしたつもりですが、プログラムは初めてという方には、少し難しかったかもしれません。

でも、すべてを理解する必要はありません。

プログラムコードを最初から理解できる人はいません。

「はじめに」にも書きましたが、最初は誰でも、何もわからないのです。

今ではプロのプログラマと言われている人でさえ、最初はまったく何もわかっていなかったのですからね。

見よう見まねでいいので、自分で打ち込んで、どんな結果がもたらされるのかをその目で確かめてみましょう。

そうすれば自然と理解もでき、面白さもわかってくるものです。

まずは、「Unityを習うより慣れろ！」ですね。

そこから、すべてが始まっていくと筆者は思います。

この本で、ほんの少しでもUnityの面白さが伝えられれば、筆者冥利に尽きるというものです。

索　引

記号・数字

アルファベット

あ行

か行

さ行

た行

な行

は行

ま行

や行

ら行

◎書いた人の紹介

PROJECT KySS　薬師寺 国安

事務系のサラリーマンだった40歳から趣味でプログラミングを始め、1996年より独学でActiveXに取り組む。

1997年に薬師寺聖(相方)とコラボレーション・ユニット「PROJECT KySS」を結成。

その後、一人でPROJECT KySSで活動するようになる。

2003年よりフリーになり、PROJECT KySSの活動に本格的に従事。

.NETやRIAに関する書籍や記事を多数執筆する傍ら、受託案件のプログラミングも手掛ける。

現在はScratch、Unity、Unreal Engine 4、AR、MR、Excel VBAについて執筆活動中。

Microsoft MVP for Development Platforms-Windows Platform Development (Oct 2003-Sep 2015)。

カバーデザイン：下野ツヨシ（tsuyoshi*graphics）

小学生がスラスラ読めるすごいゲームプログラミング入門 日本語Unityで3Dゲームを作ってみよう！

発行日 2019年 3月20日 第1版第1刷
2020年 7月14日 第1版第2刷

著 者 PROJECT KySS

発行者 斉藤 和邦
発行所 株式会社 秀和システム
〒135-0016
東京都江東区東陽2-4-2 新宮ビル2F
Tel 03-6264-3105（販売） Fax 03-6264-3094
印刷所 三松堂印刷株式会社

ISBN978-4-7980-5734-7 C3055